技工院校建筑类专业教材
职业院校建筑类专业教材

暖通设备安装工艺

张琦◎主编

中国劳动社会保障出版社

图书在版编目（CIP）数据

暖通设备安装工艺 / 张琦主编 . -- 北京：中国劳
动社会保障出版社，2024. --（技工院校建筑类专业教材）
（职业院校建筑类专业教材）. -- ISBN 978-7-5167
-6471-8

I . TU83

中国国家版本馆 CIP 数据核字第 2024ED7105 号

中国劳动社会保障出版社出版发行

（北京市惠新东街 1 号　邮政编码：100029）

*

保定市中画美凯印刷有限公司印刷装订　　新华书店经销

787 毫米 × 1092 毫米　16 开本　20.5 印张　457 千字
2024 年 12 月第 1 版　　2024 年 12 月第 1 次印刷
定价：49.00 元

营销中心电话：400-606-6496
出版社网址：https://www.class.com.cn
https://jg.class.com.cn

前言
PREFACE

近年来，我国建筑行业进入了新的发展阶段。基于对当前建筑行业技能型人才需求及职业院校教学实际的调研分析，我们组织开发了这套全国职业院校建筑类专业教材，分为"建筑施工""建筑设备安装""建筑装饰"和"工程造价"四个专业方向。教材的编审人员由教学经验丰富、实践能力强的一线骨干教师和来自企业的设计、施工人员组成。

在本次教材开发工作中，我们主要做了以下几方面工作：

第一，突出教材的实用性。在"适用、实用、够用"的原则下，根据建筑行业相关企业的工作实际和相关院校的教学需要安排教材结构和内容，设计了大量来源于生产、生活实际的案例、例题、练习题和技能训练，引导学生运用所学知识分析和解决实际问题，教材体系合理、完善，贴近岗位实际与教学实际。

第二，突出教材的先进性。根据当前建筑行业对岗位知识与技能的实际需求设计教学内容，贯彻新标准。例如，在相关教材中全面贯彻《混凝土结构施工图平面整体表示方法制图规则和构造详图（现浇混凝土框架、剪力墙、梁、板）》（22G101—1）和《建设用砂》（GB/T 14684—2022）等最新图集和国家标准，《建筑CAD》以新版的AutoCAD软件作为教学软件载体等。此外，新材料、新设备、新技术、新工艺在相关教材中也得到了体现。

第三，突出教材的易用性。充分保证教材的印刷质量，全部主教材均采用双色或四色印刷，图表丰富，营造出更加直观的认知环境；设置了"想一想"和"知识拓展"等栏目，引导学生自主学习；教材配套开发了习题册参考答案和电子课件，可登录技工教育网（https://jg.class.com.cn）在相应的书目下载。

本套教材在编写过程中，得到了智能制造与智能装备类技工教育和职业培训教学指导委员会及一批职业院校的大力支持，教材的编审人员做了大量的工作，在此，我们表示诚挚的谢意！同时，恳切希望用书单位和广大读者对教材提出宝贵意见和建议。

编者

简介
INTRODUCTION

  本教材为技工院校建筑类专业教材、职业院校建筑类专业教材，主要介绍了常用暖通设备的安装工艺，包括阀门和补偿器安装、供暖系统安装、小型工业锅炉安装、制冷设备与管道安装和空调系统安装等内容，每节后都设置了思考练习题，帮助学生巩固所学内容。此外，本教材还配有电子课件，可登录 https://jg.class.com.cn 在相应的书目下载。

  本教材由张琦任主编，王慧峰任副主编，李建军、董方潇参加编写。

目录
CONTENTS

第一章

阀门和补偿器安装

学习目标

1. 熟悉常用阀门型号的意义，能根据代号正确识别常用阀门，会用阀门手册查询特殊阀门。

2. 掌握常用阀门和补偿器的构造特点、使用范围、安装工艺及标准。

3. 能够按照工艺标准安装、维护阀门和补偿器。

在管道工程中，阀门是控制输送介质的流量、流速、压力、温度等参数的重要元件。有些阀门可以通过自身的特殊机构实现自动控制，如安全阀、止回阀、减压阀、浮球阀等；有些阀门则要通过机械驱动方式实现控制，如闸阀、截止阀、蝶阀等。根据驱动方式不同，又有手动、气动、液压传动和电力驱动等阀门。阀门的种类繁多，用途各异，一般都由专门的企业生产。为了安装、使用、维修的方便，国家对阀门的生产实行标准化、系列化管理，各制造、安装、使用单位必须严格执行，以保证管道工程的质量和安全，实现产品的互换性和技术交流，提高生产效率，降低生产成本。

管道在输送冷、热介质时管壁温度会发生很大变化，由于物体热胀冷缩的原理，管道的长度会随着管壁温度的变化而变化。为了保证管道系统安全、可靠地运行，必须在管道中安装消除管道伸长量或缩短量的装置，这种装置被称为补偿器。补偿器按照补偿方式不同，分为自然补偿器和人工补偿器。

第一节 阀门类型

一、阀门型号

为了制造、安装、使用和维修方便，国家及有关部门对阀门的相关技术参数制定了统一的标准代号，以确保工程技术人员能够根据代号正确识别各类阀门。

1. 阀门型号的意义

根据机械行业标准的规定，国内生产的任何一种阀门都必须有一个特定的型号。

这个型号包括阀门类型代号、驱动方式代号、连接形式代号、结构形式代号、密封面材料或衬里材料代号、公称压力代号或工作温度的工作压力代号、阀体材料代号七个单元，其中第5单元与第6单元用横线隔开，各单元的排列顺序及各代号的意义见表1-1。

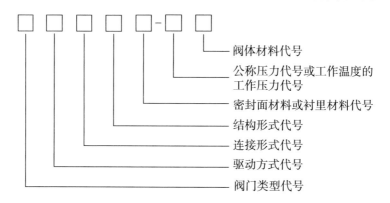

表 1-1 阀门型号的单元组成及各代号的意义

1单元		2单元		3单元		4单元	5单元-6单元			7单元	
汉语拼音字母表示阀门类型[①]		一位数字表示驱动方式[②]		一位数字表示连接形式		一位数字表示结构形式	汉语拼音字母表示密封面材料或衬里材料[③]		数字表示公称压力[④]（10 MPa）	汉语拼音字母表示阀体材料[⑤]	
Z	闸阀	0	电磁动	1	内螺纹		T	铜合金		Z	灰铸铁
J	截止阀	1	电磁-液动	2	外螺纹		X	橡胶		K	可锻铸铁
X	旋塞阀	2	电-液动	4	法兰式		N	尼龙塑料		Q	球墨铸铁
D	蝶阀	3	蜗轮	6	焊接式	见表1-2	F	氟塑料	直接用10倍的兆帕单位（MPa）数值表示	T	铜及铜合金
Q	球阀	4	正齿轮	7	对夹		B	锡基轴承合金（巴氏合金）		C	碳钢
H	止回阀	5	锥齿轮	8	卡箍					I	铬钼系钢
A	弹簧载荷安全阀	6	气动	9	卡套					P	铬镍系不锈钢
		7	液动				H	Cr13系不锈钢			
GA	杠杆式安全阀	8	气-液动							R	铬镍钼系不锈钢
		9	电动				P	渗硼钢			

续表

1单元		2单元	3单元	4单元	5单元－6单元		7单元
汉语拼音字母表示阀门类型①		一位数字表示驱动方式②	一位数字表示连接形式	一位数字表示结构形式	汉语拼音字母表示密封面材料或衬里材料③	数字表示公称压力④（10 MPa）	汉语拼音字母表示阀体材料⑤
Y	减压阀				Y　硬质合金		V　铬钼钒钢
S	蒸汽疏水阀				J　衬胶		L　铝合金
L	节流阀				Q　衬铅		H　Cr13系不锈钢
G	隔膜阀				C　搪瓷		
T	调节阀						Ti　钛及钛合金
U	柱塞阀						S　塑料
P	排污阀						

注：①用于低温（低于 –46 ℃）、保温、带波纹管等阀门，在类型代号前分别加 "D" "B" "W"。
②手动和自动阀门省略本部分。
③密封面用阀体直接加工时，代号用 "W" 表示。
④当介质最高温度超过 425 ℃时，标注最高工作温度下的工作压力代号。
⑤当公称压力不大于 1.6 MPa 且由灰铸铁制造或公称压力不小于 2.5 MPa 且由碳钢制造时，则省略本部分。

第 4 单元用数字表示阀门结构形式，其代号见表 1-2。

这里要说明的是一些特殊阀门的型号与上述编制方法略有不同，如水力控制阀、散热器恒温控制阀等。详见本章水力控制阀和散热器恒温控制阀的相关内容。

表 1-2　　　　　　　　　　　　　阀门结构形式代号

代号 类型	0	1	2	3	4	5	6	7	8	9
闸阀	明杆				暗杆			暗杆		
	楔式		平行式		楔式		—	平行式		
	弹性	刚性						刚性		
	闸板	单闸板	双闸板	单闸板	双闸板	单闸板	双闸板		双闸板	
截止阀	—	直通式	—		角式	直通式	平衡		—	—
						Y形	直通式	角式		
球阀	—	浮动直通式	—		浮动三通式		—	固定直通式	—	
					L形	T形				

代号 类型	0	1	2	3	4	5	6	7	8	9
蝶阀	杠杆式	垂直板式	—	斜板式	—	—	—	—	—	—
止回阀	—	升降 直通式	升降 立式	升降 角式	旋启 单瓣式	旋启 多瓣式	旋启 双瓣式	旋启 蝶式	—	—
安全阀	弹簧 封闭 带散热片 全启式	弹簧 封闭 微启式	弹簧 封闭 全启式	弹簧 不封闭 带扳手 双弹簧微启式	弹簧 封闭 带扳手 全启式	弹簧 不封闭 带扳手 微启式	弹簧 不封闭 带控制机构 全启式	弹簧 不封闭 带扳手 微启式	弹簧 不封闭 带扳手 全启式	脉冲式
疏水阀	—	浮球式	—	—	—	钟罩浮子式	—	双金属片式	脉冲式	热动力式
隔膜阀	—	屋脊式	—	截止式	—	—	闸板式	—	—	—
旋塞阀	—	—	填料直通式	填料T形三通式	填料四通式	—	油封直通式	填料T形三通式	—	—

2. 阀门型号示例

（1）Z942W–1（电动楔式双闸板闸阀）

闸阀，电动，法兰连接，明杆楔式双闸板，阀座密封面材料由阀体直接加工，公称压力为PN0.1，阀体材料为灰铸铁。

（2）Q21F–40P（外螺纹球阀）

球阀，手动，外螺纹连接，浮动直通式，阀座密封面材料为氟塑料，公称压力为PN4.0，阀体材料为铬镍系不锈钢。

（3）G6$_K$41J–6（气动常开式衬胶隔膜阀）

隔膜阀，气动常开式，法兰连接，屋脊式结构并衬胶，公称压力为PN0.6，阀体材料为灰铸铁。

（4）D741X–2.5（液动蝶阀）

蝶阀，液动，法兰连接，垂直板式，阀瓣密封面材料为橡胶，公称压力为PN0.25，阀体材料为灰铸铁。

二、普通常用阀门

阀门的种类繁多，应用范围很广泛，且不断有新型阀门开发出来。阀门可按用途、材质、结构、驱动方式、连接形式、公称压力等进行分类。例如，按驱动方式不同，阀门可分为手动阀（靠人力操作手轮、手柄或链轮等驱动的阀门）、动力驱动阀（利用各种动力源驱动的阀门，如电磁阀、气动阀和液动阀等）和自动阀（利用介质本身的能量而动作的阀门，如恒温阀、安全阀、浮球阀等）三类。

普通常用阀门有闸板阀、截止阀、蝶阀、球阀、浮球阀、旋塞阀和止回阀等，如图 1-1 所示。

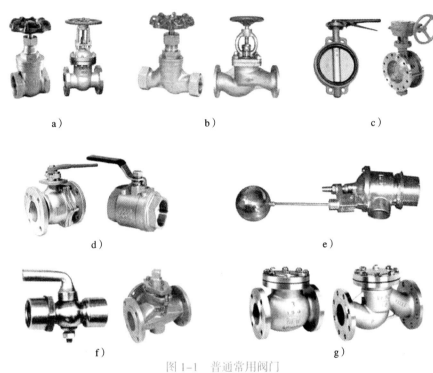

图 1-1　普通常用阀门

a）闸板阀　b）截止阀　c）蝶阀　d）球阀　e）浮球阀　f）旋塞阀　g）止回阀

1. 闸板阀

闸板阀简称闸阀，按阀杆不同可分为明杆式和暗杆式，按阀板形式不同可分为平行式、楔式及弹簧板式。闸板阀主要用于一般汽、水管道的管路启闭控制，与管路连接的形式分为螺纹、法兰、焊接和卡箍四种，小规格闸板阀以螺纹连接为主，大规格闸板阀以法兰连接为主。

2. 截止阀

截止阀按介质流向不同可分为直通式、直流式及直角式三种，用于一般汽、水管路的启闭及介质流量的调节，以直通式应用最为广泛。直通式截止阀又分为高压截止阀及专用截止阀。截止阀与管路的连接形式分为螺纹连接、法兰连接、焊接连接、卡套连接。

3. 蝶阀

蝶阀按传动方式不同可分为手动、蜗轮传动、气动及电动四种，主要用于室外大口径、低压给水管道及室内消防给水主干管道，在管路中起全开、全闭及调节介质流量的作用。应用较为广泛的蝶阀有杠杆式蝶阀、对夹式蝶阀、衬胶衬塑对夹式蝶阀等。蝶阀与管道的连接方式有法兰连接、对夹连接两种。

4. 球阀

球阀可分为直通式、三通式及多通式三种，主要用于低温、高压、黏度较高的介质和要求开闭迅速的管道部位，不能用于温度较高的介质管路，起管路切断、分配及改向的作用。球阀与管道连接的形式有内螺纹连接、法兰连接、对夹连接、焊接连接四种。

5. 浮球阀

浮球阀用于控制容器的液位，是机械传动自动控制阀门。其动作原理是利用浮球的升降带动阀芯的关闭，与管道连接的形式主要有螺纹连接和法兰连接。

6. 旋塞阀

旋塞阀又称考克或转心门，由阀体和塞子两部分组成，旋塞中有一孔道，旋转时即开启或关闭。旋塞阀结构简单，外形尺寸小，开启和关闭迅速，阻力较小，但严密性较差，通常用于温度和压力不高的较小管路上起开闭作用，不宜作为流量调节阀。

旋塞阀根据进出口通道的个数不同，可分为直通式、三通式和四通式，种类较多，用途广泛。旋塞阀与管道连接的形式主要有螺纹连接和法兰连接。

7. 止回阀

止回阀又称单流阀或单向阀，是一种能自动开启或关闭的阀门，按阀瓣启闭方式不同分为旋启式、升降式。其中，旋启式止回阀按阀瓣数量不同，分为单瓣式和多瓣式。止回阀用于只允许水流单向流动的管路。此外，水泵底阀也属于止回阀的一种，专门安装在水泵吸入管端部，防止杂质流入水泵，保证水泵充水时不发生倒流。止回阀与管道连接的形式有螺纹连接、法兰连接及焊接连接。

想一想

1. 在阀门型号单元组成中，哪几个单元是用字母表示其含义的？
2. 观察图 1-1 中的阀门，说出你见过的类型以及它们用在何处。

三、新型阀门

1. 弹性座封闸阀

弹性座封闸阀又称橡胶软密封闸阀，它由整体包覆橡胶的弹性闸板和流道呈直线形（阀门底部无凹槽）的阀体接触形成密封，如图 1-2 所示。该阀门采用球墨铸铁精密铸造而成，几何尺寸精确，结构紧凑，密封性能极佳，质量比普通闸阀轻20%～30%，安装及维修方便。

弹性座封闸阀具有以下特点：

（1）阀体底部没有凹陷的密封槽，全开时阀门如同一段管道，流道为直线，流阻小，不会堆积和夹杂异物。

（2）闸板整体包覆一层厚度均匀的优质耐油橡胶，关闭时闸板以橡胶压在阀体密封面上形成密封，关阀力矩很小，密封可靠。

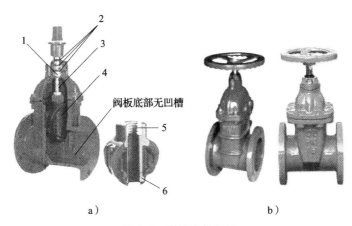

图 1-2 弹性座封闸阀

a）结构 b）外形

1—止推轴承 2—O 形密封圈（3 个） 3—阀杆 4—整体包覆耐油橡胶板 5—内螺纹 6—阀板

（3）当管道受力弯曲或有微量拉伸时，包覆在闸板上的橡胶因具有弹性，可自动补偿管道的微量变形，继续保持可靠的密封。

（4）闸板整体包覆橡胶，不会出现闸板锈蚀污染介质的情况，可确保介质洁净、无污染，是一种新型的环保阀门，适用于城市直饮水系统。

（5）阀杆采用三重 O 形密封圈密封设计，可减少漏水现象，并可在有压及不断水的情况下更换 O 形密封圈。

（6）阀杆安装止推轴承，可以减小摩擦，从而降低阀门的操作扭力。启闭所需扭力为普通闸阀的 1/2，开启操作省力、轻巧。

以 RSDZ45X-16Q 型弹性座封闸阀为例，该型号中，"RSDZ"表示弹性座封闸阀，"4"表示正齿轮传动，"5"表示法兰连接，"X"表示法兰阀板及衬里材料为橡胶，"16"表示公称压力为 1.6 MPa，"Q"表示阀体材料为球墨铸铁。该阀门为手动驱动方式。

弹性座封闸阀克服了普通闸阀密封性能较差、缺乏弹性、易锈蚀，以及管道冲洗时杂物容易淤积在阀底凹槽，导致阀门无法关闭严密而漏水等诸多缺陷，广泛用于建筑、电力、医药、食品等行业的管道工程，作为调节和截流装置。

2. 活塞式截止阀

活塞式截止阀属于新型截止阀，其结构和外形与普通截止阀相似，如图 1-3 所示。

活塞式截止阀的密封阀芯是一个活塞，活塞下平面环形凹槽内设有活塞环（弹性良好的复合非金属材料），活塞环与环形阀座紧密配合，达到密封效果。当阀门关闭时，活塞能将附着在阀环上的杂质清除，实现可靠密封，且不会损坏密封面。

活塞式截止阀安装在管道上后，可长时间使用，无须保养，只是阀轴需要定期添加润滑油。若活塞环使用一段时间后不能再用，便可更换，无须拆除阀门。

该阀门结构紧凑、合理，密封性能好，目前广泛应用于蒸汽、给水等系统管路中。

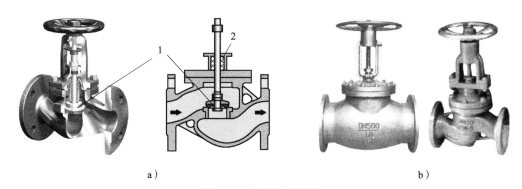

图 1-3　活塞式截止阀

a）结构　b）外形

1—活塞和密封环　2—密封填料

3. 新型止回阀

新型止回阀采用新型结构设计及先进制造工艺，提高了密封性能，延长了使用寿命，克服了普通止回阀安装位置上的限制，降低了管道水锤压力。新型止回阀主要包括节能消声式、蝶式、对夹薄型、梭式、静音式、橡胶瓣式、双瓣式及缓闭微阻式等形式，适用于给排水、消防及暖通系统，可安装于水泵出口处，防止水倒流及水锤对泵机的损坏。

（1）消声止回阀

消声止回阀又称节能消声止回阀或静音止回阀，如图 1-4 所示。阀体内采用流线型设计，过流量增大，水头损失小。阀瓣采用弹簧加载，使阀门处于长闭状态，能有效地减小水锤压力。消声止回阀密封性能好，关闭无噪声，体积小，质量轻，可适应垂直、水平、倾斜等安装位置。

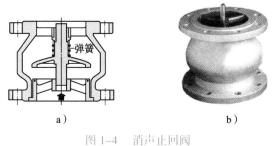

a）　　　　　　　　　　　b）

图 1-4　消声止回阀

a）结构　b）外形

（2）双瓣止回阀

双瓣止回阀主要由阀体、阀瓣、阀杆及弹簧等组成，阀体薄且轻巧，由于阀瓣启闭行程缩短以及弹簧作用可加强密封效果，因而能减小水锤压力及水击噪声。双瓣止回阀的构造长度比普通止回阀短，对有安装空间限制的场所更为适合，主要用于给水系统中高层建筑及小区给水管道工程。对夹式双瓣止回阀如图 1-5 所示。

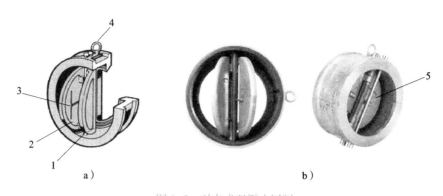

图1-5　对夹式双瓣止回阀

a）结构　b）外形

1—密封圈　2—阀板　3、5—弹簧　4—吊装环

4. 平衡阀

平衡阀属于调节阀的范畴，利用阀门的开启程度合理分配流量，实现流量的定量输配，达到节能的目的。平衡阀在供热和空调系统中应用较为广泛。

（1）KPF 平衡阀

KPF 平衡阀如图 1-6 所示，外形和结构与普通截止阀相似，采用抛物面阀芯，使阀门具有良好的密封性能和稳定调节的功能。阀杆上的锁定装置在流量调节好后可以锁定阀门，从而限制了人为的任意调节。阀体的进口处有测压小阀，便于测定阀门的流量，使能源得到合理的分配和使用。

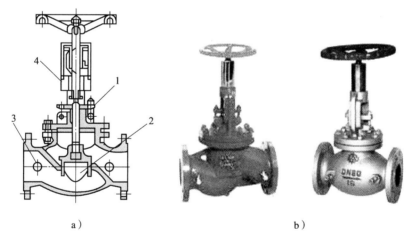

图1-6　KPF 平衡阀

a）结构　b）外形

1—阀盖密封　2—抛物面阀芯　3—测压小孔　4—锁定装置

KPF 平衡阀是一种具有特殊功能的阀门，具有良好的流量特性，可以有效地解决供热和空调系统中存在的室温不均问题。该平衡阀设有开启度指示装置、开度锁定装置及用于流量测定的测压小孔，只要在各支路中及用户入口安装适当规格的平衡阀，并用专门仪表进行一次性调试后锁定，便可将系统的总介质量控制在合理范围内，从

而克服了"大流量、小温差"的不合理现象。该产品是供热系统中的理想产品,最高介质温度为 100 ℃。

KPF 平衡阀可以采用螺纹连接和法兰连接,螺纹连接 KPF 平衡阀一般为铜质,通常用于小管径的管路中,如图 1-7 所示。

该阀的主要技术参数如下:产品型号为 KPF-16,公称压力为 1.0 MPa、1.6 MPa,公称直径为 15 ~ 400 mm,阀体强度试验压力为 2.4 MPa,阀座严密性试验压力为 1.76 MPa,介质温度 ≤ 120 ℃,适用介质为水、蒸汽。

（2）液晶数字锁定平衡阀

液晶数字锁定平衡阀如图 1-8 所示,是一种较为理想的新型节能平衡阀,与 KPF 平衡阀的区别是阀体设有液晶数字显示,可准确、直观地调节压降和平衡流量至任意位置,并可随即锁定控制。该平

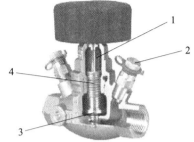

图 1-7　螺纹连接 KPF 平衡阀
1—锁定装置　2—测压小孔
3—阀芯　4—阀盖密封

衡阀主要应用于建筑采暖管道系统,安装在管网系统的主干、分支干、室内供水干管、分支主管及多台锅炉的热媒管道上,用以改善管道流量分配,解决管网存在的热力失调问题,达到平衡管道流量和节约能源的目的。

该阀的主要技术参数如下:产品型号为 SP15F-10,公称压力为 1.0 MPa、1.6 MPa,公称直径为 15 ~ 400 mm,介质温度为 0 ~ 120 ℃,适用介质为水、油和其他液体。

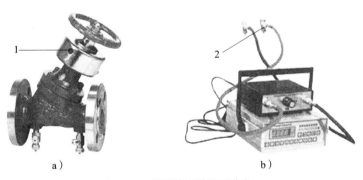

a）　　　　　　　　　　　　　　　b）

图 1-8　液晶数字锁定平衡阀
a）平衡阀　b）液晶显示仪表
1—锁孔　2—测压小孔

（3）平衡阀的安装要点

平衡阀可安装在供水管路上,也可安装在回水管路上（每个环路中只需安装一处）。对于热力站的一次环路侧来说,为方便平衡调试,建议将平衡阀安装在水温较低的回水管路上。总管上的平衡阀宜安装在供水总管水泵后（水泵下游）,以防止由于水泵前（阀门后）压力过低可能发生的水泵气蚀现象。

由于平衡阀具有流量计量功能,为使流经阀门前、后的水流稳定,保证测量精度,

在条件允许的情况下应尽量将平衡阀安装在直管段处。阀前、阀后与管件之间分别应有不小于 5 倍、2 倍管径长的直管段，如图 1-9 所示。装在水泵出口管路上的平衡阀与水泵之间应有不小于 10 倍管径长的直管段。

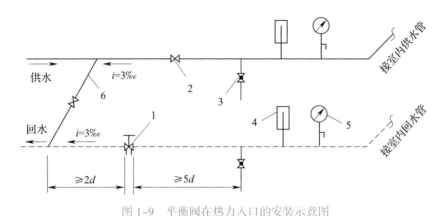

图 1-9　平衡阀在热力入口的安装示意图

1—平衡阀　2—截止阀或柱塞阀　3—泄水球阀　4—温度计　5—压力表　6—DN25 循环管

当安装有平衡阀的新系统连接于原有供热（冷）管网时，必须注意新系统与原有系统的水量分配平衡问题，一般应在原有系统的入口处加设平衡阀，以免安装了平衡阀的新系统（或改造系统）的水阻力比原有系统高，达不到应有的水流量。

管网系统安装完毕并具备测试条件后，使用专用智能仪表对全部平衡阀进行调试整定，并将各阀门的开度锁定，使管网实现水力工况平衡。在管网系统正常运行过程中，不应随意变动平衡阀的开度，特别是不应变动开度锁定装置。

在检修某一环路时，可将该环路上的平衡阀关闭，此时平衡阀起到截止阀截断水流的作用，检修完毕再恢复到原来锁定的位置。因此，安装了平衡阀一般可以不必再安装截止阀。

平衡阀相当于一个局部阻力可以改变的节流元件，利用其前后压差可以计算出流量。在管网平衡调试时，用软管将被调试的平衡阀的测压小阀与专用智能仪表连接，仪表可显示出流经阀门的流量值（或压降值），依据实际流量需要，向仪表输入该平衡阀处要求的流量值后，仪表通过计算、分析，得出管路系统达到水力平衡时该阀门的开度值，最后调整锁定。

5. 水力控制阀

水力控制阀是指利用水力（水压）控制原理，通过不同结构的导管和元件组成的多用途自动控制类阀门的总称。它由一个主阀及其附设的导管、导阀、密封阀、球阀和压力表等组成，根据使用目的、功能及场所不同，可分为遥控浮球阀、可调式减压阀、缓闭消声止回阀、流量控制阀、泄压 / 持压阀、水力电动控制阀、水泵控制阀、压差旁通控制阀、紧急关闭阀等。水力控制阀广泛应用于介质温度不高于 80 ℃、工作介质为清水的生产、生活及消防等给水系统。

（1）水力控制阀型号的编制方法

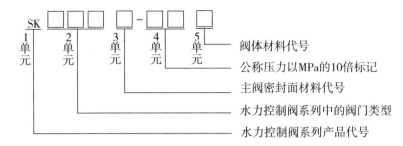

水力控制阀系列中，常用的类型有9种，分别是100（遥控浮球阀）、200（可调式减压阀）、300（缓闭消声止回阀）、400（流量控制阀）、500（泄压 / 持压阀）、600（水力电动控制阀）、700（水泵控制阀）、800（压差旁通平衡阀）、900（紧急关闭阀）。

例如，SK200X−16Q DN150 表示公称直径为 150 mm、公称压力为 1.6 MPa、法兰连接、阀体材料为球墨铸铁的可调式减压阀类水力控制阀。

水力控制阀还可分为活塞式和隔膜式两大类，公称压力有 1.0 MPa、1.6 MPa、2.5 MPa 三种，隔膜式水力控制阀公称直径为 50 ~ 500 mm，活塞式水力控制阀公称直径为 350 ~ 800 mm。水力控制阀一般为法兰连接。

（2）水力控制阀的工作原理

各类水力控制阀的工作原理基本相同，均由附设的导管和阀件控制主阀的开启，从而达到各种控制目的。水力控制阀主阀的工作原理见表 1–3。

表 1–3　　　　　　　　　　　水力控制阀主阀的工作原理

状态	工作原理	图示
全闭状态	主阀进口端水压分别进入阀体及控制室，且主阀外部的球阀同时关闭时，主阀处于全闭状态	
全开状态	当主阀外部的球阀全开时，控制室内水压全部释放到大气中，所以主阀呈全开状态	
浮动状态	调节主阀外部的球阀开度，使流经针阀与球阀的水流达到平衡，此时主阀处于浮动状态	

（3）遥控浮球阀

水力控制阀的种类较多，下面以遥控浮球阀为例介绍水力控制阀的工作原理。

遥控浮球阀主要由主阀、针阀、球阀、浮球阀、微型过滤器（安装在针阀前）等组成水力控制接管系统，调定后，自动控制液面高度，如图1-10所示。

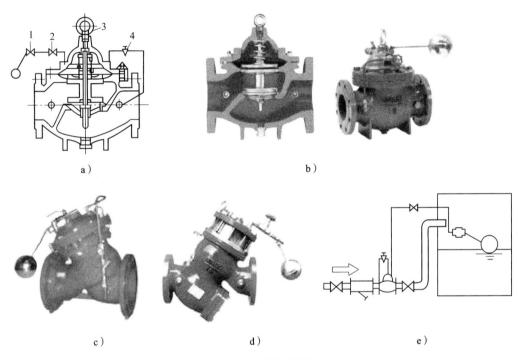

图1-10 遥控浮球阀

a）结构简图 b）活塞式 c）隔膜式 d）过滤活塞式 e）安装示意图

1—浮球阀 2—球阀 3—吊装环 4—针阀

工作原理：当管道从进水端给水时，由于针阀、球阀、浮球阀是常开的，水通过微型过滤器、针阀、控制室、球阀、浮球阀进入水池，此时控制室不形成压力，主阀开启，水塔（池）供水。当水塔（池）的水面上升至设定高度时，浮球浮起关闭浮球阀，控制室内水压升高，推动主阀关闭，供水停止。当水面下降时，浮球阀重新开启，控制室水压下降，主阀再次开启并继续供水，保持液面的设定高度。

遥控浮球阀直接利用液面控制，不需要其他装置和能源，保养简便，准确度高，不受水压影响，密封可靠，广泛用于高层建筑和生活区等供水管网系统的水塔、水池等设施的液面控制。

（4）水力控制阀的特点

水力控制阀的种类较多，各类水力控制阀的特点及用途见表1-4。

表 1-4 各类水力控制阀的特点及用途

类　别	特点及用途	安装简图
遥控浮球阀	利用水位控制浮球升降来控制主阀的开启和关闭，达到自动控制设定液位的目的 主要安装于水池、水箱或高架水塔的进水口处	100X遥控浮球阀　水箱　弹性座封闸阀　H41X止回阀　过滤器
可调式减压阀	利用水作用力控制调节导阀，使阀后水压降低，无论进口压力波动还是出口流量变化，出口的静压和动压均稳定在设定值上。出口压力在一定范围内可调节 适用于生活、消防、工业给水系统	200X可调试减压阀　过滤器　弹性座封闸阀
缓闭消声止回阀	可调控开启和关闭速度，启停泵运转时，可配合调节至最佳启闭速度 适用于高层建筑，减少水锤及水击现象发生，可以达到安静的启闭效果	水泵　过滤器　300X缓闭消声止回阀　弹性座封闸阀　500X泄压/持压阀
流量控制阀	通常安装在配水管道上，可预先设定其上的向导阀于某一固定流量，即使主阀上游压力变化也不影响下游水量 常用在流量需控制的给水管道上	400X流量控制阀　过滤器　弹性座封闸阀

类　别	特点及用途	安装简图
泄压／持压阀	利用水的作用力控制导阀，使主阀自动排出部分水，稳定阀前管道设定压力，当压力恢复到设定压力以下时，主阀自动关闭，阀门的泄压、持压在一定范围内可调 适用于高层消防系统	300X 缓闭消声止回阀　过滤器　泵　弹性座封闸阀　500X泄压/持压阀
水力电动控制阀	利用电信号遥控电磁导阀，遥控开启和关闭管路系统，实现远程操作 可取代启闭闸阀或蝶阀的大型电动操作机构	弹性座封闸阀　600X水力电动控制阀　过滤器
水泵控制阀	与缓闭止回阀作用相同，安装在水泵管路上，停泵前，可先将主阀关至90%再停泵，然后再关闭余下10%，可完全防止水锤和水击现象发生	弹性座封闸阀　700X水泵控制阀　泵　过滤器
压差旁通平衡阀	利用水作用力和调节压差平衡导阀，自动控制阀门的开度 用于中央空调导流管、供水管、回水管之间平衡压差，使管路中的介质保持恒定的压差值	弹性座封闸阀　800X压差旁通平衡阀

续表

类　别	特点及用途	安装简图
紧急关闭阀	利用水作用力自动控制阀门的关闭和启动 常用于消防与生产或生活并联共用的供水系统中。当消防系统启动时，管道压力升高，超过设定值时，能自动关闭生产、生活用水管道。当消防供水结束后，管路压力下降至设定值，自动恢复生产、生活用水	蝶阀　　泵　900X 紧急关闭阀　生活用水 过滤器 300X 缓闭消声止回阀　消防用水

　　近年来，各类新型阀门相继出现，种类和规格很多，以优良的性能和安装、维护方便的优点，正逐渐大量地应用于管道设备安装工程中。

 想一想

　　1. 观察图 1-3，解释安装截止阀时要求低进高出的原因。
　　2. 根据闸阀的结构特点，讨论闸阀在使用中的注意事项。
　　3. 讨论平衡阀的结构和用途。
　　4. 水力控制阀是一种阀门还是一类阀门？主要用途是什么？

思考练习题

　　1. 解释阀门型号 J11T-16、H44Y-40I 中各单元的意义。
　　2. 常用阀门的种类、结构特点有哪些？各用于什么地方？
　　3. 简述新型止回阀的结构特点和使用范围。
　　4. 简述平衡阀的类型、特性和适用场合。
　　5. 压差旁通平衡阀的特性及用途是什么？
　　6. 水力控制阀的类型有哪几种？简述其结构特点和适用范围。

第二节　阀门安装

本节主要介绍供暖系统中使用的安全阀、减压阀、疏水阀、温控阀、热量表的类型、基本结构及其组合安装的要点。

一、阀门安装的一般要求

1. 阀门安装前的试验

（1）阀门试验的规定

1）阀门安装前应做强度试验和严密性试验。试验应在每批（同牌号、同型号、同规格）数量中抽查10%，且不少于一个。对于安装在主干管上起切断作用的闭路阀门，应逐个做强度试验和严密性试验。

2）阀门的强度试验和严密性试验应符合以下规定：阀门的强度试验压力为公称压力的1.5倍，严密性试验压力为公称压力的1.1倍，试验压力在试验持续时间内保持不变，且壳体填料及阀瓣密封面无渗漏。阀门试压的试验持续时间应不少于表1-5的规定。

表1-5　　　　　　　　　　　阀门试压的试验持续时间

公称直径（mm）	最短试验持续时间（s）		
	严密性试验		强度试验
	金属密封	非金属密封	
≤ 50	15	15	15
65 ~ 200	30	15	60
250 ~ 450	60	30	180

（2）阀门的试验

1）阀门试验台。阀门的强度试验和严密性试验一般在阀门试验台（见图1-11）上进行。阀门试验台操作简单，使用时按要求操作即可，但应注意禁止使阀门超压试验。

2）强度试验。强度试验的目的是检验阀门壳体的强度（承压能力），其试验压力应符合上述规定。

阀件做水压强度试验时，应尽量将体腔内的空气排尽，再往体腔内充灌洁净水。对止回阀做试验时，压力应当从进口一端引入，将出口一端堵塞；闸阀、截止阀、闸板或阀瓣在试验时应打开，压力从进口引入，将另一端堵塞。阀件若有旁通阀，试验时旁通阀也应打开，将出口一端堵塞。

3）严密性试验。严密性试验的目的是检验阀门关闭的密封性能，其试验压力应符合上述规定。

图 1-11　阀门试验台

水和蒸汽用的阀件，应以水作为介质进行严密性试验；轻质石油产品（如汽油、煤油）和其他温度大于 120 ℃的石油蒸馏产品用的阀件，应以煤油作为介质进行严密性试验。

对闸阀做试验时，应保持体腔内压力和通路一端压力相等。试验方法是将闸阀关闭，介质从通路一端引入，在另一端检查其严密性，待压力逐渐除去后，从通路的另一端引入介质，重复进行上述试验，或者在体腔内保持压力，从通路两端进行检查，这样做一次试验即可。

对截止阀做试验时，阀杆处于水平位置，将阀瓣关闭，介质按阀件上箭头指示的方向供给，在另一端检查其严密性。

对直通旋塞做试验时，应将旋塞调整到全关位置，压力从一端通路引入，从另一端通路进行检查，然后将旋塞旋转 180° 重复进行试验。对三通旋塞做试验时，应将旋塞轮流调整到关闭位置，从旋塞关闭的一端通路进行检查。

对止回阀做试验时，压力从介质出口通路的一端引入，从另一端通路进行检查。

对焊式阀门的严密性试验应单独进行，强度试验一般可在系统试验时进行。阀体和阀盖连接部分填料的严密性试验应在关闭件开启、通路封闭的情况下进行。

严密性试验不合格的阀门必须解体检查，并重新进行试验。试验合格的阀门应及时排尽内部积水。密封面应涂防锈漆（需脱脂的阀门除外），然后把阀门关闭，再封闭出、入口。阀门的传动装置机构应进行清洗和检查，要求动作灵活可靠，无卡涩现象。

2. 阀门安装的一般要求

（1）阀门的选用

阀门应根据设计选用。阀门用途、介质特性、最大工作压力、介质最高温度、介质流量、管道公称直径都必须满足设计要求。

（2）阀门的检查

1）阀门安装前应检查产品合格证，并核对型号规格及公称压力，且必须进行外观检查，阀门的铭牌应符合国家标准《工业阀门　标志》（GB/T 12220—2015）的规定。

2）首先检查阀门的填料是否完好，压盖螺栓是否有足够的调节余量；其次检查阀杆是否灵活，有无卡涩和歪斜现象。

（3）阀门安装的通用要求

1）阀门的开关手轮应放在便于操作的位置，水平管道阀门的阀杆一般应安装在上半圆周范围内，法兰或螺纹连接的阀门应在关闭状态下安装。

2）成排阀门的排列应整齐、美观，在同一平面上中心允许偏差为 3 mm。

3）各种阀门的安装方向应与介质的流向一致。

4）埋地管道的阀门应设阀门井室。

5）焊接阀门与管道连接时，封底焊宜采用氩弧焊，以保证内部平整、光洁。焊接时，阀门不宜关闭，防止因过热而变形。

6）安装铸铁等材质较脆的阀门时，应避免因强力连接或受力不均匀而引起损坏。

7）安装法兰式阀门时，紧固螺栓应对称或十字交叉进行。

8）安装螺纹式阀门时应保证螺纹完整无缺，并按介质的不同要求涂以密封填料，拧紧时宜用扳手，保证阀体不会变形和损坏。为了便于拆卸，应在阀门的出口处加装活接头。

9）安装止回阀时，应注意垂直安装与水平安装的不同要求。

10）对夹式蝶阀与水表不能直接连接，否则会造成阀板卡住，不能完全打开，一般通过直短管过渡连接，直短管的长度应不小于 8 倍水表直径，如图 1-12 所示。

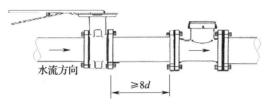

水流方向　　　≥8d

图 1-12　对夹式蝶阀的安装方式

11）搬运阀门时，不允许随手抛掷，以免损坏；吊装阀门时，不得用手轮作为吊装的承重点，以免阀杆与手轮断裂，造成阀门跌落事故，如图 1-13a 所示。正确的做法是：将绳扣按图 1-14 所示的结扣形式在阀体与阀盖的连接法兰处拴好，如图 1-13b 所示；

也可用绳索穿在阀门支架内，如图 1-13c 所示，但用这种方法起吊时不宜摆晃，仅适用于竖直吊装。

12）安装高压阀门前，必须复查产品合格证和试验记录。不合格的阀门不能进行安装。

13）安装电动自控阀前应进行单体调试，包括开启、关闭等动作试验。

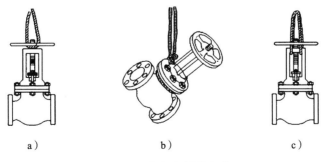

a）　　　　　　　b）　　　　　　　c）

图 1-13　阀门的吊装方式
a）错误　b）、c）正确

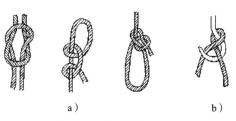

a)   b)

图1-14   常用的绳扣形式
a）麻绳结扣   b）吊钩扣

 想一想

1. 观察图1-11所示的阀门试验台，讨论并总结阀门试验的过程。
2. 讨论并总结不同阀门试验时阀门的开启或关闭状态。

二、供暖系统中阀门的安装

1. 安全阀的安装

安全阀是设备和管道的自动保险装置，用于锅炉、容器等有压设备和管道上。当设备和管道中的介质压力超过最高许可工作压力时，安全阀可自动开启排泄（并发出响声），使设备和管道不会因超压而遭到破坏或造成事故；当设备和管道中的介质压力低于最高许可工作压力时，安全阀便自动关闭，使系统在工作压力下能够正常运行。

安全阀按构造不同，主要分为弹簧式安全阀、杠杆式安全阀和脉冲式安全阀。

（1）弹簧式安全阀

弹簧式安全阀靠调节弹簧的压缩量来调整压力。按顺时针方向旋转弹簧上的调整螺杆时，弹簧压力会加大，安全阀的开启压力也加大；反之，安全阀的开启压力会减小。

弹簧式安全阀分为封闭式和不封闭式两种，如图1-15所示。一般易燃、易爆或有毒介质选用封闭式，蒸汽或惰性气体等选用不封闭式。弹簧式安全阀还有带扳手及不带扳手的。扳手的作用主要是检查阀瓣的灵活程度，有时也可以用于手动紧急泄压。

弹簧式安全阀的特点是体积小、质量轻、灵敏度高、安装位置不受严格限制，是常用的安全阀。弹簧式安全阀的弹簧作用力一般不超过2 000 N，因过大、过硬的弹簧达不到应有的精确度。

（2）杠杆式安全阀

杠杆式安全阀又称杠杆重锤式安全阀，靠移动重锤位置或改变重锤的质量来调整压力。其优点是容易调整压力范围，不受介质的热影响，缺点是灵敏度差，而且往往因体积庞大而限制了使用范围。杠杆式安全阀如图1-16所示。

（3）脉冲式安全阀

脉冲式安全阀由主阀和辅阀构成，如图1-17所示，当压力超过允许值时，辅阀先动作，然后促使主阀动作。它也靠弹簧的压缩力平衡阀瓣的压力，主要用于高压和大口径管路系统。

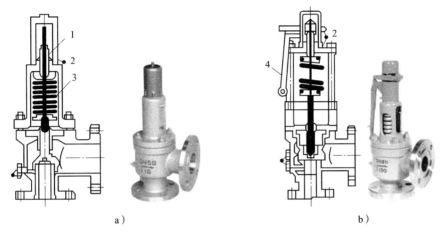

a）　　　　　　　　　　　　　　　b）

图 1-15　弹簧式安全阀

a）封闭式　b）不封闭式（带扳手）

1—调整螺杆　2—铅封　3—弹簧　4—扳手

图 1-16　杠杆式安全阀　　　　　　图 1-17　脉冲式安全阀

（4）安全阀的安装要求

1）安全阀有螺纹连接和法兰连接两种，安装时应按相应的工艺标准连接。

2）安装安全阀前必须复核产品合格证和试验记录，其型号应与设计型号一致。

3）安全阀安装完毕，必须检查其垂直度，当发生倾斜时应予以校正。

4）安全阀放空管的出口位置应符合有关安全要求。

5）安全阀在设备和管道投入试运行时，应及时进行调校。

6）安全阀的最终调试宜在系统上进行，其开启和回座压力应符合设计文件的规定，调压时压力应稳定。每个安全阀启闭试验应不少于三次。

7）安全阀经调试后，在工作压力下不得有泄漏。

8）安全阀经最终调试后应重做铅封，并填写安全阀调整试验记录表等，以备检查。

2. 减压阀的安装

减压阀是利用节流而使压力减小并保持不变的一种直接作用的压力调节阀，作用是自动将设备和管道内的介质压力减小到所需压力。

减压阀的种类较多，常用的减压阀有活塞式、波纹管式及弹簧薄膜式等。近年来相继出现了比例式减压阀、减压稳压阀、室内减压稳压消火栓、消防专用减压阀等新型减压阀。这里主要介绍蒸汽管路通常使用的活塞式减压阀和杠杆式减压阀。

（1）活塞式减压阀和杠杆式减压阀

活塞式减压阀由主阀和导阀两部分组成。主阀主要由阀座、主阀盘、活塞、弹簧等部件组成。导阀主要由阀座、阀瓣、膜片、弹簧、调节弹簧等部件组成。安装活塞式减压阀时，通过调整弹簧压力设定出口压力，利用膜片传感出口压力变化，通过导阀的启闭驱动活塞调节主阀节流部位过流面积的大小，实现减压和稳压功能。

杠杆式减压阀主要由阀体、阀盖、阀杆、阀瓣、阀座及杠杆等部件组成，利用杠杆和重锤达到减压的目的，减压比一般为 0.6。杠杆式减压阀可配用电动执行装置，实现远程自动操作。

活塞式减压阀和杠杆式减压阀如图 1-18 所示。

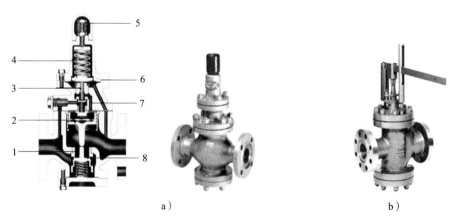

图 1-18　活塞式减压阀和杠杆式减压阀
a）活塞式减压阀的结构和外形　b）杠杆式减压阀的外形
1—主阀　2—活塞　3—导阀　4—弹簧　5—调节螺母　6—顶盖　7、8—膜片

用汽量较小的小型采暖系统可以采用由两个截止阀组成的减压装置。两个截止阀串联安装在管路上，一个作减压用，另一个作关闭用。

（2）新型减压阀介绍

1）比例式减压阀。比例式减压阀利用阀内浮动活塞两端截面积不同造成的压力差改变阀后压力，即在管路中有压力的情况下，活塞两端的面积差构成了阀前与阀后的压力差。其减压比例稳定，现生产的标准减压比有 2∶1、3∶1、3∶2、4∶1 等。

2）减压稳压阀。减压稳压阀采用了阀后压力反馈机构，既可水平安装，也可垂直安装，在高层建筑给水系统中可以代替分区供水中的分压水箱，在气压罐和变速泵供水系统中，是解决高层底部供水压力过大问题、延长管路及卫生器具使用寿命的理想产品。

3）室内减压稳压消火栓。室内减压稳压消火栓解决了高层建筑中普通消火栓因超压而带来的计算和调试问题，很好地满足了国家标准《建筑设计防火规范（2018年版）》（GB 50016—2014）中对压力、流量的要求。室内减压稳压消火栓的减压弹簧用不锈钢制作，同时保持了原普通型消火栓的内部结构、接口标准及操作方法，使用方便可靠。

4）消防专用减压阀。消防专用减压阀由主阀和导阀组成，通过导阀调节阀后所需的压力，控制主阀的流量。当阀后压力低于设计压力值时，导阀立即释放主阀控制室压力，使阀瓣适当地开启；当阀后压力达到设计压力值时，主阀控制室压力增大，使阀瓣开启度变小直到关闭。这种阀门可根据现场需要设定阀后压力，同时，阀后压力不会因为阀前压力的变化而变化，也不会因为阀后流量的变化而变化，起到减压和稳压的作用。

（3）减压阀的安装

减压阀通常设有旁通管路，故被称为减压阀组或减压器。减压阀组的安装形式较多，其基本安装形式如图1-19所示。减压阀组的安装高度有两种：一种是沿墙设置在离地面适当高度处，便于操作维修；另一种是安装在架空管道上，必须设置永久性操作平台。

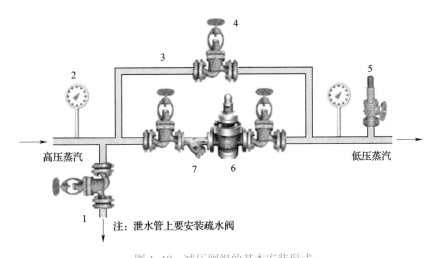

图 1-19　减压阀组的基本安装形式

1—泄水管　2—压力表　3—旁通管　4—截止阀　5—安全阀　6—减压阀　7—过滤器

1）安装减压阀时，减压阀前的管径应与阀体的直径一致，减压阀后的管径可比阀前的管径大1~2号。

2）减压阀的阀体必须垂直安装在水平管路上，阀体上的箭头必须与介质流向一致，减压阀两侧应安装阀门，一般采用法兰截止阀。

3）减压阀前应装有过滤器，对于带有均压管的薄膜式减压阀，其均压管应接往低压管道的一侧。旁通管是安装减压阀的一个组成部分，当减压阀发生故障进行检修时，可关闭减压阀两侧的截止阀，暂时通过旁通管供汽。

4）为了便于对减压阀进行调整，阀前的高压管道和阀后的低压管道上都应安装压力表。阀后低压管道上应安装安全阀，安全阀排气管应接至室外。

5）减压板在法兰盘中安装时，只允许在整个供暖系统经过冲洗后安装。减压板采用不锈钢材料，其孔径、孔位由设计文件决定。

6）管道试压后应对减压阀进行冲洗。操作时，应关闭减压阀进口控制阀，打开冲洗阀进行冲洗。在系统送汽前应打开旁通阀，关闭减压阀前的控制阀，对系统进行暖管，同时冲刷残余污物，待暖管正常后再关闭旁通阀，打开减压阀进口控制阀使系统投入运行。

一切正常后，可根据工作压力进行调试，对减压阀进行定压并做出界限标记。

3. 疏水阀的安装

在蒸汽管道系统中设置疏水阀（又称疏水器），可以迅速、有效地排出用汽设备和管道中的凝结水，阻止蒸汽漏损，对于防止凝结水对设备的腐蚀、水击、振动及管路结冻胀裂，保证蒸汽系统安全、正常运行具有重要的作用。

疏水阀的种类较多，有热动力式疏水阀（热动力式和脉冲式疏水阀）、浮力式疏水阀（吊筒式和浮筒、浮球式疏水阀）和热膨胀型疏水阀（双金属片和波纹管式疏水阀）等，在此主要介绍通常使用的热动力式疏水阀。

（1）热动力式疏水阀

热动力式疏水阀有螺纹连接和法兰连接两种，如图 1-20 所示。

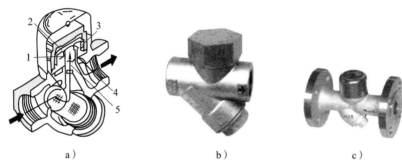

a）　　　　　　　　　　b）　　　　　　　　　　c）

图 1-20　热动力式疏水阀

a）结构简图　b）螺纹连接　c）法兰连接

1—环形槽　2—阀片　3—变压室　4—孔 2　5—孔 1

当凝结水从孔 1 流入时，由于变压室的蒸汽凝缩压力降低，加上水的重力作用，作用在阀片下面的力大于变压室作用在阀片上面的力，故将阀片打开；同时，又因水的黏度高、流速低，阀片与阀座间不易造成负压，而且水不易通过阀片与阀盖间的缝隙流入变压室，这样使阀片保持开启状态，经过环形槽从孔 2 排出疏水阀。

当蒸汽从孔 1 流入时，由于蒸汽的黏度低、流速大，阀片与阀座间容易造成负压，而且蒸汽容易通过阀片与阀盖间的缝隙流入变压室，作用在阀片上面的力大于作用在阀片下面的力，故使阀片迅速关闭，阻止蒸汽的泄漏。

由于疏水阀的散热，变压室的蒸汽冷凝后，变压室内的压力降低，当凝结水再次流入孔 1 时，又进行第二个工作循环，工作是间歇进行的。

（2）疏水阀的组装

疏水阀的组装形式较多，其基本组装形式如图1-21所示。

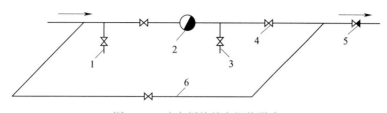

图 1-21　疏水阀的基本组装形式

1—冲洗管　2—疏水阀　3—检查管　4—截止阀　5—止回阀　6—旁通管

疏水阀组中阀门和配管的作用如下：

1）疏水阀前后阀门。在管路冲洗、初运行、检修或更换疏水阀时用以切断介质通路，在疏水阀正常运行时常开。

2）冲洗管。安装在疏水阀前面，管路在通汽运行之前要先用水冲洗。在系统冲洗和初运行时，打开冲洗阀门，以排出污水。用冲洗管启动疏水阀时，待冷凝水由浊变清时关闭。

3）旁通管。蒸汽系统初运行时凝结水量很大，超过疏水阀的排水能力，所以在冲洗管阀门关闭后打开旁通管阀门，用以排放大量凝结水。疏水阀检修或更换时可短时间打开旁通管阀门。系统正常运行时是不允许打开旁通管阀门的，因为蒸汽会从旁通管窜入凝结水管道，影响后面用热设备正常工作和室外管网压力平衡。通常情况下，疏水阀安装形式中一般不设旁通管。

4）检查管。检查管的作用是检查疏水阀的工作状况。系统运行时打开检查管阀门，如果流出的是凝结水，说明疏水阀工作正常；如果有蒸汽喷出，则说明疏水阀工作失灵；如果汽、水均无流出，则说明疏水阀内部堵塞，需要检修或更换。

5）止回阀。若疏水阀后的冷凝水集合管高于疏水阀，应在疏水阀的后切断阀与冷凝水上升管之间安装止回阀。止回阀的作用是防止回水管网窜汽后压力升高，甚至超过供热系统的使用压力。有的疏水阀本身能起止逆作用（如热动力式疏水阀），可以不安装止回阀。如果凝结水排至大气或单独排至集水箱，由于没有反压作用，所以也不必安装止回阀。

6）过滤器。由于采暖系统管路中有渣垢、杂质，故疏水阀前端必须设置过滤器，热动力式疏水阀因自身具有过滤作用，一般不需要另装过滤器。过滤器或疏水阀的滤网需要经常清洗，以免堵塞。

（3）疏水阀安装要求

1）疏水阀应安装在便于检修的地方，并尽量靠近用热设备凝结水排水口。蒸汽管道疏水时，疏水阀应安装在低于管道的位置。

2）应按要求设置好旁通管、检查管、止回阀、除污器、前阀门和后阀门等的位置。用汽设备应分别安装疏水阀，多组用汽设备不能合用一个疏水阀。

3）疏水阀的进、出口位置应保持水平，不可倾斜安装。疏水阀阀体上的箭头应与凝结水的流向一致。

（4）疏水阀的维护管理

保证疏水阀正常工作的重要环节之一是对疏水阀的维护管理。疏水阀的组件工作时动作频繁，极易发生磨损和杂质卡住等故障。因此，经常性检查和管理是十分必要的。

检查疏水阀工作情况的方法如下：

1）打开疏水阀的检查管、阀门进行检查。

2）用手触摸疏水阀外壳及前后接管的温度，判断故障发生的地点和原因。当发现疏水阀工作不正常时，必须立即采取措施冲洗、更换或修复，保证其正常工作。

4. 散热器恒温控制阀的安装

（1）散热器恒温控制阀的工作原理

散热器恒温控制阀分为手动温控阀和自动恒温阀两种。这里主要介绍自动恒温阀。

散热器恒温控制阀（简称恒温阀）是与供暖散热器配合使用的一种专用阀门，可设定室内温度，通过温包感应环境温度产生自力式作用，无须外力即可调节流经散热器的热水流量，从而实现室温恒定的节能效果。

散热器恒温控制阀由阀体部分和温控器控制部分（阀头）组成，如图1-22所示。温控器由内部充满特殊感温介质的金属波纹管构成。当室内温度上升时，波纹管内部感温介质受热后体积增大，造成波纹管膨胀，推动阀杆成比例关闭阀门。当室内温度下降时，波纹管受弹簧张力作用收缩，推动阀杆成比例打开阀门。因此，当房间有其他辅助热源时（如白天的太阳光及其他发热体等），阀门自动关小使散热器的进水量减少，达到节能的目的。

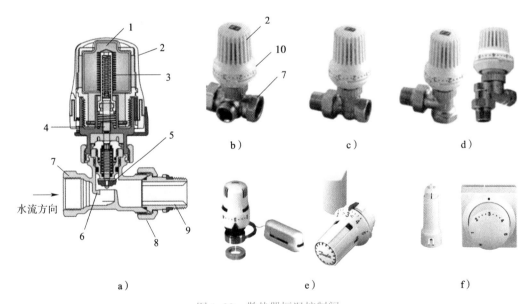

图1-22　散热器恒温控制阀

a）结构简图　b）三通式　c）直通式　d）直角式　e）外置温包式　f）远程调控式

1—温包　2—温控器　3—波纹管　4—阀杆　5—阀芯
6—阀座　7—阀体　8—活接锁母　9—密封球头　10—室温标尺

恒温阀阀体的材料一般为黄铜镀镍，公称压力不大于 1 MPa，介质温度不高于 100 ℃，温度调节刻度为 0 ~ 5 挡，温度调节范围为 5 ~ 25 ℃。每一挡刻度都对应一个室温，防冻温度为 5 ℃，一般卧室为 16 ℃，起居室（客厅）为 20 ℃。恒温阀常用的规格有 DN15、DN20、DN25 三种。

（2）恒温阀的分类、特点及应用

根据恒温阀的结构不同，其分类、特点及适用范围见表 1-6。

表 1-6　　　　　　　　　　　　　恒温阀的分类、特点及适用范围

分类依据	类别		特点及适用范围
温包感温介质	气液混合体		特点：介质为一种低沸点液体，经常处于气液混合状态，反应速度最快，节能效果最佳，但对温包密封要求非常严格 适用范围：目前在国内应用较少
	液态		特点：介质一般为甲醇或甲苯等，灵敏度较高，运行状态稳定 适用范围：较为普遍
	固态		特点：介质多为石蜡等，灵敏度稍低，反应滞后，使用寿命较短，但价格便宜，易加工，体积比液态温包小 适用范围：在国内有部分应用
阀头结构形式	温包内置式		特点：温包内置于温度设定装置（调节阀）中，与阀体在一起。此时温包周围的空气畅通，可直接感受室温 适用范围：散热器明装
	温包外置式	远程传感	特点："远程传感，在阀上调节"。温包独立外置，温度设定装置与阀体在一起，装在散热器入口处，温包通过自带的毛细管传递压力，控制阀门的动作 适用范围：恒温阀安装处不能反映室内真实温度但便于阀门操作的场合，如散热器周围有窗帘遮挡、暖气罩或其他热源干扰，但不影响阀门手轮的调温操作
		远程调控	特点："远程传感，远程调节"。温包与温度设定装置均外置，安装后与阀体不在一起，温包通过毛细管连接阀体 适用范围：恒温阀安装处不能反映室内真实温度，如散热器暗装在柜内或其他空间狭小、不便于阀门手轮操作的场合
恒温阀体外形	两通阀	直通式	特点：直通连接、角型连接 适用范围：用于双管系统（水平、垂直）时应采用高阻阀，用于单管系统时应采用低阻阀
		直角式	
	三通阀		特点：三通连接 适用范围：用于带跨越管的单管系统时应采用低阻阀

续表

分类依据	类别	特点及适用范围
恒温阀体外形	H、F型阀	特点：H、F型连接 适用范围：较少应用于单、双管系统
	公称直径	10 mm、15 mm、20 mm、25 mm
恒温阀体功能	预设定式	恒温阀体带预设阻力调节功能，该设定功能与阀芯行程无关
	非预设定式	恒温阀体不带预设阻力调节功能

（3）恒温阀的型号

根据国家标准《散热器恒温控制阀》（GB/T 29414—2012）的规定，其型号由六个单元组成。

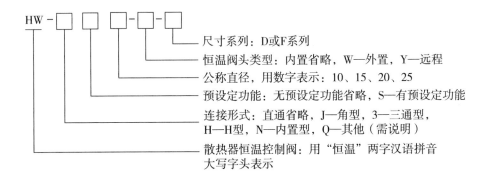

尺寸系列：D或F系列

恒温阀头类型：内置省略，W—外置，Y—远程

公称直径，用数字表示：10、15、20、25

预设定功能：无预设定功能省略，S—有预设定功能

连接形式：直通省略，J—角型，3—三通型，H—H型，N—内置型，Q—其他（需说明）

散热器恒温控制阀：用"恒温"两字汉语拼音大写字头表示

型号示例：

HW-JS25-W-D：恒温阀由公称直径为 25 mm 的角型预设定式阀体与外置温包式阀头构成，基本尺寸符合 D 系列。

HW-15-F：恒温阀由公称直径为 15 mm 的直通无预设定式阀体与内置温包式阀头构成，基本尺寸符合 F 系列。

（4）恒温阀的安装要点

1）安装恒温阀前，应彻底清洗管道和散热器，当采用铸铁散热器时，必须是内腔无砂型的，热力入口必须安装过滤器，以免焊渣及其他杂物引起功能故障。对旧的采暖系统进行改装时，应在散热器温控阀前端安装过滤器。

2）恒温阀应能通过阀体的特殊构造，或使用专用工具在供暖系统正常运行的条件下，具有能够带水带压检查、清堵或更换阀芯的功能，从而能够避免因恒温阀堵塞而导致大面积泄水检修，造成浪费，影响供暖。

3）恒温阀的安装方式如图 1-23 所示。

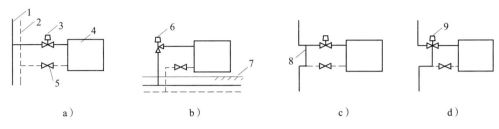

图 1-23 恒温阀的安装方式

a）明装双管系统 b）暗装双管系统 c）两通阀单管跨越系统 d）三通阀单管跨越系统

1—供水管 2—回水管 3—直通（两通）恒温阀 4—散热器 5—截止阀

6—直角恒温阀 7—地面 8—跨越管（旁通管） 9—三通恒温阀

4）安装恒温阀时必须保证感温包（传感器）部分处于一个气流畅通、远离高温物体表面、相对开放的空间，使恒温阀的温包能够充分感应到室内环境空气的温度，确保恒温阀的动作准确。内置式温包恒温阀不应安装在暖气罩中、窗帘后面、窗台板下以及阳光直接照射的地方，如图 1-24 所示，这时温包感受的是周围局部高温，不是均匀、准确的房间温度。内置式传感器的温包必须保证水平安装，不能竖直向上安装，并注意阀体箭头方向与介质流向一致。

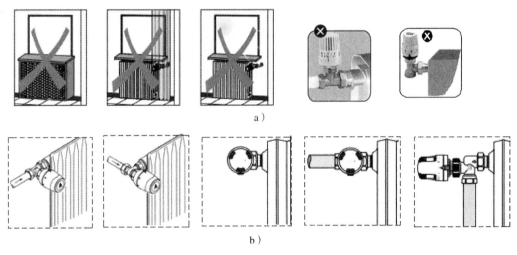

图 1-24 内置式温包恒温阀的安装

a）错误 b）正确

5）当感温温包被遮挡、表面温度受其他散热物体影响，以及位置受限必须竖直安装时，应采用带外置温包式或远程调控式恒温阀。由于温控头分开设置，感温温包远离散热器或窗户，能真实反映室温。温控头通过毛细管（一般长 2 m）对调节阀进行控制。恒温阀及其安装如图 1-25 所示。

6）手动、恒温阀互换时只需更换两者的手轮、阀头即可，温控头与阀座一般为卡接安装，具体操作步骤见表 1-7。

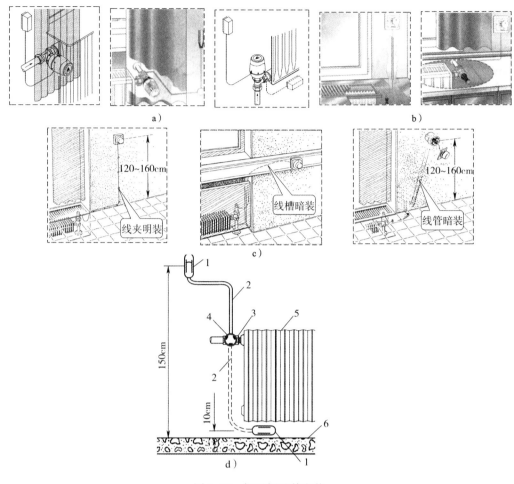

图 1-25　恒温阀及其安装

a）外置温包式安装实例　b）远程调控式安装实例　c）远程调控式安装详图　d）外置温包式安装详图
1—感温包（传感器）　2—毛细管　3—阀体　4—恒温阀头　5—散热器　6—地面

表 1-7　　　　　　　　　　　手动、恒温阀互换操作步骤

操作示意图					
操作要点	用旋具取下阀盖	拔出手轮	卸下塑料卡套	装上锁闭圆环	装上恒温阀头

　　7）恒温阀头上的室温标尺（见图 1-26）规定了温度的调节范围，其中"*"为防冻温度，用于无人房间。

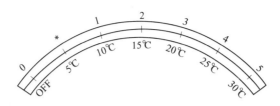

图 1-26　恒温阀头上的室温标尺

8）温度限定：恒温阀只能在此限定的温度范围内旋转（调节温度）。温度锁定：锁定设定的某一温度值。温度限定、温度锁定以及解除温度限定、解除温度锁定的操作技术要点见表 1-8 至表 1-10。

表 1-8　　　　　　　　　　　　　温度限定操作技术要点

操作示意图			
操作技术要点	将调节手柄旋转到全开位置，使用一字旋具将恒温器下端的圆环向阀门方向推到底	将调节手柄旋转到所需限定的最高刻度，将恒温器下端的圆环逆时针旋转到底	将圆环推回恒温器。在此状态下，恒温器只能在 0 到限定的刻度之间调节

表 1-9　　　　　　　　　　　　　温度锁定操作技术要点

操作示意图			
操作技术要点	将调节手柄旋转到全开位置，使用一字旋具将恒温器下端的圆环向阀门方向推到底	将调节手柄旋转到所需限定的刻度，将恒温器下端的圆环顺时针旋转到底	将圆环推回恒温器。在此状态下，恒温器锁定在设定刻度上

5. 热量表的安装

热量表是指利用热媒的温差和质量流量在一定时间内的积分自动累计热计量的仪表装置。

（1）热量表的测量原理

热量表是一个由流量传感器、配对温度传感器、计算器组成的组合式仪表。流量传感器将叶轮转动信号转换成电脉冲信号，计算器通过记录脉冲数对流过的高温水进

表 1-10　　　　　　　　解除温度限定、解除温度锁定操作技术要点

操作示意图		
用一字旋具将恒温器下端的圆环向阀门方向推到底	将恒温器手柄旋转到全开位置，将圆环逆时针旋转到底，圆环上的箭头与恒温器上的"RESET"相对齐	将圆环推回恒温器。在此状态下，恒温器解除温度限定及温度锁定

上面一行是操作示意图，下面一行标题为"操作技术要点"。

行累计测量，通过配对的温度传感器测量进水、回水的温度并传送给计算器，计算器根据系统入口和出口处的温度计算热焓差、水的质量流量及水流经的时间，从而可计算出采暖系统实际消耗的热量。图 1-27 所示为几种常见的热量表。

　　a）　　　　　　　　　　b）　　　　　　　　　　c）

图 1-27　几种常见的热量表
a）积分仪　b）流量计　c）温度传感器

（2）热量表的种类

热量表的种类和规格较多，一般按流量计种类和结构形式划分为以下几种。

按流量计种类划分
{
机械式热量表：通过测定叶轮转速测量热水的流量
超声波热量表：通过超声波射线直射或反射的方法测量热水的流量
电磁式热量表：利用法拉第定律测量热水的流量
}

按结构形式划分
{
组合式热量表：积分仪与流量计装在一起，一对温度传感器与其分开
分体式热量表：积分仪装在墙上或表箱里，流量计、温度传感器与其分开
一体化热量表：积分仪、流量计和一对温度传感器安装成一体
}

机械式热量表的测量精度相对不高，表阻力较大，容易堵塞，易损件较多，因此对水质有一定的要求。超声波热量表、电磁式热量表的测量精度高，压损小，不易堵塞，价格较高，使用寿命长。小规格的热量表一般采用螺纹连接，大规格的热量表一般采用法兰连接。

（3）热量表的安装形式

热量表的安装分为螺纹连接和法兰连接两种形式，如图1-28所示。

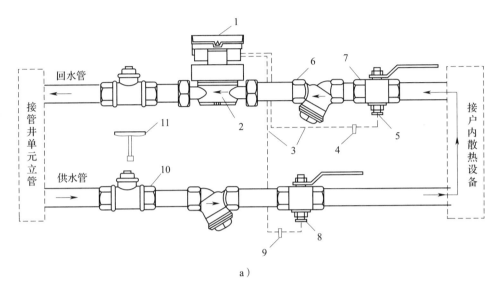

a）

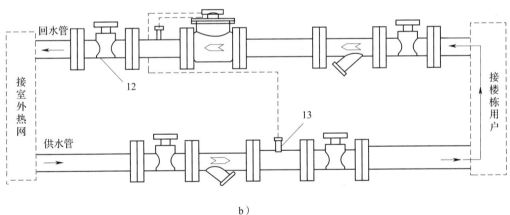

b）

图1-28　热量表的安装形式

a）螺纹连接　b）法兰连接

1—计算器（积分仪）　2—流量计　3—温度传感器信号线　4—回水温度传感器信号线蓝色标签
5—回水温度传感器　6—过滤器　7—测温球阀　8—供水温度传感器　9—供水温度传感器信号线红色标签
10—锁闭阀　11—锁闭阀钥匙　12—截止阀或柱塞阀　13—传感器焊套

螺纹连接安装中使用的测温球阀和测温锁闭阀是两个较特殊的阀门。测温锁闭阀通过专用钥匙关闭管路，具有传感、调节、锁闭三种功能，内置专用弹子锁，根据使用要求，可分为单开锁和互开锁。测温锁闭阀既可在供热计量系统中作为强制收费的管理手段，又可在常规采暖系统中起调节作用。当系统调试结束后即锁闭阀门，避免用户随意调节，维持系统的正常运行。测温球阀是在普通球阀的阀体上制造有安装温度传感器的接口，具有传感、调节、关闭的功能，不具有锁闭的功能，如图1-29所示。法兰连接安装中，需要在管子上现场用管道开孔器开孔，焊接专门连接温度传感器的焊套，该焊套的安装工艺等同于安装温度计。

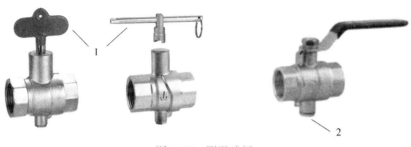

图1-29 测温球阀

1—钥匙 2—温度传感器接口

（4）螺纹连接的安装要求

热量表螺纹连接一般适用于分户计量采暖系统。所谓分户计量采暖系统，是指每家住户自为一个采暖系统，每户都具有采暖供水管和回水管，各户内的采暖形式既可以统一，也可以不统一。

1）安装热量表前，首先应将系统冲洗干净。热量表前宜安装过滤器，防止热量表堵塞。

2）安装热量表时，应保证表前和表后有足够的直管段，表前直管段长度应不小于5倍管径，表后直管段长度应不小于2倍管径，如图1-30所示。

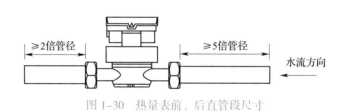

图1-30 热量表前、后直管段尺寸

3）进水温度传感器和回水温度传感器的安装位置必须正确，否则热量表不能工作。热量表的两个温度传感器颜色不同，可按说明书安装。一般安装时应将红色标签的温度传感器安装在进水管测温球阀或热量表上（通常在表体测温孔内），将另一个蓝色标签的温度传感器安装在回水管上。

4）超声波热量表应水平安装在管道的最低点，垂直安装在水流向上的竖直管段上；否则，会因为管段未充满水或管段集聚空气而造成热量表计量不准或不计量。旋翼式的机械式热量表只能水平安装，不允许垂直安装，如图1-31所示。图1-31a中A、B处为正确安装位置，C、D处为错误安装位置；图1-31b中A处为正确安装位置，B、C、D处为错误安装位置。

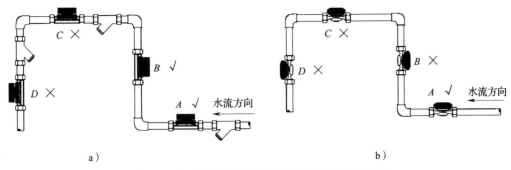

a）
b）

图 1-31　超声波热量表和机械式热量表的安装位置

a）超声波热量表　b）机械式热量表

5）当热量表水平安装时，仪表面板要保持水平，特殊情况需要倾斜时，倾斜角度应不超过 30°。热量表的安装方向应与热介质流动方向一致。

6）热量表（主要指流量传感器）设置在供水管或回水管均可，具体由设计文件决定。一般热量表宜设置在回水管上，因回水管水温较低，可延长热量表的使用寿命。为防止盗热现象，热量表也可设置在供水管上，如需要，在订货时应予以明确。

7）安装热量表时，可先用一根与热量表相同长度的直管（有些热量表自带）代替热量表安装在管路中，通水冲洗管道。待管道中的杂物冲洗干净后，可换装热量表。如果管网不冲洗干净，则有可能影响热量表测量精度，甚至损坏热量表。

8）热量表在使用时应保持仪表洁净、干燥，切勿使液体流入计算器。当电量显示不足时，应及时与维修人员联系进行更换。

（5）法兰连接的安装要求

法兰连接一般适用于单位供暖进口处，可安装在供水或回水管路上。

1）安装热量表前必须清洗供暖管道。

2）热量表应水平安装。

3）供暖管道中水流方向应与热量表上所标的水流箭头方向一致。

4）供水管和回水管上的温度传感器应严格按出厂说明书安装，并加可靠的铅封。

5）法兰垫片应选用耐高温的材质。

想一想

1. 安全阀的铅封有什么作用？

2. 讨论安全阀、新型减压阀的安装工艺和安装要求。

3. 讨论散热器恒温阀头要求水平安装的原因。

4. 什么是散热器恒温控制阀？它是怎样控制温度的？

5. 热量表和热水表的作用相同吗？为什么？

 思考练习题

1. 施工规范对阀门安装前的试验有什么规定？
2. 阀门强度试验和严密性试验的目的各是什么？
3. 对夹式蝶阀和普通阀门的安装有什么不同之处？
4. 安全阀的作用是什么？主要有哪几种形式？
5. 减压阀的作用是什么？主要有哪几种形式？蒸汽管道常用哪种减压阀？
6. 疏水阀的作用是什么？主要有哪几类？
7. 画出疏水阀组装图，并简述各组成部件的作用。
8. 简述散热器恒温控制阀的工作原理。
9. 散热器恒温控制阀的种类有哪些？
10. 简述散热器恒温控制阀的具体安装工艺。
11. 什么是热量表？它是怎样测量热量的？
12. 简述螺纹连接热量表的具体安装工艺。

第三节 补偿器安装

由于输送介质温度的高低或周围环境的影响，管道在安装与运行时温度相差很大，会引起管道的伸长或缩短。当管道伸缩产生的作用力达到一定程度时，将会使管道和支架遭到破坏。为了补偿管道的伸缩，使管道系统安全、稳定地运行，必须在管路上安装使管道有伸缩余地的装置，这种装置就是补偿器。

补偿器补偿的方法是将直管分成若干一定长度的管段，每段两端用固定支架，中间用活动支架，每段中间配置补偿器（见图 1-32），使该管段的热变形得以伸缩，从而减小热应力的破坏。

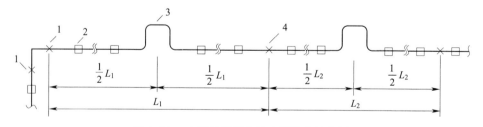

图 1-32　方形补偿器在热力管道中的布置

1—端部固定支架　2—活动支架　3—方形补偿器　4—中部固定支架

一、管道热伸长量的计算

供热管道投入运行后，常因温度变化较大而产生热膨胀，管道的热伸长量可按下式计算：

$$\Delta L=\alpha L\left(t_2-t_1\right)$$

式中　ΔL——管道的热伸长量，mm；

α——管道材质的热膨胀系数，mm/（m·℃），钢材可取 0.012 mm/（m·℃）；

L——计算管道的长度，m；

t_2——管内介质的工作温度，℃；

t_1——管道安装时的环境温度，℃。

上述公式中有关数据取值说明如下。

t_1 取值：当管道敷设在地下或室内时，取 0 ℃；当管道架空敷设时，取当地采暖室外设计温度。

t_2 取值：热力管道取介质的最高温度；煤气管道采用蒸汽吹扫时，取 80 ~ 120 ℃；氧气、乙炔、压缩空气管道取 30 ~ 40 ℃。

【例 1-1】一根热水采暖系统干管两固定支架之间的直管段（钢质）长度为 40 m，热水最高温度为 95 ℃，安装时环境温度按 –5 ℃计算，求此管段的热伸长量。

解：根据公式计算此管段的热伸长量：

$$\Delta L=\alpha L\left(t_2-t_1\right)=0.012\times40\times\left(95+5\right)=48\left(mm\right)$$

 想一想

讨论并举例说明实际生活中的热伸长现象及补偿方法。

二、补偿器的安装

管道系统设置补偿器时，首先应考虑利用管道本身结构弯曲部分的补偿作用，称为自然补偿器（Z 形、L 形），然后再考虑人工补偿器。常用的人工补偿器有方形补偿器、波纹管补偿器、套筒型补偿器和球形补偿器四种。

1. 自然补偿器的安装

（1）结构与类型

自然补偿器包括 L 形补偿器和 I 形补偿器，如图 1-33 所示。L 形补偿器是一个直角弯，其长臂的长度一般控制在 20 ~ 25 m 的范围内，而且避免长臂与短臂的长度相等，否则会降低其补偿能力，并增大弯头处应力。Z 形补偿器是在管道上的两个固定点之间由两个 90° 角组成的管段。Z 形补偿器的垂直臂长度通常根据现场实际确定，两个水平臂的总长度一般控制在 45 m 以内。

布置管道时，应尽量利用所有管路原有弯曲的自然补偿，当自然补偿不能满足要求时，才考虑装设置各种类型的人工补偿器。弯管转角小于 150° 时可用作自然补偿，弯管转角大于 150° 时不能用作自然补偿。

自然补偿器的优点是装置简单可靠，不另占地和空间；其缺点是管道变形时产生横向位移，补偿的管段不能太长。

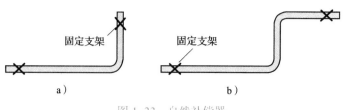

图 1-33　自然补偿器

a）L 形补偿器　b）Z 形补偿器

（2）安装要点

自然补偿器安装简单，安装时应注意固定支架的位置及其牢固性。

2. 方形补偿器的安装

（1）结构与类型

方形补偿器由四个 90° 弯头和一定长度的相连管段组成，当管径较大时，可以采用煨制弯管焊接而成。方形补偿器有四种结构类型，如图 1-34 所示，图中 a 管段通常称为方形补偿器的水平臂，b 管段通常称为方形补偿器的垂直臂。

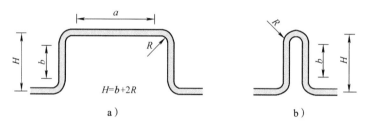

图 1-34　方形补偿器类型（Ⅱ型和Ⅲ型未画出）

a）Ⅰ型　b）Ⅳ型

Ⅰ型：$a=2b$　Ⅱ型：$a=b$　Ⅲ型：$a=0.5b$　Ⅳ型：$a=0$

方形补偿器须用优质无缝钢管制作，最好用整根管子弯制而成，公称直径小于 150 mm 时可用冷弯法制作，公称直径大于 150 mm 时一般采用热弯法制作，弯管弯曲半径通常为 3~4 倍的管外径。当大的补偿器需要用几根管子连接时，其焊口位置应设在垂直臂的中间，因为此处的弯曲应力最小。

方形补偿器的拼装应在平台上进行，四个弯头应在同一个平面内，平面扭曲偏差应不大于 3 mm/m，全长不得大于 10 mm。补偿器平行臂的长度偏差应不超过 ±10 mm。

供热管网一般采用方形补偿器，当方形补偿器不便使用时，才选用其他类型的补偿器。方形补偿器制造及安装方便，轴向推力小，补偿能力大，运行可靠，无须经常维修，但其外形尺寸较大，单向外伸长臂较长，占地面积和占用空间较大，需增设管道支架，热媒流阻较大。

（2）安装要点

方形补偿器在安装前必须进行预拉伸，其预拉伸量为管道计算热伸长量 ΔL 的一半，这样可以使方形补偿器的补偿能力增加一倍（其原因可自行分析）。因此，设计人员在选用方形补偿器的型号时均按预拉伸过的方形补偿器考虑，这样实际选用型号比理论计算型号小一些。如果安装前不进行预拉伸，方形补偿器的补偿能力是不够的。

图 1-35 所示为方形补偿器受力状态，L_1 为制作时水平臂的长度尺寸。

安装方形补偿器时一般采用两种方法。一种方法是先将补偿器按要求拉伸好，中间用钢管或角钢临时定位焊，待管道安装完毕，再将临时支撑去掉，即所谓的"先拉后安"。这种方法通常使用的拉伸工具是拉管器、千斤顶等，一般适用于安装较小管径的补偿器。

另一种方法是在安装方形补偿器时，先将未拉伸补偿器的一端与管道找平并焊接牢固，另一端与直管末端预留补偿器一

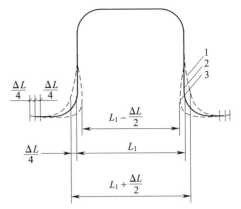

图 1-35　方形补偿器受力状态
1—安装时位置状态　2—制作时位置状态（自由状态）
3—工作运行时的位置状态

半的间隙（焊缝不包括在内），然后把拉管器（或千斤顶）安装在待焊的接口上，拧紧拉管器螺栓，拉开补偿器到管道接口处对齐焊好，如图 1-36a、b 所示。另外，还可以采用两个拉管器，补偿器与焊接管端留有 $\Delta L/4$（焊缝不包括在内）的间隙，然后冷拉安装方形补偿器，如图 1-36c 所示。这种方法即所谓的"边拉边安"，在工程上应用较多。

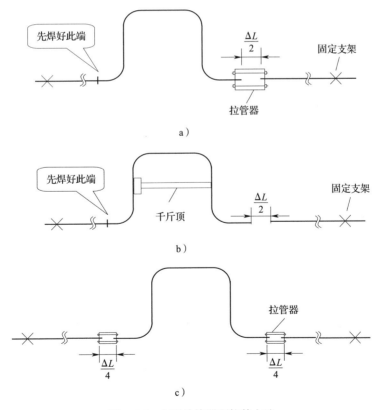

图 1-36　方形补偿器预拉伸方法
a）用一个拉管器一端拉伸　b）用千斤顶一端撑顶　c）用两个拉管器两端拉伸

第一种安装方法必须在管道安装完毕且固定支架达到规定强度后，才能拆除临时支撑，如果忘记拆除临时支撑，会造成工程事故。第二种安装方法必须在焊缝完全冷却后方可将拉管器拆除，否则会造成焊缝开裂。

安装方形补偿器时应注意以下事项：

1）制作方形补偿器时，应用整根无缝钢管煨制，如需要接口，接口应设在垂直壁的中间位置，且必须焊牢。

2）吊装方形补偿器时，起吊应平稳，以防止变形。

3）水平安装方形补偿器时，水平臂应与管道的坡度一致。垂直安装方形补偿器时，如果输送介质是热水，应在补偿器最高处安装放气阀；如果输送介质是蒸汽，应在补偿器最低处安装疏水装置。

4）两个固定支架之间应设导向支架，导向支架应保证使管道沿规定的方向做自由伸缩。

5）方形补偿器两侧的第一个支架宜设置在距方形补偿器弯头弯曲起点 0.5～1.0 m处。支架应为滑动支架，不得设导向支架或固定支架，以保证在补偿器伸缩时，若管道有微量的横向移动，不会使管道的膨胀应力集中到支架上。

6）考虑到管道膨胀后会使托架中心与支撑架中心相重合，安装导向支架和滑动支架的托架时，应以支撑架中心线为标准，将托架沿着管道膨胀的反方向移动管道热伸长量一半的距离。

3. 波纹管补偿器的安装

（1）结构与类型

波纹管补偿器采用不锈钢（1Cr18Ni9Ti）制造，由一个波纹管和两个端接管构成，可通过波纹管的柔性变形吸收管线轴向位移，如图 1-37 所示。端接管或与管道直接焊接，或焊上法兰再与管道法兰连接。

波纹管补偿器耐压性、耐腐蚀性好，配管简单，维修方便，热补偿量大，按结构形式可分为轴向型、横向型和角向型三大类。产品的公称直径为 25～1 200 mm，公称压力为 0.25～2.5 MPa，工作温度小于等于 450 ℃。目前波纹管补偿器广泛用于热力管道。

图 1-37　波纹管补偿器

另一种波形补偿器的结构与波纹管补偿器相似，用金属薄板压制并拼焊制成，它利用凸形金属薄壳挠性变形构件的弹性变形补偿管道的热伸缩量。波形补偿器的结构可分为套筒式和不带套筒式两种，前者应用更为广泛。

波形补偿器的特点是体积小、节省钢材、流体阻力小，但是其补偿能力小、轴向推力大、耐压强度低、制造较为困难。碳钢波形补偿器主要用于工作压力不超过0.7 MPa、工作温度为 –30～450 ℃、公称直径大于 150 mm 的管道工程中，在工业燃气管道工程上应用最为普遍。

（2）安装要点

波纹管补偿器安装前应进行预拉伸，其拉伸方法较为简单，只需调整补偿器上的小拉杆螺母即可，然后与管道法兰连接。

需要注意的是，补偿器上的小拉杆的主要作用是运输过程中的刚性支撑及用于补偿器预拉伸调整，而非受力构件。现场安装完成后，应使小拉杆处于自由状态。

4. 套筒型补偿器

（1）结构与类型

套筒型补偿器又称填料函式补偿器，以插管和套筒的相对运动补偿管道的热伸缩量，以填料函实现密封。套筒型补偿器按壳体材料不同可分为铸铁和钢两种，按结构形式不同可分为单向和双向两种。铸铁补偿器的工作压力不超过 1.3 MPa，钢补偿器的工作压力不超过 1.6 MPa，最高使用温度为 350 ℃，主要用于公称直径大于 150 mm、工作压力不超过 1.6 MPa、安装位置受到限制的热力管道，用于补偿管道的轴向伸缩及任意角度的轴向旋转。

套筒型补偿器的优点是补偿量较大（一般可达 250 ~ 400 mm），占地面积小，安装简单，承压能力大，流动阻力较小。其缺点是轴向推力较大，造价较高，易渗漏，需要经常维修及更换填料，当管道产生横向位移时，容易将填料圈卡住。套筒型补偿器如图 1-38 所示。

图 1-38　套筒型补偿器
a）单向　b）双向
1—套筒　2—填料压紧螺栓　3—伸缩端

（2）安装要点

安装单向套筒型补偿器时，可将套筒端与固定支架管端连接，导管侧应设导向支座。双向套筒型补偿器应设在两导向支架间，套筒用固定支架固定。

安装套筒型补偿器时，应先将补偿器拉开至最大长度，再推进去伸缩余量，保证补偿器中心线与管道中心线一致。插管应安装在介质流入端。

近年来，国内许多生产厂家研制了大批套筒型补偿器的新产品，在管道工程中已得到推广与应用，新型套筒型补偿器包括无推力套筒型补偿器、柔性石墨填料补偿器、自导式高温补偿器、平衡式补偿器、一次性套筒型补偿器等。

无推力套筒型补偿器的主要特点是利用补偿器的特殊结构，从根本上消除了热介质管道的主导推力——内压推力，从而大大减小了管道对固定支架的推力。该补偿器广泛应用于直埋、地沟、架空铺设的管道，适用介质有水、蒸汽、油、煤气、酸及碱等，公称压力小于 2.5 MPa，公称直径可达 1 000 mm，使用温度不高于 400 ℃。

5. 球形补偿器

（1）结构类型

球形补偿器（又称球形接头）主要应用于管道转弯处，依靠球体的角位移吸收或补偿管道一个或多个方向的横向位移。该补偿器具有补偿量大、无盲板力、对固定管架的作用力小的特点，密封采用可注组合密封技术，实现长期可靠密封。球形补偿器应 2 个或 3 个为一组配套使用，才能用于吸收或补偿管道的横向位移。单个球形补偿器没有补偿能力，可作为管道万向接头使用。

球型补偿器主要应用于城市集中供热管道、热电厂蒸汽管道、电站大型锅炉送煤粉和排灰管道、冶金行业的高炉送风（气）管道和各种冷却管道、其他需要考虑热胀冷缩的各种管道等。球形补偿器及其安装如图 1-39 所示。

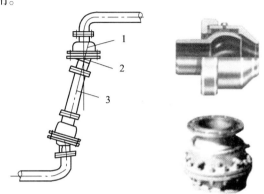

图 1-39　球形补偿器及其安装
1—壳体端　2—球体端　3—球心距管段

（2）安装要点

1）安装前，应将球体调整到所需角度，并与球心距管段组成一体。

2）安装时应紧靠弯头，使球心距长度大于计算长度。

3）安装方向宜保证介质从球体端进入，由壳体端流出。

4）垂直安装球形补偿器时，壳体端应在上方。

5）补偿器的固定支架或滑动支架应按照设计文件规定选用及安装。

6）运输、装卸球形补偿器时应防止碰撞，并应保持球面清洁。

 想一想

1. 讨论自然补偿器实际安装的操作过程。

2. 讨论并分析当方形补偿器预拉伸量为热膨胀量的一半时，其补偿能力增大一倍的原因。

3. 讨论波纹管补偿器、套筒型补偿器和球形补偿器实际安装的操作过程。

 **思考练习题**

1. 什么是补偿器？管道热补偿的方法是什么？

2. 一蒸汽管两固定点之间的距离为 50 m，饱和蒸汽的温度是 143 ℃，安装管道时的环境温度为 −5 ℃，试计算此蒸汽管段运行时的热伸长量。

3. 什么是自然补偿？自然补偿器和人工补偿器各有哪几种形式？

4. 自定尺寸，画出方形补偿器的四种类型。

5. 方形补偿器在被安装前为什么必须进行预拉伸？

6. 简述方形补偿器的安装要点。

7. 简述波纹管补偿器的安装要点。

8. 简述球形补偿器的安装要点

第二章

供暖系统安装

学习目标

1. 熟悉室内外供暖系统组成、运行特点。
2. 掌握室内外供暖系统设备及附件的基本作用。
3. 掌握室内外供暖系统管道、设备及附件安装工艺和标准。
4. 能够按照室内外供暖系统管道工艺标准安装常用供暖系统。

供暖就是根据热平衡的原理，在冬季以一定的方式向建筑物供应热量，保证人们日常生活、工作和生产活动所需的环境温度。

从热源来的热水或蒸汽，经输送管网送往每一个热用户，整个系统称为供暖系统，其组成如图 2-1 所示。图中，热源可以是锅炉房、热电厂、热水空调机组、太阳能热水器或工业废热等，热用户可以是一群建筑物、一幢建筑物或一家住户。

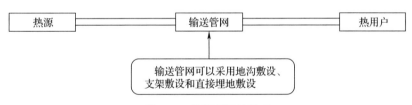

图 2-1 供暖系统的组成

对一个具体的供暖系统而言，输送管网将热源的热水或蒸汽输送到散热设备，在散热设备内降温（对热水而言）或冷凝（对蒸汽而言）成低温水或凝结水，再由管路系统送回热源加热，这样反复循环。

集中供暖系统以区域锅炉房或热电厂提供热媒（热媒是指传递热量的中间媒介物，如热水或热蒸汽），将热媒经集中性供暖管网输送给一个或几个区域，乃至整个城市的工业及民用热用户，是一种大型的供暖系统。

集中供暖具有燃料利用率高、节约能源、减少对环境的污染、保护和改善城市环境卫生、机械化和自动化程度高、改善劳动条件、节省人力、减少占地面积等诸多优点。

第一节 热水采暖系统的形式

采暖系统通常是指室内采暖系统，以热水为热媒的采暖系统称为热水采暖系统。按热媒参数的温度不同，热水采暖系统可分为低温热水采暖系统（供水温度为95 ℃、回水温度为70 ℃）和高温热水采暖系统（供水温度为110～150 ℃、回水温度为70 ℃）；按循环动力不同，热水采暖系统可分为自然循环热水采暖系统和机械循环热水采暖系统。

一、自然循环热水采暖系统

1. 自然循环热水采暖系统工作原理

对于热水采暖系统，驱使热水在系统中流动的力称为作用压力或循环动力。依靠供水与回水的密度差引起的压力差为循环动力进行循环的方式，称为自然循环，又称重力循环。自然循环热水采暖系统的工作原理如图2-2所示。

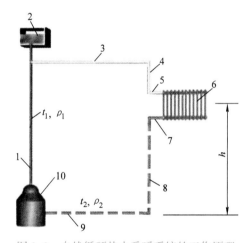

图2-2 自然循环热水采暖系统的工作原理

1—供水总立管 2—膨胀水箱 3—供水干管 4—供水立管 5—供水支管 6—散热器
7—回水支管 8—回水立管 9—回水干管 10—锅炉

在图2-2所示的采暖系统中，假如忽略水在管道中的冷却，认为水温只在系统中的锅炉（加热中心）和散热器（散热中心）内升高和降低，而在管道中热水没有温降，经过分析和计算可知，系统的作用压力为：

$$\Delta P=(\rho_2-\rho_1)gh$$

式中　ΔP——系统的作用压力，Pa；

　　　ρ_1、ρ_2——供水及回水的密度，kg/m³；

　　　g——重力加速度，取9.81 m/s²；

　　　h——加热中心至散热中心的垂直距离，m。

上述就是驱使热水在系统中流动的作用压力计算公式。这个公式说明：当供水、回水温度一定，即 ρ_1、ρ_2 一定时，作用压力 ΔP 的大小仅和散热中心与加热中心之间的垂直距离 h 有关。h 越大，作用压力 ΔP 越大，这意味着热水流动越快，热交换越充分，热量散发得越多。如果 h 为零，那么作用压力为零，热水就流动不起来，系统就不能供暖。

系统工作前先从膨胀水箱往系统内充满水，使系统内的空气排尽。水在锅炉内被加热升高温度，水温由 t_2（回水温度）升高到 t_1（供水温度），由于水受热膨胀，密度由 ρ_2 降到 ρ_1。热水由供水总立管上升，经供水干管、供水立管、供水支管进入散热器；水在散热器中放出热量，温度降低，密度升高；回水经回水支管、回水立管、回水干管流回锅炉，再次被加热，形成自动的顺时针方向的循环流动。

2. 自然循环热水采暖系统形式

自然循环热水采暖系统的基本形式有双管系统和单管系统，如图 2-3 所示。

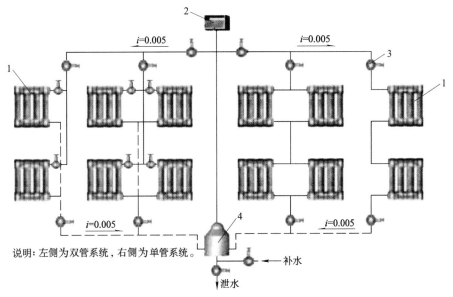

图 2-3 自然循环热水采暖系统的基本形式
1—散热器 2—膨胀水箱 3—阀门 4—锅炉

（1）双管系统

在双管系统中，供水管同时给各层散热器供给相同温度的热水，放热后同时流出。这种系统的供水立管和回水立管分别设置，如图 2-3 左侧部分所示。

在双管系统中，热水通过每层散热器组成单独的循环环路，由于各层散热器中心与锅炉加热中心的距离不同，因此通过上层散热器环路的作用压力大于通过下层散热器环路的作用压力，这就意味着上层散热器要比下层散热器通过的热水流量多，放出的热量也多，这种上热、下不热的现象称为垂直失调现象。

垂直失调现象是双管系统的缺点，为了减轻垂直失调现象，可通过各层散热器支管上设置的阀门调节热水流量。

（2）单管系统

在单管系统中，热水经供水管先进入上层散热器，放出部分热量，温度降低一些后再进入下层散热器，继续放热，水温又降低一些，最后由回水管流回锅炉，进入各层散热器的热水的温度是不同的。在单管系统中，供水立管与回水立管合用，如图2-3右侧部分所示。

单管系统只有一个环路，作用压力也只有一个，其散热中心位于上、下两层散热器之间，因此不产生垂直失调现象，这是单管系统的优点。

单管系统形式简单，施工方便，造价低，运行时不发生垂直失调现象，是国内目前一般建筑广泛应用的一种采暖系统形式。它的缺点是散热器不能单独调节，因为其供水支管上不能设置调节阀门。

（3）自然循环热水采暖系统基本运行过程

图2-3所示的两种采暖系统都是上供下回式系统，水平供水干管位于系统上部，安装坡度为0.005，标高不断降低，习惯上称为"沿水流方向低头走"。膨胀水箱的膨胀管接在系统管道的最高点（供水总立管的顶端），这是自然循环热水采暖系统与机械循环热水采暖系统在管道安装方面的不同之处。这样做一方面有利于干管内热水顺坡向前流动；另一方面有利于干管内空气逆水流向上，走到膨胀水箱排入大气。

回水干管位于系统下部，也要有0.005的安装坡度，坡向锅炉，目的是使回水能自流回到锅炉。自然循环热水采暖系统的锅炉一般要建在建筑物的地下室或半地下室中。

自然循环热水采暖系统运行的基本过程如下：先打开补水管和系统的所有阀门，让给水进入系统中，随着系统内水位的升高，其中的空气也向上浮升，最后通过膨胀水箱排出；水在锅炉内被加热，温度升高，在自然循环作用压力推动下，热水产生循环，室内温度逐渐上升，实现采暖的目的。

自然循环热水采暖系统是最早采用的一种热水采暖系统，已有很多年的历史，至今仍在被应用。它装置简单，运行时无噪声，不消耗电能。但由于其作用压力小、管径大、作用范围受到限制，该系统仅在一些没有热源的建筑物内采用。

3. 家用简易热水采暖系统

家用简易热水采暖系统是一种简易的自然循环热水采暖系统，其热源是一种具有加热水套的煤炉，这种煤炉称为家用采暖炉。家用采暖炉具有做饭、供应淋浴热水和采暖的功能，在没有供暖热源的用户家庭里得到了一定的应用。

家用简易热水采暖系统的配管形式如图2-4所示。其配管、安装要点如下：

（1）在条件允许的情况下，尽可能使散热器与采暖炉加热水套的中心高差增大。工程经验证明，散热器与采暖炉加热水套的中心高差不应小于100 mm。

（2）应选用内壁光滑且不易生锈的管材，如质量优良的热镀锌焊接钢管、铝塑复合管等。管材公称直径不宜小于20 mm。

（3）采暖炉的进出口上宜分别安装一个活接头。

（4）每组散热器宜安装一个手动跑风，连接散热器的水平支管不宜过长。

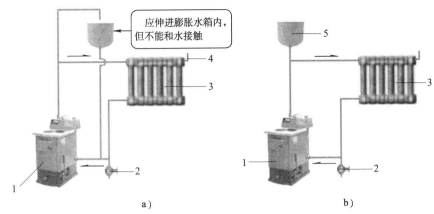

图 2-4　家用简易热水采暖系统的配管形式

a）膨胀水箱与回水干管连接　b）膨胀水箱与供水干管连接

1—家用采暖炉　2—泄水阀　3—散热器　4—手动跑风　5—膨胀水箱

（5）若只连接一组散热器，在系统中不宜安装任何阀门（泄水阀除外）；若连接多组散热器，阀门宜安装在散热器的立支管上，且一组散热器只安装一个阀门，阀门宜选用流动阻力较小的闸阀或球阀。

（6）配管时，以系统流动阻力最小为原则，如管路的距离最短、弯曲最少等。

（7）膨胀水箱宜选用透明的塑料水箱，这样便于观察水位。

（8）在条件允许的情况下，系统中宜充注软化水。

（9）供、回水管的坡度宜大一些。

（10）非采暖季节，系统宜充满水进行湿保养。

家用简易采暖系统工作前，从膨胀水箱向系统内慢慢充水，要设法让系统内的空气排尽，建议先对系统进行冲洗，然后再充水排气。系统充满水后，炉子开始生火，水套中的水被加热，系统开始产生循环，散热器就向房间散热。

二、机械循环热水采暖系统

1. 机械循环热水采暖系统工作原理

在自然循环热水采暖系统中，热水是靠供、回水密度差造成的作用压力流动循环的，适用于小型建筑物的采暖系统和家用简易采暖系统。当建筑物供暖半径大、需要较大的作用压力时，必须采用机械循环热水采暖系统，其基本组成如图 2-5 所示。

机械循环热水采暖系统是由热水锅炉、采暖管道、散热设备、循环水泵、除污器、集气罐或自动排气阀和膨胀水箱等设备组成的密闭系统。其系统作用压力主要由循环水泵提供，强制热水在系统中循环流动，克服系统沿程能量损失和局部能量损失，使系统安全、正常地运行。

机械循环上供下回式热水采暖系统水平敷设的供水干管应沿水流方向设上升坡度，坡度值不应小于 0.002，一般为 0.003 左右。其系统末端最高点设集气罐或自动排气阀，以便空气能顺利地与水流同方向流动，集中到自动排气阀处排出。回水干管也应沿水流方向设下降坡度，坡度值不应小于 0.002，一般为 0.003 左右，以便集中泄水。

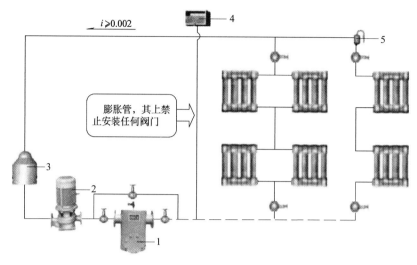

图 2-5　机械循环热水采暖系统基本组成

1—除污器　2—循环水泵　3—热水锅炉　4—膨胀水箱　5—自动排气阀

2. 机械循环热水采暖系统的形式

机械循环热水采暖系统按管道敷设方式不同，可分为垂直式系统和水平式系统，此外，还可分为异程式系统与同程式系统。

（1）垂直式系统

1）上供下回式。上供下回式机械循环热水采暖系统有单管式和双管式两种形式。单管式又可分为单管顺流式和单管跨越式两种。

在楼层多的单管系统中，上部几层装设跨越管，在跨越管或散热器支管上装设阀门，使立管中的热水一部分流入本层散热器，另一部分直接通过跨越管与散热器出水混合，进入下一层散热器，这种采暖系统称为单管跨越式采暖系统。单管跨越式采暖系统可调节进入散热器的流量，弥补了单管顺流式采暖系统不能调节的缺点。单管跨越式采暖系统如图 2-6 所示。目前，单管跨越式采暖系统的支管常安装三通调节阀进行流量调节，以达到建筑节能的目的。

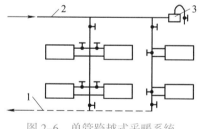

图 2-6　单管跨越式采暖系统

1—回水管　2—供水管　3—集气罐

2）双管下供下回式。双管下供下回式采暖系统的供水干管和回水干管均敷设在所有散热器之下，热水由下而上流向各层散热器，如图 2-7 所示。系统中的空气依靠设在顶层散热器上的排气阀或空气管与自动排气阀排出。供、回水干管一般敷设在地下室或地沟内，坡度值不小于 0.002，一般为 0.003 左右。

3）中供式。中供式采暖系统的供水干管设在建筑物中间某层顶棚之下，适用于顶层梁下和窗户之间不能布置供水干管的采暖系统，如图 2-8 所示。上部的下供下回式系统要解决好排空气问题，下部的上供下回式系统要缓解垂直失调问题。

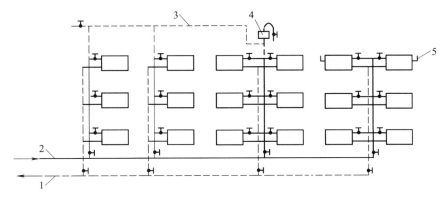

图 2-7 双管下供下回式采暖系统
1—回水管 2—供水管 3—空气管 4—集气罐 5—手动跑风

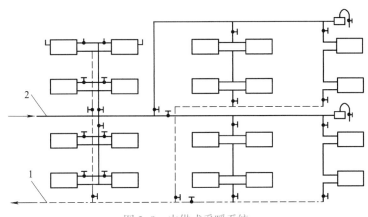

图 2-8 中供式采暖系统
1—回水管 2—供水管

4）下供上回（倒流）式。下供上回（倒流）式采暖系统将供水干管设在所有散热器之下，回水干管设在所有散热器之上，膨胀水箱连接在回水干管上，回水经膨胀水箱流回锅炉房，经循环水泵送入锅炉，如图 2-9 所示。其特点是有利于通过膨胀水箱排气，无须设排气设备；供水总立管较短，无效热损失少；底层散热器温度高，可减少其散热面积，有利于布置散热器。该系统多采用单管顺流式。

5）混合式。混合式采暖系统是由下供上回（倒流）式和上供下回式两组采暖系统串联组成的系统，如图 2-10 所示。在混合式采暖系统中，Ⅰ区系统直接引用外网高温水（130 ℃），采用下供上回式系统。经散热器散热后，Ⅰ区的回水温度（95 ℃）应满足Ⅱ区的供水温度（95 ℃）要求，Ⅱ区采用上供下回式低温热水采暖系统，供水温度 95 ℃，回水温度 70 ℃。

（2）水平式系统

水平式系统按供水管与散热器的连接方式不同，可分为水平单管顺流式系统和水平单管跨越式系统两类。这两种连接方式在机械循环热水采暖系统和自然循环热水采暖系统中都可应用。

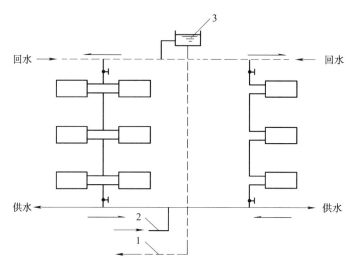

图 2-9　下供上回（倒流）式采暖系统

1—回水管　2—供水管　3—膨胀水箱

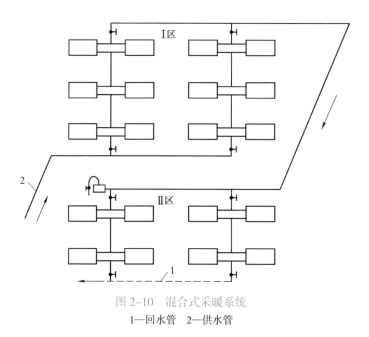

图 2-10　混合式采暖系统

1—回水管　2—供水管

水平单管顺流式系统将同一楼层的各组散热器串联起来，热水水平顺序流过各组散热器，不能对散热器进行个体调节，如图 2-11a 所示。水平单管跨越式系统在散热器支管间连接一段跨越管，热水一部分流入散热器，一部分经跨越管直接流入下一组散热器，这种形式允许在散热器支管上安装阀门调节流量，如图 2-11b 所示。

水平式系统结构简单，立管少，施工安装方便，顶层不必设膨胀水箱，可利用楼梯间、厕所等位置设膨胀水箱，造价比垂直式系统低，可对用户进行分户计量管理和调节，目前常用于对热媒进行分户计量管理和调节的小区建筑采暖系统中。

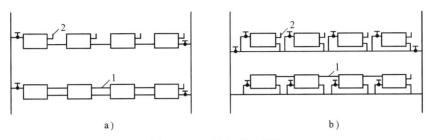

图 2-11　水平式采暖系统

a）水平单管顺流式系统　b）水平单管跨越式系统

1—空气管　2—手动跑风

（3）异程式系统与同程式系统

上述各种采暖系统（混合式采暖系统除外）在供、回水干管走向布线方面都有共同特点：通过各个立管的循环环路的总长度并不相等。从图 2-12a 中可以看出，通过立管 I 的循环环路的总长度比通过立管 II 的循环环路的总长度短。采用这种布置形式的采暖系统称为异程式系统。

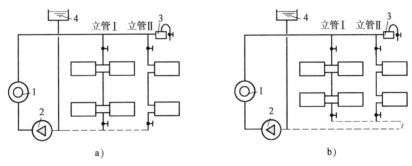

图 2-12　异程式系统和同程式系统

a）异程式系统　b）同程式系统

1—锅炉　2—循环水泵　3—集气罐　4—膨胀水箱

异程式系统供、回水干管的总长度短，但在机械循环系统中，由于作用半径较大，连接立管较多，通过各个立管环路的压力损失较难平衡。有时距总立管最近的立管即使选用了最小的管径（15 mm），仍有很多的剩余压力。初调节不当时，就会出现近处立管流量超过要求而远处立管流量不足的问题。由于远、近立管处出现流量失调而引起水平方向冷热不均的现象，称为系统的水平失调。

为消除或减轻系统的水平失调，在供、回水干管走向布置方面，可采用同程式系统。同程式系统的特点是通过各个立管的循环环路的总长度相等，如图 2-12b 所示，通过最近立管 I 的循环环路与通过远处立管 II 的循环环路的总长度相等，因而压力损失易于平衡。由于同程式系统具有上述优点，当采暖系统范围大、立管多时，常采用同程式系统，但其管道的材料消耗量通常要多于异程式系统。

想一想

1. 自然循环热水采暖系统的循环作用压力是怎样产生的？讨论增大循环作用压力的方法。

2. 讨论家用简易热水采暖系统的形式和配管、安装要点。

3. 根据所学的机械循环热水采暖系统形式，观察你所居住小区住宅楼的采暖系统属于哪种形式？

**思考练习题**

1. 什么是供暖？什么是供暖系统？

2. 什么是集中供暖？它有哪些特点？

3. 自然循环热水采暖系统由哪些设备组成？

4. 什么是双管系统？什么是单管系统？简述双管系统产生垂直失调现象的原因。

5. 机械循环热水采暖系统主要有哪些形式？

6. 怎样确定上供下回式机械循环热水采暖系统供水干管的坡向？为什么？

7. 什么是同程式系统？什么是异程式系统？

8. 根据所学知识，画一个上供下回式机械循环热水采暖系统图，要求如下：

（1）有三根立管，立管形式分别为双管式和单管式连接。

（2）有两层散热器。

（3）设备和部件应齐全。

（4）应为同程式系统，并标注干管坡向和坡度。

第二节 供暖散热设备及安装

散热设备主要指散热器及有关附件。散热器是通过热媒将热源产生的热量传递给室内空气的一种散热设备。散热器的内表面一侧是热媒（热水或蒸汽），外表面一侧是室内空气。当热媒温度高于室内空气温度时，散热器的金属壁面就将热媒携带的热量传递给室内空气。因此，散热器在室内采暖系统中起着十分重要的作用。近年来，随着住宅产业的快速发展、居住生活质量的不断提高，以及分户热计量建筑节能政策的逐步实施，各种新型散热器得到了广泛应用，节能且又满足了不同居住环境的需求。

一、散热器的类型

散热器按不同的分类方法可分为以下种类。

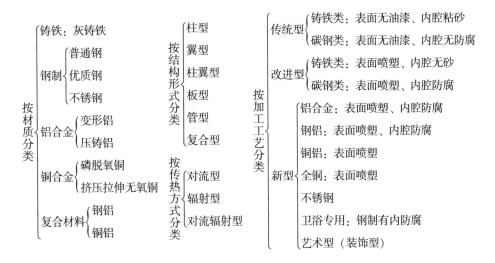

1. 铸铁散热器

铸铁散热器结构简单，自然耐腐蚀，热舒适性好，使用寿命长，造价低，曾经是散热器市场的主导产品。其缺点是金属耗量大，承压能力低，制造、安装和运输劳动强度大。常用的铸铁散热器有翼型、柱型和柱翼型三种形式。

铸铁散热器型号标记如下。

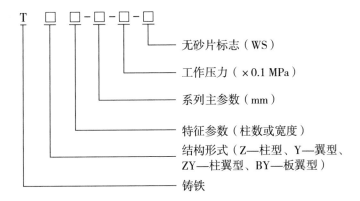

注：散热器以同侧进出口中心距为系列主参数，以 100 mm 为级差基数，主参数范围为 100～900 mm。

型号示例：

TZ4-600-8 表示铸铁四柱同侧进出口中心距为 600 mm、工作压力为 0.8 MPa 的普通散热器。

TZ4-500-8-WS 表示铸铁四柱同侧进出口中心距为 500 mm、工作压力为 0.8 MPa 的无砂散热器。

（1）翼型散热器

翼型散热器以其表面铸有翼片（肋片）而得名。翼片可增加散热面积，并且有利于对流散热。翼型散热器分为长翼型、圆翼型和板翼型三种，如图 2-13 所示。

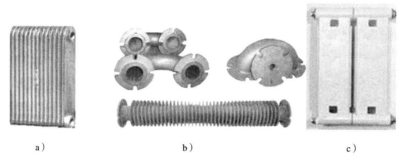

图 2-13　翼型散热器
a）长翼型散热器（两片组装）　b）圆翼型散热器及其组装配件　c）板翼型散热器（两片组装）

长翼型散热器的外形如图 2-13a 所示，其外表有许多竖向肋片，内部为扁盒状空间，高度通常为 600 mm，常称为 60 型散热器。每片的标准长度有 280 mm（俗称大 60）和 200 mm（俗称小 60）两种规格，宽度为 115 mm。

圆翼型散热器是一根内径为 75 mm（或 50 mm）的管子，如图 2-13b 所示，其外表面带有许多圆形肋片（也有带方形肋片）。圆翼型散热器的长度有 750 mm 和 1 000 mm 两种，两端带有法兰盘，可将数根并联成散热器组，与管道采用法兰连接。

翼型散热器制造工艺简单、造价较低、耐腐蚀，但金属耗量大、承压能力低、传热性能不如柱型散热器、易积灰、难清理、外形不美观、组合性差，一般用于空间大的建筑物（如工业厂房或蔬菜温室等空间）的采暖。

板翼型散热器是改形后的翼型散热器，保留了翼型散热器散热量大的优点。正面改成带简单图案的平面形状，易于清理灰尘，侧面保留翼片，增大散热面积，同时增加了美感，适合居室安装。长翼型、板翼型铸铁散热器的工作压力为 0.4 MPa。

（2）柱型散热器

柱型散热器是单片的柱状连通体，每片各有几个中空的立柱相互连通，可根据散热面积的需要，把各个单片组对成一组，如图 2-14 所示。

柱型散热器的最高工作压力：对普通灰铸铁，热水温度低于 130 ℃时，工作压力为 0.5 MPa；对稀土灰铸铁，工作压力为 0.8 MPa；以蒸汽为热媒时，工作压力为 0.2 MPa。

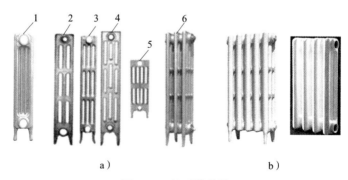

图 2-14　柱型散热器
a）普通型　b）精致型
1—二柱（M132）　2—三柱　3、4—四柱　5—五柱　6—整组（四柱带足 3 片组装）

柱型散热器的种类较多，其水柱有二柱（常称 M132）、三柱、四柱、五柱等，外形有表面无油漆、内腔有砂的普通型和表面静电喷塑、内腔无砂的精致型。新型内腔无砂型铸铁散热器的外观精细程度接近钢柱散热器，通常二柱 M132 型、四柱 760 型、四柱 813 型应用较多。

二柱 M132 型散热器的宽度是 132 mm，两边为柱状，中间有波浪形的纵向肋片。四柱散热器的规格以高度表示，有带足片和不带足片两种，可将带足片的散热器作为端片，不带足片的散热器作为中间片，组对成一组，直接落地安装。

柱型散热器与翼型散热器相比，传热系数高，散出同样热量时金属耗量少，每片散热面积小，易组成所需散热面积。

（3）柱翼型散热器

柱翼型散热器是柱型、翼型散热器的换代产品，保留了各自的优点，正面做成平面形状，便于清理，侧面有面翼片（肋片），从外形上可分为单柱（单水道）和双柱（双水道）两种。柱翼型散热器单片散热面积大，整组外形较美观，可满足分户热计量的需要，是现阶段铸铁散热器中应用最广泛的一种。辐射对流散热器也属柱翼型散热器。图 2-15 所示为常用的几种柱翼型散热器。

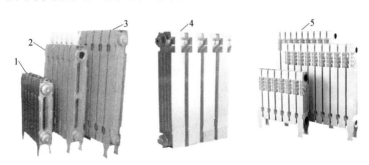

图 2-15　常用的几种柱翼型散热器
1、2—双柱　3、4、5—单柱

2. 钢制散热器

钢制散热器根据采用的钢材不同可分为两种。一种是薄板型，常采用厚度为 1.2 ~ 1.5 mm 的优质碳素冷轧钢板，其种类有板型、柱型、柱翼型、钢管型、扁管型、装饰型等；另一种是管基型，以焊接钢管、无缝钢管为过水流道的基本元件，散热器有钢串片、翅片管等。目前市场上的品牌钢制散热器采用超声波自动焊接（激光焊）工艺，内表面进行防腐处理（钢串片、翅片管除外）。钢制散热器是整组出厂的成型产品，其质量的优劣是由焊接工艺、钢材材质和防腐技术三个重要的技术指标决定的。

国家标准《钢制采暖散热器》（GB/T 29039—2012）规定，散热器材质采用钢管时，分为厚壁流道散热器和薄壁流道散热器。厚壁流道散热器成品流道壁厚不应小于 1.8 mm，其材质应符合国家标准《优质碳素结构钢》（GB/T 699—2015）或《碳素结构钢》（GB/T 700—2006）的要求；薄壁流道散热器成品流道壁厚不应小于 1.0 mm，其材质应符合国家标准《优质碳素结构钢》（GB/T 699—2015）中镇静钢的要求。散热器材质采用钢板时，材质应符合国家标准《优质碳素结构钢冷轧钢板和钢带》

（GB/T 13237—2013）中镇静钢的要求，其流道材料壁厚应大于 1.2 mm，散热器成品流道壁厚不应小于 1.0 mm。

钢制散热器型号标记如下。

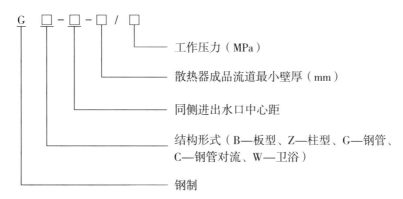

注：制造厂可在上述标记的基础上增加其他必要的信息，如外形尺寸、组合片数、散热量、接口管径等；在结构形式中可加入表示该散热器特征的参数，如板型 B22 表示双板双对流片，Z3、G3 表示三柱，C2/20 表示两根公称直径 20 mm 的管等。

型号示例：GZ3-500-1.5/0.8 表示同侧进出口中心距为 500 mm、散热器产品流道最小壁厚为 1.5 mm、工作压力为 0.8 MPa 的钢制三柱型散热器。

（1）闭式钢串片对流散热器

闭式钢串片对流散热器由焊接钢管或无缝钢管、钢片、联箱及管接头组成，如图 2-16 所示。散热片串在钢管外面，两端折边 90° 形成封闭的竖直空气通道，具有较强的对流散热能力。散热片与钢管之间采用锡焊或其他金属材料焊接，或采用胀管连接，使用时间较长时串片与钢管连接处会产生间隙并松动，影响传热效果。闭式钢串片对流散热器的耐压使用条件是：热水热媒为 1.0 MPa，蒸汽热媒为 0.3 MPa 以下。闭式钢串片对流散热器对水质没有要求，主要用在工业厂房和车间的蒸汽系统中，不适用于卫生间、浴室等潮湿场所，出厂时表面应喷涂防锈底漆和面漆。

图 2-16　闭式钢串片对流散热器

（2）钢制板型散热器

钢制板型散热器是由两片厚度 1.2 mm 以上的冷轧薄钢板压制水槽板对焊在一起，由连接弯头或三通将单板、双板、三板及对流片进行同侧连接、异侧连接、水平连接和下进下出连接组成的散热器，如图 2-17 所示，背面大多焊接有对流片。为更美观，钢制板型散热器上端装有格栅盖板，两侧装有侧盖板，盖板均可拆卸。

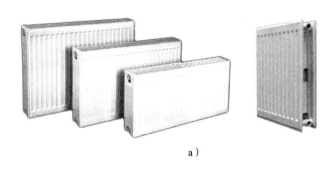

a）

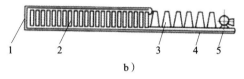

b）

图 2-17 钢制板型散热器

a）外形 b）结构

1—侧边盖板 2—格栅上盖板 3—对流片 4—水道板 5—管接口

钢制板型散热器型号标记如下。

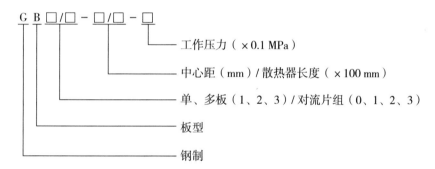

型号示例：GB1/1-545/10-8 表示单板带一组对流片、中心距为 545 mm、散热器长度为 1 000 mm、工作压力为 0.8 MPa 的钢制板型散热器。

钢制板型散热器水道板分为单板、双板和三板，对流片分为单对流、双对流和三对流。水道板和对流片组合在一起构成了不同结构形式的散热器，如图 2-18 所示。钢质板型散热器的接口形式多样，图 2-19 所示散热器的进水和回水均在下侧，采用下进下出的接口形式，外形简洁美观。

钢制板型散热器适用于以热水为热媒的闭式采暖系统，非采暖季节应满水保养。热水中溶解氧不应大于 0.1 mg/L，pH 值应在 10～12，氯离子含量不应大于 300 mg/L，热媒温度不高于 120 ℃，其他水质指标应符合国家标准《工业锅炉水质》（GB/T 1576—2018）的规定。如果不能满足这些条件，则必须选择有可靠质量保证的内防腐钢制板型散热器。

（3）钢板柱型散热器

钢板柱型散热器是由厚 1.2～1.5 mm 的冷轧薄钢板经冲压加工焊接而成的，其形状和结构与铸铁柱型散热器相似，如图 2-20 所示。因易氧化腐蚀，早期出现的该类产品已逐步退出市场，取而代之的是钢管散热器。

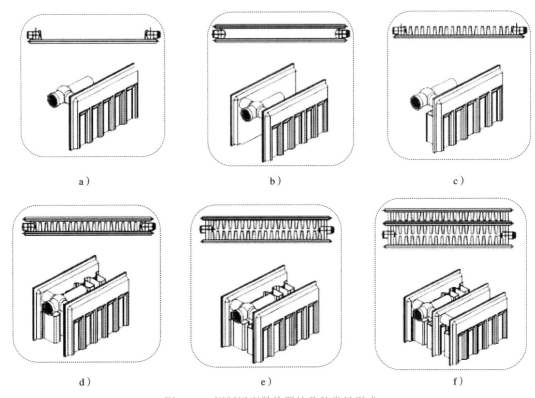

图 2-18　钢制板型散热器的几种常见形式

a）单板　b）双板　c）单板单对流　d）双板单对流　e）双板双对流　f）三板三对流

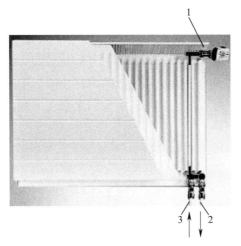

图 2-19　带内置阀芯的下进下出板型散热器

1—内置温控阀阀芯　2—出水管接口　3—进水管接口

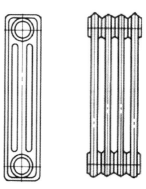

图 2-20　钢板柱型散热器

（4）钢管散热器

因为钢管（圆管或扁管）便于加工，所以这类散热器的形状较多，颜色多样，钢管内部采用特殊的防腐材料，使其具有一定的防腐功能。图 2-21 所示为工程中常用的钢管散热器。

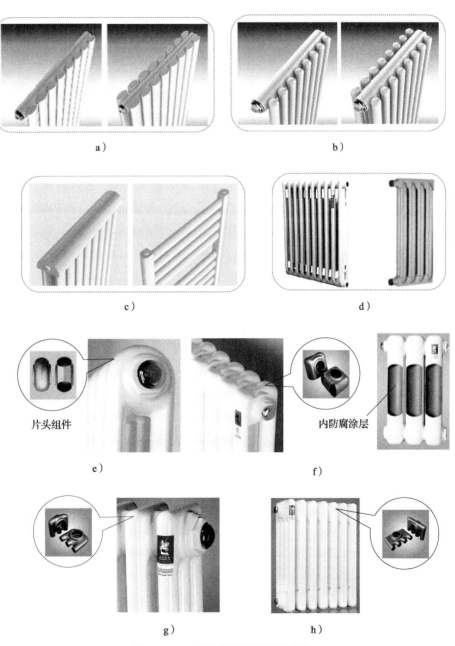

图 2-21　工程中常用的钢管散热器

a）椭圆管单排、双排型　b）圆管单排、双排型　c）D 形管插接型
d）混合型　e）圆片头型　f）方片头型　g）圆管三柱型　h）圆管四柱型

钢管散热器型号标记如下。

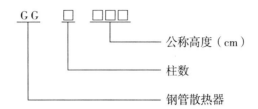

型号示例：GG2060 表示二柱 60 cm 钢管散热器，GG3150 表示三柱 150 cm 钢管散热器。

图 2-21a、b、c 中的散热器分别由椭圆管、圆管、D 形管搭接或插接组合焊接而成，图 2-21d 中的散热器由几种不同的型材组合而成，图 2-21e、f、g、h 中的散热器由专用圆形或方形无缝整体片头组件和椭圆管或圆管组合对接焊接而成。

钢管散热器适用于以热水为热媒的闭式采暖系统，非采暖季节应满水保养。热水中含氧量小于或等于 $0.1\ g/m^3$，pH 值（20 ℃）大于或等于 8（有内防腐措施除外），氯离子质量分数不大于 120×10^{-6}，最大工作压力为 1.0 MPa。不符合热媒水质要求的或内防腐涂层质量不合格的钢管散热器均可造成渗水漏水的现象，图 2-22 所示为钢管散热器腐蚀漏水实例。

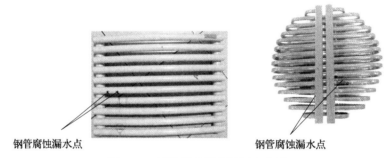

图 2-22　钢管散热器腐蚀漏水实例

（5）钢制翅片管对流散热器

钢制翅片管对流散热器是以对流散热为主的一种新型散热器。

钢制翅片管对流散热器型号标记如下。

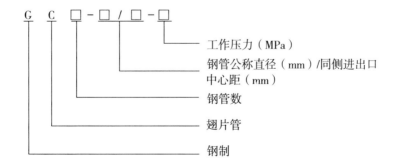

型号示例：GC4-25/300-1.0 表示钢制翅片管 4 根管排列、钢管直径为 25 mm、同侧进出口中心距为 300 mm、工作压力为 1 MPa 的钢制翅片管对流散热器。

钢制翅片管对流散热器由对流罩和内芯等组成，如图 2-23 所示。对流罩是薄板冲压、喷漆而成，可自由拆装。内芯翅片管是通过专用绕片机，靠机械的作用力把一定规格的实齿或开齿薄钢带紧密、均匀地缠绕在基管（焊管或无缝钢）外表面，利用高频焊接设备，将钢带、钢管同时瞬间加热，使其熔焊为一体而得到，内芯是用多根翅片管横排组合通过联箱串联组成。

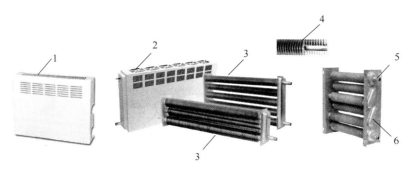

图 2-23　钢制翅片管对流散热器
1—对流罩　2—整体散热器　3—内芯　4—高频焊翅片管　5—水管接口　6—联箱

钢质翅片管对流散热器的翅片与钢管缠绕全接触焊接，高频焊接无间隙热阻，传热性能好，解决了过去钢串片散热器使用后出现的串片与钢管易松动、有间隙热阻等缺陷，具有稳定、持久的高散热效率。

钢制翅片管对流散热器内芯基本排管方式一般为直线形、交叉形、S 形和 L 形等，如图 2-24 所示。

钢质翅片管对流散热器的流道采用无缝钢管或焊接钢管，对水质也没有特别的要求，耐腐蚀，承受压力高，维护清理方便，使用范围广。

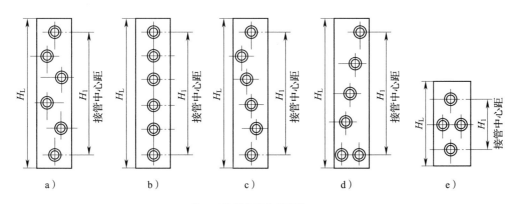

注：H_L 为散热器内芯高度。

图 2-24　钢质翅片管对流散热器内芯基本排管方式
a）交叉形　b）直线形　c）S 形　d）L 形　e）十字形

3. 铝制散热器

铝制散热器的材质为耐腐蚀的铝合金，经过特殊的内防腐处理，采用焊接连接形式加工而成。铝制散热器质量轻，热工性能好，使用寿命长，可根据用户要求任意改变宽度和长度。其外形美观大方，造型多变，可做到供暖、装饰合二为一。图 2-25 所示为两种铝制散热器。

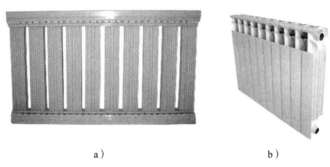

a）　　　　　　　　　　b）

图 2-25　两种铝制散热器
a）普通铝制散热器　b）压铸铝制散热器

铝制散热器型号标记如下。

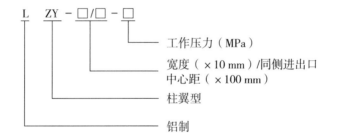

铝制散热器适用于以热水为热媒的采暖系统。铝制散热器易受碱腐蚀，有可靠内防腐处理的铝制散热器可用于 pH 值不大于 12 的锅炉直供系统，氯离子含量不大于 120 mg/L，工作压力为 0.8 MPa，热媒温度不高于 95 ℃。

4. 复合型散热器

复合型散热器是由两种及两种以上材料组成的散热器。这类散热器可发挥组成材料各自的优势，使散热器的综合性能得到进一步完善，如利用铜、铝两种材料良好的导热性，利用铜、不锈钢的化学稳定性、耐高压等特性。复合型散热器有铜管铝柱翼复合型、钢管铝柱翼复合型、不锈钢管铝串片对流型（不锈钢水道对流散热器）、铜管铝翅片对流型（全铜水道对流散热器）等。复合型散热器的结构组成、工作原理基本相同，这里主要介绍铜管铝柱翼复合型散热器。

铜管铝柱翼复合型散热器利用专用设备把铜管过盈胀入铝翼管型材中，管口翻边后插入上下横置联箱（铜管），通过硬钎焊焊接（见图 2-26a、图 2-26b），两种材料紧密接合，热阻几乎为零。散热器与水接触部分为铜管，无腐蚀，质量轻，安装方便。

　　铜管铝柱翼复合型散热器适用于以热水为热媒的采暖系统，工作压力为 1.0 MPa，热媒温度不高于 95 ℃，pH 值 7～12，氯离子、硫酸根含量分别不大于 100 mg/L。其他指标应根据采暖系统供水情况，分别符合国家标准《工业锅炉水质》（GB/T 1576—2018）、《射频式物理场水处理设备技术条件》（HG/T 3729—2004）中关于供暖水质的规定。

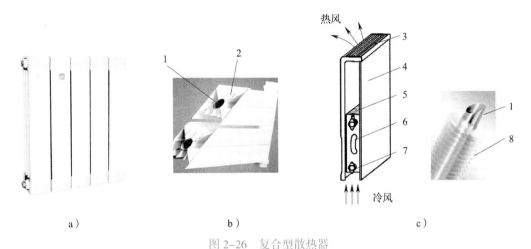

图 2-26　复合型散热器

a）铜管铝柱翼复合型散热器　b）铜管铝柱翼结构剖面　c）铜管铝翅片对流型散热器

1—铜管　2—铝翼　3—出风口　4—外罩　5—机芯　6—铜水管道　7—接头　8—铝翅片

5. 卫浴型散热器

　　卫浴型散热器是指常用于卫生间、浴室、厨房等场所，具有装饰和其他特定辅助功能的散热器，可搭毛巾、浴巾或衣物。按生产材质不同，卫浴型散热器可分为钢质、不锈钢质和铜质。图 2-27 所示为几种不同形状和材质的卫浴型散热器。

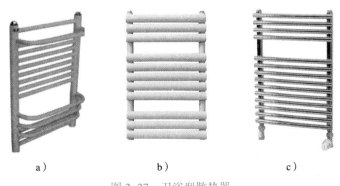

图 2-27　卫浴型散热器

a）背篓形　b）梯形　c）不锈钢质

卫浴型散热器型号标记如下。

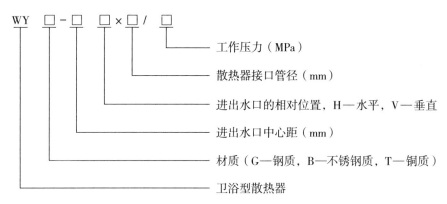

型号示例：WYG–500 H×20/1.0 表示进出水口水平中心距为 500 mm、接口管径为 20 mm、工作压力为 1.0 MPa 的钢质卫浴型散热器。

卫浴型散热器用于以热水为热媒的采暖系统，工作压力为 1.0 MPa，热水中的溶解氧含量不大于 0.1 mg/L，其余使用条件和铜铝复合散热器相同。钢质卫浴型散热器须做内防腐处理。

6. 装饰型散热器

装饰型散热器是集采暖功能与装饰性于一身的一类个性化散热器，能满足特殊建筑装修的整体需要，最大的特点是色彩鲜艳，把丰富的艺术想象元素巧妙地融入散热器的结构中。为了既能达到外观的艺术效果，又便于加工制作，这类散热器的材质大多采用钢管。图 2-28 所示是几款钢质装饰型散热器。

未来，散热器将会朝着更加节能、环保、美观、实用的方向不断创新与发展。

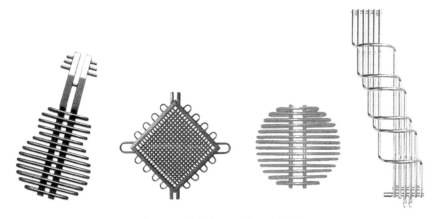

图 2-28　几款钢质装饰型散热器

二、散热器的选择

1. 散热器的选择方法

在选择散热器时，应根据实际情况，选择经济、实用、耐久、美观的散热器。应考虑系统的工作压力，选择承压能力符合要求的散热器；有腐蚀气体的生产厂房或相对湿度大的房间，应选择铸铁散热器；热水供暖系统选择钢制散热器时，应采取防腐措施；蒸汽采暖系统不得选用钢制柱型、板型、管型散热器；散发粉尘或防尘要求较高的生产厂房，应选用表面光滑、积灰易清理的散热器；民用建筑选用的散热器尺寸应符合要求，且外表面光滑、美观、不易积灰。

2. 散热器的基本要求

（1）热工性能好，传热系数大。

（2）金属热强度大。

（3）具有一定的机械强度，承压能力高，价格便宜，经久耐用，使用寿命长。

（4）规格尺寸多样化，结构尺寸小，少占有效空间和使用面积。

（5）外表面光滑，不易积灰，积灰易清理，外形美观，易于与室内装饰相协调。

三、散热器的组对

散热器安装包括散热器就位安装和管道连接两项内容。由于散热器的种类较多、类型不同，其就位安装、管道连接方法也不同。成型类散热器直接进行就位安装和管道连接即可，如钢制板式、钢制管式和钢串片散热器，用钢板、钢管在制造工厂整体焊制完成，运到施工现场后直接与散热器支管连接；铸铁圆翼型散热器采用法兰连接。散装类散热器（主要是铸铁柱型散热器）安装前，先在施工现场按图样要求组对成整体，再进行就位安装和管道连接。下面以铸铁柱型散热器为例，介绍散热器的组对过程。

1. 散热器组对配件及用量计算

（1）组对配件

散热器组对配件有对丝、补芯、丝堵和垫片，如图2-29所示。

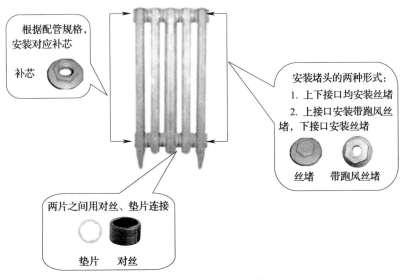

图2-29 散热器组对配件

对丝：散热器片与片之间的连接配件称为对丝。对丝一端为正螺纹，另一端为反螺纹，公称直径有 40 mm、32 mm 和 25 mm 三种，常用的规格为 40 mm。

补芯：散热器与管道的连接配件称为补芯。补芯的公称直径通常有 15 mm、20 mm 和 25 mm 三种。补芯有正螺纹和反螺纹两种，通常采用正螺纹。

丝堵：用于封堵散热器接口的配件称为丝堵，又称为堵头，既可分为带螺纹孔（安装手动跑风）和不带螺纹孔两种，也可分为正螺纹和反螺纹两种，通常采用反螺纹（与补芯相反）。

对丝、补芯和丝堵的材质通常为铸铁，个别高档的散热器采用铜、不锈钢等材质。

垫片：通常为成品，根据采暖介质选用。垫片常用橡胶石棉板、耐热橡胶板及石棉板，温度超过 100 ℃时只能用石棉板。另外，较高档的散热器采用橡胶内衬金属的垫片。每个对丝、补芯和丝堵均应配装一个垫片。

（2）配件用量计算

1）单组散热器组对配件计算：

$$对丝数 =（单组片数 -1）\times 2$$
$$垫片数 =（单组片数 +1）\times 2$$
$$补芯数 = 每组 2 个$$
$$丝堵数 = 每组 2 个$$

2）多组散热器组对配件计算：

$$对丝数 =（总片数 - 总组数）\times 2$$
$$垫片数 =（总片数 + 总组数）\times 2$$
$$补芯数 = 总组数 \times 2$$
$$丝堵数 = 总组数 \times 2$$

注意：提供材料计划时，可按具体情况增加消耗数量。补芯宜采用正螺纹，丝堵宜采用反螺纹。

2. 散热器组对工具和固定构件

（1）组对工具

组对工具又称为组对钥匙，一般用圆钢自制加工而成，如图 2-30 所示。不同长度的组对钥匙至少需要三把，两把短的用于组对，一把长的用于拆卸修理。

（2）固定构件

散热器固定构件的类型较多，成型的散热器一般采用配套的成品托架固定，柱形散热器一般采用拉杆和托钩固定。散热器落地安装时采用拉杆，挂墙安装时采用

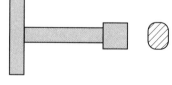

图 2-30　组对工具

托钩（有时落地安装也采用托钩）。拉杆和托钩有成品的，也有自制的。托钩有带膨胀螺栓的（又称膨胀托钩）和不带膨胀螺栓的两种。拉杆和托钩均有不同的规格，使用时根据散热器的宽度选择。散热器拉杆和托钩如图 2-31 所示。

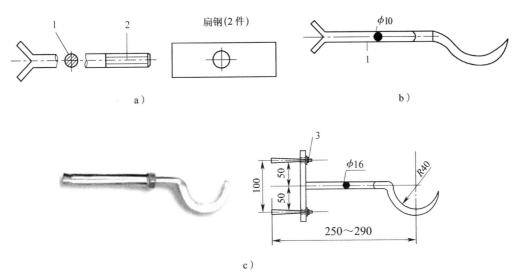

图 2-31 散热器拉杆和托钩

a）拉杆组件 b）托钩 c）膨胀托钩

1—圆钢 2—螺纹（配 2 个螺母） 3—膨胀螺栓 M10

3. 散热器的组对

（1）组对准备

组对前应按施工图样列出用量表，确定所需散热器、对丝、补芯、丝堵和垫片等组对材料和长度合适的组对钥匙，然后按用量表对进入现场的材料进行清点。在清点材料时，一定要注意材料规格必须与设计文件要求一致。

检查散热片是否有裂纹、砂眼，体腔内是否有砂、土等杂物，散热器螺纹是否良好，连接口密封面是否平整，同侧两端连接口的密封面是否在同一平面内。

检查连接口密封面是否平整时，将一片连接口密封面平整的散热片放在工作台上作为标准，用粉笔在连接口密封面上涂一层粉笔灰，然后将要检查的散热片放在上面，使其两端相对，并用手轻轻摇动，若有晃动，则表明被检查的散热片密封面不平整，其面上有粉笔灰的地方就是凸起处。修整时，可用细锉将凸起处锉平，锉时应交错进行，不能朝一个方向锉，以免影响密封。

垫片种类有石棉垫、石棉橡胶垫、耐热硅胶垫等，厚度为 1.0 ~ 1.5 mm，不能用双垫。石棉板分为高压、中压、低压三种型号，常用的是中压板和低压板冲制的垫片。石棉中压垫片使用前应在机油里浸泡，石棉橡胶垫和耐热硅胶垫可以直接使用。耐热硅胶垫作为一种新型密封件，环保无毒，耐高温，密封效果好，使用方便，在工程中已得到广泛应用。

组对前，应按设计文件要求对散热器进行刷油漆操作，油漆完全干后方可组对。

（2）组对过程

1）散热器组对通常在自制的组对架上进行。组对架是一个用方木、槽钢或角钢制成的内框为方形的框架，内框宜比散热器稍大一些。

2）将散热器的对口清除干净，使其露出金属光泽。使用废钢锯条清除时，注意不要破坏散热器对口的密封面。

3）组对时，散热器口的正螺纹宜朝上（习惯性操作），先试验对丝的灵活程度，然后把散热器和对丝按组对方向放好（如正螺纹全部朝上）。

4）组对时宜两人一组进行。将第一片散热器放在组对架上，把垫片套在对丝的中间部位，用手拧进散热器 1～2 扣，放上第二片散热器，插入组对钥匙开始组对。

5）先轻轻按加力的反方向扭动组对钥匙，当听到有入扣的响声时，表示正、反两方向的对丝均已入扣，然后换成加力的方向继续扭动组对钥匙，使接口正、反方向对丝同时进扣锁紧，直至用手扭不动后，再插加力套管加力（视个人具体情况而定），直到垫片压紧挤出油为宜。

注意：最后加力的大小可用组对好的第一组进行水压试验确定（凭个人感觉）。

6）对于落地安装的散热器，其带足片数为：15 片以内每组 2 片，15～24 片每组 3 片，25 片以上每组 4 片。

（3）组对质量标准

1）散热器组对应平直、紧密，组对后的平直度应符合表 2-1 的规定。

表 2-1　　　　　　　　　　　散热器组对后的平直度允许偏差

散热器类型	片数	允许偏差（mm）
长翼型	2～4	4
	5～7	6
铸铁片式、钢制片式	3～15	4
	16～25	6

2）组对散热器的垫片应符合下列规定：

①组对散热器垫片应使用成品，组对后垫片外露不应大于 1 mm。

②当设计文件无要求时，散热器垫片应采用耐热橡胶垫。

（4）水压试验

1）单组散热器水压试验时，其接管步骤宜按图 2-32 所示。

2）散热器组对后，以及整组出厂的散热器在安装之前应做水压试验。设计文件无要求时，试验压力应为工作压力的 1.5 倍，且不小于 0.6 MPa。试验时间为 2～3 min，压力不降且不渗不漏为合格。

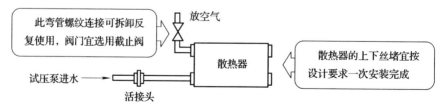

图 2-32　单组散热器水压试验接管步骤

四、散热器安装的基本规定

1. 散热器布置的一般要求

一般设计中，根据对流换热的原理，多把散热器布置在房间的外窗口下，垂直安装在墙上，这样，经散热器加热的空气沿窗口上升，可以阻挡由窗缝渗透进来的冷空气直接进入室内工作区。在有些情况下，散热器也可以布置在内墙或内部柱子上，在浴室中则宜采取高挂式进行布置。

散热器垂直中心线与窗口中心线基本一致，同一房间的散热器安装高度应一致。散热器上表面距窗台面以大于 100 mm 为宜，最小不小于 50 mm；下底面离地面 150 mm 以上为宜，最小不小于 60 mm。当散热器底部有管道通过时，其底部与地面净距一般不小于 250 mm。

2. 散热器的安装形式

根据散热器是否敞开，散热器安装形式可分为明装、半暗装和暗装三种。一般情况下，散热器敞开明装；美观要求高的用装饰罩或格栅遮挡，称为暗装；装在窗台下壁龛内不加遮挡，称为半暗装。根据固定方式不同，散热器安装形式分为挂墙式和落地式两种，如图 2-33 所示。新型散热器表面通过静电喷涂附着力很强的高档油漆涂料（一般为塑粉），美观耐用，一般不提倡暗装。幼儿园、老年人居住建筑内设置的散热器应设防护罩。

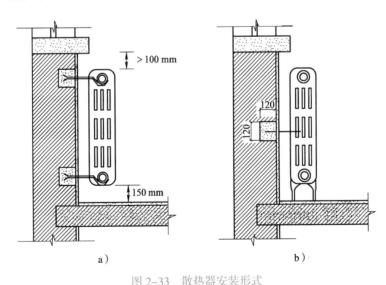

图 2-33　散热器安装形式
a）挂墙式　b）落地式

3. 散热器的就位安装

散热器安装的关键工序是固定件的埋设或固定。在混凝土墙体上安装时，多采用膨胀螺栓固定托钩；在实心砖墙上安装时，多采用膨胀螺栓固定托钩或栽托钩的方式；在空心砖墙上安装时采用栽托钩或拉杆的方式，同时应采用带足的散热器落地安装。下面以混凝土或砖墙采用膨胀螺栓固定托钩挂装散热器为例，说明铸铁柱型散热器安装的基本工序。

（1）划线

利用定位划线尺（见图 2-34a），根据安装位置及高度，在外窗下墙上划出散热器安装位置的中心线，确定散热器托钩或拉杆的位置。

划线尺由上横尺、下横尺、竖尺和线坠组成。上、下横尺上等距离刻划好散热片的长度（包括密封垫片的厚度）标记。竖尺上划散热器中心线（铅垂线），两边划尺寸刻度线。上、下横尺的上边线为散热器上、下托钩的高度线。

划线时，首先把划线尺靠在安装散热器的墙上，使吊线坠的线与中心线重合，也与窗口中心线重合，留够离窗台面的距离，这时上、下横尺水平，然后按散热器中心距在墙上划出"十"线，如图 2-34b 所示。图 2-35 所示为铸铁柱型散热器划线实例。

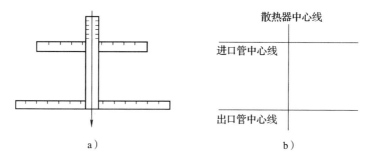

图 2-34　散热器安装定位划线尺和划线示意图
a）定位划线尺　b）划线示意图

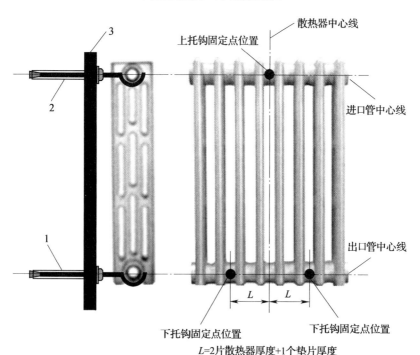

图 2-35　铸铁柱型散热器划线实例
1—下膨胀托钩　2—上膨胀托钩　3—墙体

（2）打孔固定托钩

散热器安装线划完毕后，按需要的托钩数，分别定出上、下各托钩的位置并标记十字线。用电锤在墙上按划线的位置打孔，托钩孔洞的深度以散热器背面距墙面30 mm为基准进行换算确定，电锤钻头应根据膨胀托钩的规格配套选择，如M12的膨胀托钩应选择ϕ14 mm钻头。安装托钩前，先检查托钩的规格及质量是否符合规范或设计文件要求，然后用扳手安装膨胀托钩，使其达到紧固状态。

（3）散热器就位

用水平尺、卷尺校核托钩位置尺寸准确无误后，将散热器（应先安装好补芯和丝堵）轻轻抬起并落座在托钩上，再次用水平尺找平、找正。

4. 散热器安装的质量标准

（1）铸铁或钢制散热器表面的防腐漆及面漆应附着良好，色泽均匀，无脱落、起泡、流淌和漏涂缺陷。

（2）散热器支架、托架安装位置应准确，埋设牢固。散热器支架、托架数量应符合设计文件或产品说明书要求，设计文件未注明时，应符合表2-2的规定。

（3）散热器背面与装饰后的墙内表面安装距离应符合设计文件或产品说明书要求，未注明时，应为30 mm。

表 2-2　　　　　　　　　　　　　散热器支架、托架数量

散热器类型	安装方式	每组片数	上部托架或支架数	下部托架或支架数	合计
长翼型	挂墙	2～4	1	2	3
		5	2	2	4
		6	2	3	5
		7	2	4	6
柱型、柱翼型	挂墙	3～8	1	2	3
		9～12	1	3	4
		13～16	2	4	6
		17～20	2	5	7
		21～25	2	6	8
	带足落地	3～8	1	—	1
		8～12	1	—	1

散热器类型	安装方式	每组片数	上部托架或支架数	下部托架或支架数	合计
柱型、柱翼型	带足落地	13～16	2	—	2
		17～20	2	—	2
		21～25	2	—	2

（4）散热器安装允许偏差和校验方法见表2-3。

表2-3　　　　　　　　　　　　　散热器安装允许偏差和检验方法

项目	允许偏差（mm）	检验方法
散热器背面与墙内表面距离	3	尺量
与窗中心线距离或设计定位尺寸	20	
散热器垂直度	3	吊线和尺量

五、新型散热器的安装

1. 新型散热器安装的一般规定

（1）新型散热器的表面已经过高档喷漆处理，外观精美，铜、铝材质较软，所以安装时应采取相应的技术措施，保证散热器的正常使用。

（2）安装前应确认散热器包装完整，放置时应采取防振、防磕碰措施，不能以任何方式拖拽散热器。散热器应存放在干燥、防雨的地方。

（3）散热器安装处的内饰墙面已经施工完毕。

（4）新型散热器除铸铁材质外，其余材质均是整组焊接后出厂，不需要单片组对，这为施工提供了方便。在与管道连接时切记注意保护四个接口螺纹，尤其是没有补芯保护、接头直接与管道连接的散热器（目前市场上大多数是这种接口配置的散热器），因铜、铝材质强度较低，其接口易损伤，施工现场无法修复，易造成整组报废或需返厂修理。正确的做法是用手试扣、对扣，确认螺纹对正后，用扳手（不宜用管钳）逐渐加力将其拧紧，严禁用力过大，以免损坏螺纹。

2. 新型散热器的支架类型及安装方法

（1）支架类型

钢管、铜铝复合和卫浴三类典型的新型散热器支架如图2-36所示。钢管散热器因质量较大，应采用金属膨胀螺栓、双钩整体金属挂件或单钩金属挂件。铝合金、铜铝复合散热器由于质量较轻，采用金属或塑料胀管膨胀螺栓。考虑到卫生间比较潮湿，且散热器体积小、质量较轻，卫浴散热器多采用塑料挂件、塑料胀管固定。

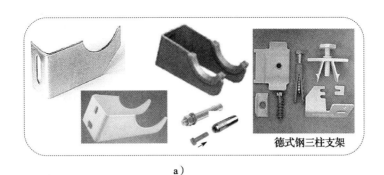

a）

b） c）

d）

图 2-36 典型的新型散热器支架

a）钢管散热器支架 b）钢制板型散热器支架
c）卫浴散热器支架 d）铝合金、铜铝复合散热器支架

（2）安装实例

图 2-37 所示为散热器支架安装实例。

（3）支架安装方法

1）支架基准线的确定。支架划线的基本步骤是：首先确定散热器布置的位置，即散热器中心线的位置；然后划出三条基准线，即散热器中心线、散热器进出口管道中心线；最后根据散热器支架的不同类型，划出支架定位孔和三条基准线的相对位置点（固定点）。

2）三种新型散热器支架的划线安装方法。钢管、铜铝复合和卫浴散热器的安装方法分别如图 2-38、图 2-39、图 2-40 所示。

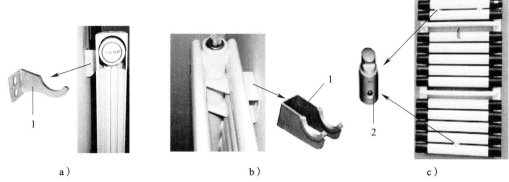

图 2-37 散热器支架安装实例

a）铜铝复合散热器　b）钢管散热器　c）卫浴散热器

1—金属支架　2—塑料支架

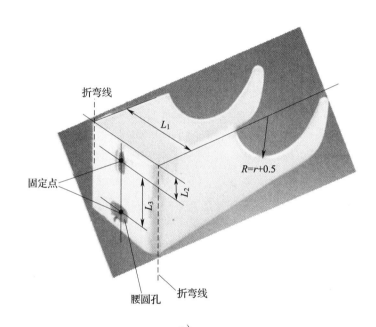

a）

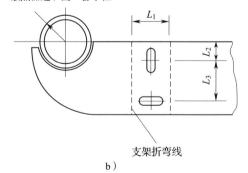

b）

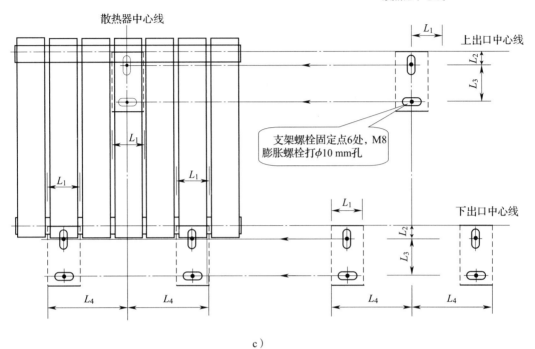

c)

图 2-38　钢管散热器支架安装示意图

a) 支架实物划线　b) 支架展开图　c) 支架安装简图

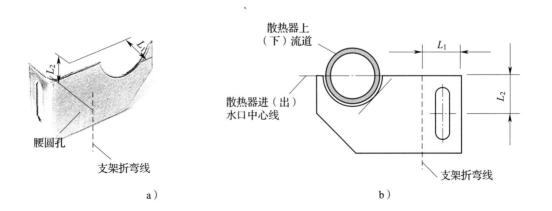

a)　　　　　　　　　　　　　　　　　　　b)

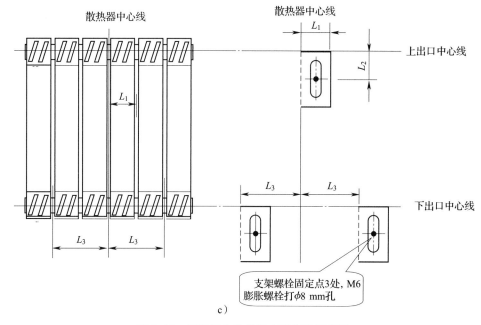

图 2-39　铜铝复合散热器支架安装示意图

a）支架实物　b）支架展开图　c）支架安装简图

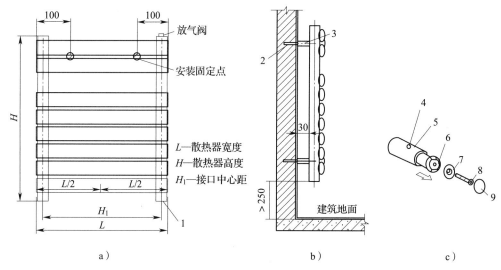

图 2-40　卫浴散热器安装示意图

a）正面安装图　b）侧面安装图　c）支架结构图

1—水管接口　2—M6 膨胀螺栓　3—固定支架　4—定位螺栓孔　5—胀塞套筒

6—嵌入式套筒　7—固定端盖　8—螺栓　9—塑料端盖

　　卫浴散热器是一种专用散热器，材质一般是钢、铜、铝等，特点是体积小、质量较轻。考虑到卫生间的环境比较潮湿，卫浴散热器多采用塑料支架、可调距离的夹紧式固定方法。

3）两种不同弧度支架的划线方法。新型散热器常见的金属弧形支架有两种，一种是小弧度型，另一种是半圆弧型。两种支架的划线方法不同，如图2-41所示。

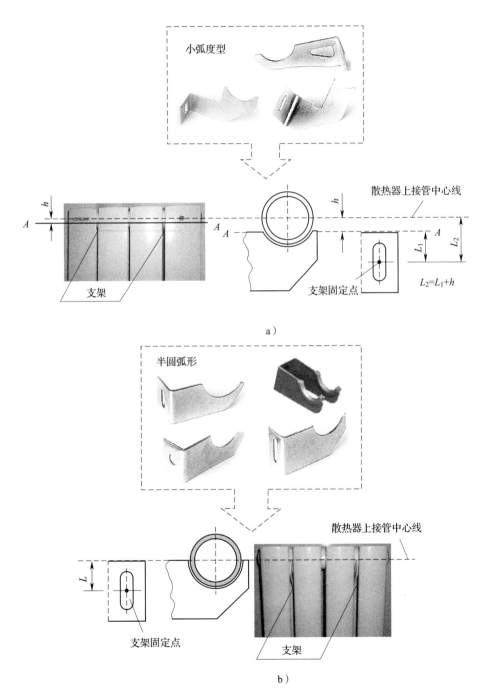

图 2-41　常见的两种不同弧度散热器支架划线示意图

a）小弧度型　b）半圆弧型

（4）新型散热器的接管方式

新型散热器的接管方式有九种，如图2-42所示。最常用的是图2-42a所示的同侧上进下出和图2-42f所示的下进下出两种方式。图2-42a是通用的接管方式，标准散热量等技术参数就是在这种接管方式下测得的数据，这种接管方式适用于接口中心距1 000 mm以下的横向布置散热器安装。图2-42f所示的接管方式适用于接口中心距1 000 mm以上的竖向布置散热器安装，主要用于落地窗或飘窗因距地面距离小无法布置横向散热器，改为相邻侧面墙布置竖向散热器的情况，具体安装方式如图2-43所示。

在特殊情况下，也可按图2-42b至图2-42e和图2-42g至图2-42i所示七种方式接管。为了保证热媒水在散热器中充分散热，图2-42e至图2-42h所示四种接管方式的散热器内部要设置导流挡板。以同侧下进下出散热器挡板为例，其内部挡板结构组成如图2-44所示。不设置挡板（堵板）会造成循环短流的故障，不能有效地发挥散热器的散热功能。

图2-42h和图2-42i所示为两种特殊的接管方式，特点是散热器和接管衔接紧凑、简洁美观、节省管材接头，适合散热器安装空间狭小的情况，满足钢制管型、板型、装饰型散热器的特殊安装要求。与这两种接管方式配套的有专用H型阀和F型阀等组合阀件。

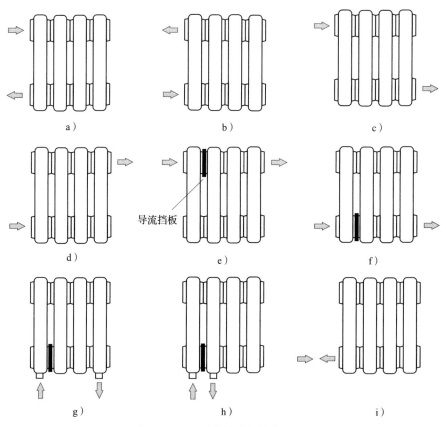

图2-42　新型散热器的接管方式

a）同侧上进下出　b）同侧下进上出　c）异侧上进下出　d）异侧下进上出
e）上进上出　f）下进下出　g）两侧底进底出　h）同侧底进底出　i）同侧下进下出（单接口）

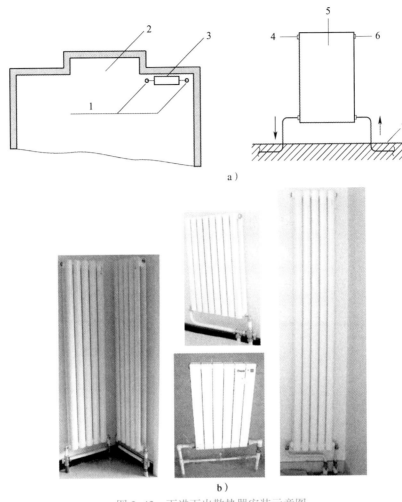

图 2-43　下进下出散热器安装示意图

a）下进下出散热器安装位置　b）下进下出散热器安装实例

1—供、回水管　2—飘窗　3—散热器　4—丝堵　5—散热器　6—排气阀　7—地面

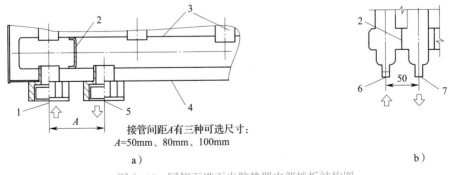

接管间距A有三种可选尺寸：
A=50mm、80mm、100mm

a）　　　　　　　　　　　　　　　　　　b）

图 2-44　同侧下进下出散热器内部挡板结构图

a）铜铝复合散热器　b）钢管散热器

1—进水接口　2—挡板　3—纯铜管　4—外罩　5—出水接口

6—内螺纹式进水管接口 DN15　7—内螺纹式出水管接口 DN15

H 型阀分为单、双管系统均可用的两用型和只能用于双管系统的单用型两种。双管单用型 H 型阀内置的调节装置可调节和切断供、回水，便于散热器的维修。单双管两用型 H 型阀除了具有双管单用型 H 型阀的功能外，还增加了跨越分量调节装置。H 型阀的流量调节一般通过内六角扳手完成。从结构上来说，H 型阀可分为直通型和角型两种。直通型 H 型阀用于与地面进出水管连接，角型 H 型阀用于与墙面进出水管连接。H 型阀的规格有 DN15、DN20 两种。图 2-45 所示为两种类型的 H 型阀，图 2-46 所示为采用 H 型阀接口的散热器。

图 2-45　两种类型的 H 型阀
a）双管单用型 H 型阀　b）单双管两用型 H 型阀
1—调节装置　2—跨越分流调节

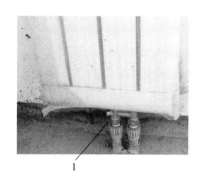

图 2-46　采用 H 型阀接口的散热器
1—H 型阀　2—H 型阀接口

F 型阀也称单点连接阀、单双管潜流阀、四通阀、单双管旁通阀等，是一种内部集成跨越管的一体型组合阀。通过此阀门与散热器的一个接口连接，即可实现供水管和回水管的连接。F 型阀可分为单管型、双管型和单双管互换型三种。这里主要介绍单双管互换型 F 型阀，如图 2-47a 所示。图 2-47b 和图 2-47c 分别为 F 型阀单管、双管运行的工作状态。从图 2-47b 可以看出：供水通过 F 型阀的导流管（也称喷射管、布水器、适配尾管、探管、潜流管等）进入散热器，回水通过喷射管外侧的环形空腔流入回水管。双管的工作状态是：打开 F 型阀后塑料盖，用内六角扳手关闭旁通阀，阀门则进入双管运行状态，如图 2-47c 和图 2-47d 所示。这里应注意启、闭旁通阀的旋转方向，不同厂家可能有所不同。为了保证散热器充分散热，在使用 F 型阀时，应安装导流管，导流管插入散热器的长度为散热器宽度的 2/3 ~ 3/4。导流管的规格一般

为 $\phi12\sim16\,\text{mm}$，材质为铜管或 PB 管。F 型阀规格有 DN15、DN20 两种。

在满足最小坡度的前提下，可利用管材的自然形变使与散热器连接的进、出水管的中心线和散热器接口中心保持一致，不得强力用管道及散热器固定点找正。

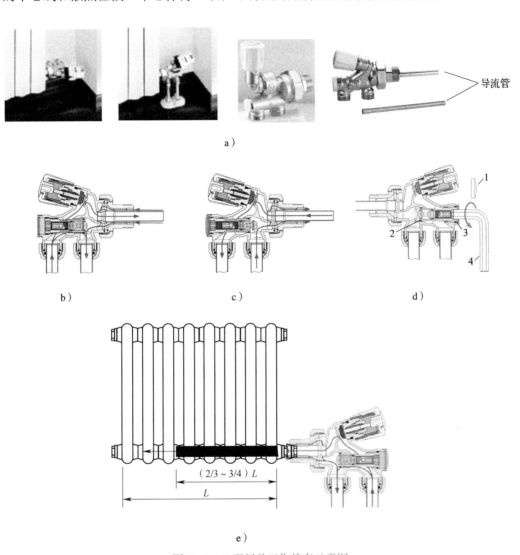

图 2-47 F 型阀及工作状态示意图

a) F 型阀及应用实例 b) 单管工作状态 c) 双管工作状态 d) 单双管转换 e) F 型阀导流管安装示意图
1—塑料保护盖 2—旁通阀 3—活塞杆 4—内六角扳手

（5）散热器保护及维护

1）未交工前不得拆除散热器上的包装膜，以免其表面被划伤损坏。

2）对散热器表面进行清洁擦拭时，不得使用有机溶剂或含有腐蚀成分的液体。

3）散热器的排气宜使用专用工具（散热器手动排气阀及钥匙，见图 2-48）进行操作，排气应缓慢进行，以免损坏排气阀引起漏水事故。

4）冬季试水后，应及时排空散热器及系统中的水，保证系统中管道及设备不被冻裂。

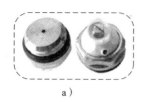

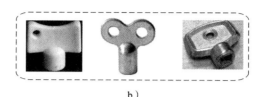

a）

b）

图2-48 散热器手动排气阀及钥匙

a）散热器手动排气阀 b）排气阀钥匙

想一想

1. 你都见过哪些散热器？

2. 讨论常用散热器的类型、结构特点和使用范围。

3. 你见过的最美观的散热器是哪种类型？怎样看待新型散热器外观和功能的关系？外形不够美观的铸铁散热器是否是淘汰产品？说说你的理由。

4. 你见过F型阀吗？了解它的结构吗？知道如何正确安装使用吗？

1. 简述散热器的概念，以及散热器按材质、结构形式和换热方式的分类。

2. 怎样选择散热器？

3. 铸铁柱型散热器组对时，需要哪些配件和工具？

4. 现有9片6组、12片8组、15片16组和19片6组的散热器需要组对，计算组对时需要的配件数量。

5. 简述散热器组对的过程和操作要点。

6. 简述新型散热器就位安装的过程和操作要点。

7. 简述F型阀在单管系统中的工作原理。

第三节 热水采暖系统主要附属设备和附件安装

热水采暖主要附属设备和附件有膨胀水箱、排气装置、除污器、调压板和循环水泵。

一、膨胀水箱的安装

1. 膨胀水箱的作用

在热水采暖系统中，水的温度随着管道系统的充水、运行和停运而有所变化。水具有热胀冷缩的性质，如果管道系统的结构不能适应这种变化，必将在系统内部产生较大的压力，甚至造成泄漏。膨胀水箱就是在采暖系统水温升高或降低时，用来吸收或补偿水量的容器。

在自然循环上供下回式热水采暖系统中，膨胀水箱连接在供水总立管的最高处，具有排除系统内空气和稳定水压的作用；在机械循环热水采暖系统中，膨胀水箱连接在回水干管循环水泵入口前，可以恒定循环水泵入口压力，保证采暖系统的压力稳定。

膨胀水箱应设在管道系统的最高位置。每个独立的采暖系统都必须设一个膨胀水箱。当几个建筑物属于一个采暖系统时，可以在其中最高的建筑物上设一个膨胀水箱。

膨胀水箱有圆形和方形两种形式，一般由薄钢板、角钢等材料焊接而成。膨胀水箱的容积主要与管道系统的水容量和水温变化值有关，其体积可用下列公式近似计算：

$$V \approx 0.05V_{\mathrm{g}}$$

式中　V——膨胀水箱的有效容积（从信号管位置到溢流管位置之间的容积），L；

　　　V_{g}——管道系统（包括散热器、锅炉）的容积，L。

由此可以看出，热水采暖系统膨胀水箱的容积约为整个采暖系统容积的 5%。

2. 膨胀水箱的接管

膨胀水箱上的配管有膨胀管、循环管、信号管、溢流管、补水管和泄水管，如图 2-49a 所示。膨胀水箱与机械循环热水采暖系统的连接如图 2-49b 所示。

膨胀管：从膨胀水箱底部接出，是系统与膨胀水箱的连接管。膨胀管上不允许设阀门。

循环管：从水箱下部侧面接出，机械循环热水采暖系统循环管接至定压点前的水平回水干管上，在膨胀管的连接点向前 1.5 ~ 3 m 处，作用是让热水有一部分通过膨胀管和循环管缓慢流动不冻结。循环管上不允许设阀门。

信号管（检查管）：从水箱侧面距水箱底部 150 mm 处接出，检查膨胀水箱水位，决定系统是否补水，控制系统最低水位。信号管（检查管）接至锅炉房内洗涤盆上方，末端设阀门。

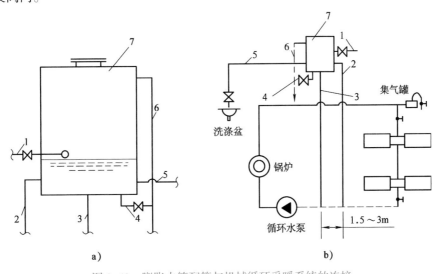

图 2-49　膨胀水箱配管与机械循环采暖系统的连接

a）膨胀水箱配管　b）膨胀水箱与机械循环热水采暖系统的连接

1—补水管　2—循环管　3—膨胀管　4—泄水管　5—信号管　6—溢流管　7—膨胀水箱

溢流管：控制系统最高水位，从膨胀水箱上部距顶板 100 mm 处接出至排水设施。溢流管上不允许设阀门。

泄水管：清洗、检修时放空水箱用，可与溢流管一起接入排水设施。泄水管上设阀门。

补水管：补水管上设置浮球阀和止回阀，向膨胀水箱自动补水，并防止水倒流。

膨胀水箱的接管管径可参照表 2-4 执行。

表 2-4　　　　　　　　　　　　　　　膨胀水箱的接管管径

容积 （m³）	膨胀管 （mm）	循环管 （mm）	信号管 （mm）	溢流管 （mm）	泄水管 （mm）	补水管 （mm）
≤ 1.5	25	20	20	40	32	20
>1.5	32	25	20	50	32	25

3. 膨胀水箱的安装

膨胀水箱按图样加工后，应做除锈、刷漆处理，箱内壁刷红丹防锈漆两遍，箱外刷红丹防锈漆一遍、银粉漆两遍。膨胀水箱安装在非采暖的房间时应保温，常用石棉灰铁丝网，再抹 10 mm 厚的麻刀白灰保护壳。膨胀水箱底部应设支座，其长度应超出底板 100 ~ 200 mm，高度大于 300 mm，材料选用方木、砖和混凝土。膨胀水箱的高度应为 2.2 ~ 2.6 m，应有良好的采光和通风。膨胀水箱与墙面的最小距离为 0.7 ~ 1.0 m（有配管）或 0.3 m（无配管）。

二、排气装置的安装

排气装置是供暖系统中非常重要的管路附件，其自身质量的优劣以及在系统中的位置是否合理、安装过程是否规范，将直接影响供暖系统的正常运行。排气装置分为手动排气装置和自动排气装置两类。

1. 手动集气罐

手动集气罐一般是用直径 100 ~ 250 mm、长度 300 ~ 430 mm 的钢管焊接而成，分立式和卧式两种。手动集气罐顶部接 DN15 的排气管，并引至室外，排气管上装阀门。手动集气罐常设在系统供水干管末端的最高点处。

2. 自动排气阀

自动排气阀依靠水对浮体的浮力，通过自动阻气和排水机构使排气孔自动打开或关闭，达到排气的目的。自动排气阀可分为立式和卧式两种形式，如图 2-50 所示。小体积铜质带自闭阀（阻断阀）的自动排气阀在安装时，其迎水流的前端可不装阀门，在拆卸排气阀维修时，自闭阀可自动关闭管路，维修方便。自闭阀的工作原理是：在排气阀和自闭阀组装为一体正常工作时，内置弹簧呈压缩状态，自闭阀打开；在拆卸排气阀时，内置弹簧呈自由状态，关闭管路，如图 2-50c 所示。自闭阀的结构组成如图 2-50d 所示。自动排气阀在供暖系统中的安装位置如图 2-51 所示。在图 2-51c 中，供水干管最高处不能高于排气阀。

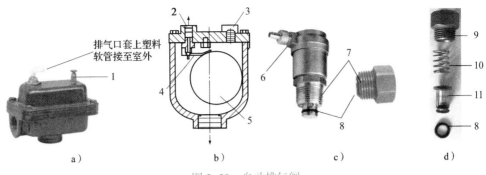

图 2-50 自动排气阀

a）卧式自动排气阀 b）立式自动排气阀剖面图 c）带自闭阀的自动排气阀 d）自闭阀的结构组成

1—手动排气阀 2—排气口 3—手动排气阀安装口 4—顶针 5—浮子 6—排气阀

7—自闭阀 8—O 形密封圈 9—阀体 10—弹簧 11—阀芯

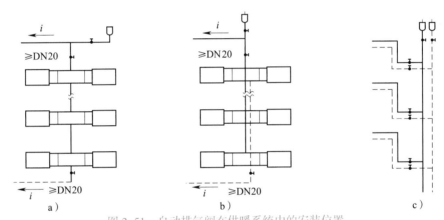

图 2-51 自动排气阀在供暖系统中的安装位置

a）单管跨越式系统 b）双管系统 c）分户热计量系统或中央空调水系统

当排气阀内无空气时，阀体中的水将浮子浮起，通过杠杆机构将排气孔关闭，阻止水流通过。当系统内的空气经管道汇集到阀体上部空间时，空气将水面压下去，浮子随之下落，排气孔打开，自动排出系统内的空气。空气排出后，水又将浮子浮起，排气孔重新关闭。

为了便于检修和更换自动排气阀，在自动排气阀前宜设截止阀（带自闭阀的自动排气阀前可不装截止阀），系统运行时常开。排气口常接塑料管引向室外，排气管上不装阀门。

3. 手动排气阀

手动排气阀又称手动跑风，它适用于工程压力不超过 600 kPa、工作温度不超过 100 ℃的水或蒸汽采暖系统的散热器。手动排气阀多用于水平式和下供下回式系统中，安装在散热器上部丝堵的螺孔上，以手动方式排出空气。手动排气阀的种类较多，如图 2-52 所示。

图 2-52 手动排气阀

三、除污器的安装

除污器用来截流、过滤管路中的杂质和污物，保证系统内水质洁净，减少阻力，防止堵塞调压板及管路。除污器一般设置于采暖系统入口调压装置前、锅炉房循环水泵吸入口前或热交换设备前，另外，在一些小孔口的阀前（如自动排气阀）也应设除污器或过滤器。

除污器的形式有立式直通、卧式直通和卧式角通三种。热水采暖系统常用立式直通除污器，如图 2-53 所示。除污器的型号可根据接管直径选择。除污器前后应设阀门，安装时不允许装反，可设旁通管供定期排污和检修时使用。

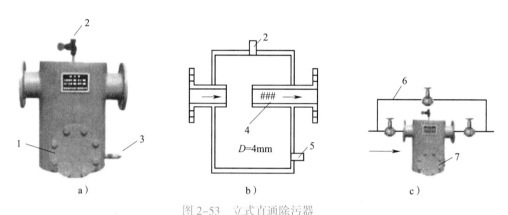

图 2-53　立式直通除污器
a）外形图　b）结构简图　c）接管示意图
1—检查口　2—排气口　3—泄水口　4—出水花管　5—丝堵　6—旁通管　7—除污器

四、调压板的安装

调压板又称为减压孔板或减压板，用来降低建筑物入口供水干管上的压力，如图 2-54 所示。调压板常安装在采暖系统入口供水管上的两片法兰中间，热水系统调压板可选用铝合金或不锈钢材质，蒸汽系统调压板只能选用不锈钢材质。调压板前应设除污器或过滤器，当系统冲洗洁净后方可装入调压板投入使用。

图 2-54　调压板

五、循环水泵的安装

热水采暖系统中常用的循环水泵多为工厂组装成整体再运至现场安装。循环水泵的安装与调试工艺流程为：安装准备工作→水泵安装→水泵配管及管路附件安装→水泵试运转。

1. 安装准备工作

（1）水泵安装前，应按施工图复核基础尺寸、标高，以及地脚螺栓预留孔的位置、尺寸及孔深，认真检查离心泵和电动机的型号、规格，清点泵零部件及配件，应无损坏和锈蚀，水泵基础高度和水泵高度的组合尺寸应符合设计文件要求。

（2）水泵联轴器应同心，相邻两个平面应平行，其间隙为 2 ~ 3 mm。

（3）水泵进、出管口内部和管端应清洗干净，法兰密封面不应破坏。

（4）按照设计图样中水泵的位置，在水泵基础表面弹出纵向中心线，以便安装时控制水泵位置。

2. 水泵安装

（1）使用人工或其他搬运方法将水泵搬运到水泵基础上。水泵就位时，应保证水泵纵向中心线与基础中心线重合。

（2）水泵定位前将地脚螺栓穿好，就位后进行横向调整定位。小型水泵可用钢直尺、水平尺配合找平，用平垫铁和斜垫铁垫在地脚螺栓的两侧。

（3）水泵找平后，可进行地脚螺栓二次灌浆。将灌浆部位用水冲洗干净，用细石混凝土灌浆并捣实，随时注意地脚螺栓的垂直度和位置，保证地脚螺栓与基础结为整体。在水泵底部与基础面的缝隙中填塞砂浆并和基础面抹平压光，拧紧地脚螺栓和底座上的全部螺栓。

（4）当水泵安装完成，经验收符合规范要求后，还应清理更换润滑油和水泵填料函内的填料，合格后待运行。

3. 水泵配管及管路附件安装

水泵配管主要包括进水管、压水管，管路附件包括切断阀门、止回阀、压力表、异径管及弯管、不锈钢泵连接软管（见图 2-55a）、可挠曲橡胶软接头（见图 2-55b 和图 2-55c）等。不锈钢泵连接软管长度一般为 300 mm。

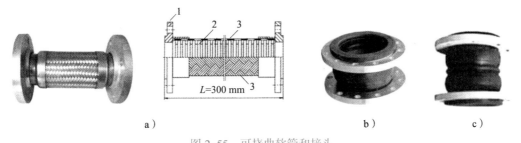

图 2-55　可挠曲软管和接头

a）不锈钢泵连接软管　b）单球橡胶软接头　c）双球橡胶软接头

1—法兰盘　2—内层波纹管　3—外层不锈钢丝编制网套

（1）在水泵进、出水口处应安装可挠曲橡胶软接头，降低因水泵振动产生的应力。安装在水泵出口管段的可曲挠接头配件，其压力等级应与水泵工作压力相匹配。

（2）在水泵进、出口管段上安装可挠曲橡胶软接头时，必须设置在阀门和单向阀的内侧靠近水泵一侧，以防止接头被水泵突然停止运转时产生的水锤压力破坏。

（3）可挠曲橡胶软接头应在不受力的自然状态下安装，严禁出现极限偏差状态。法兰连接的可挠曲橡胶软接头的特制法兰与普通法兰连接时，螺栓的螺杆应朝向普通法兰一侧。每一端面的螺栓应对称、逐步均匀加压拧紧，所有螺栓的松紧程度应保持一致。

法兰连接的可挠曲橡胶软接头串联安装时，应在两个接头的松套法兰中间加设一个用于连接的平焊法兰。以平焊法兰为支柱体，同时使橡胶接头的端部压在平焊钢法兰面上，做到接口处严密。

可挠曲橡胶软接头及配件应保持清洁和干燥，避免阳光直晒和雨雪浸淋，避免与酸、碱、油类和有机溶剂接触，外表严禁刷油漆。

（4）水泵的进、出口均应装设可拆卸的法兰短管或法兰弯管，长度一般为100～450 mm。出水管应采用同心异径管变径，止回阀应靠近变径管安装。

（5）常见的单级单吸卧式离心水泵的配管安装如图2-56所示。

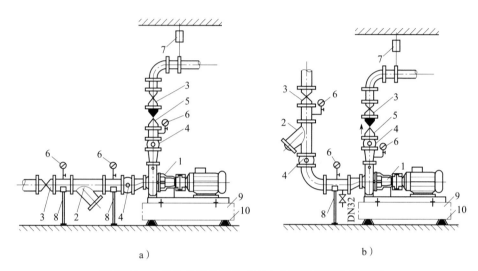

a）　　　　　　　　　　b）

图 2-56　常见的单级单吸卧式离心水泵配管安装示意图

a）吸口阀件水平布置方式　b）吸口阀件垂直布置方式

1—水泵（含电动机）　2—Y型过滤器　3—阀门　4—可挠曲橡胶软接头　5—止回阀　6—压力表
7—弹性吊架　8—弹性托架　9—钢筋混凝土或型钢基座　10—橡胶或弹簧减振器

4. 水泵试运转

当水泵及配管安装完毕，水泵接线工作完成后，便可接通电源，测试接地电阻及电动机的绝缘情况，合格后即可进行水泵带负荷单机试运转。水泵试运转的操作程序一般为：启动前的检查→水泵机组启动→水泵运行检查→水泵停车。

（1）启动前的检查

1）启动电动机前，可手盘电动机轴，检查有无刮壳或扫膛情况，联轴器手动应灵活。电动机运行时应检查电动机旋转方向，确保与水泵标志箭头一致，检查启动电流是否正常、电动机轴承温升是否正常、有无异常声响等。

2）检查曲轴箱内润滑油（脂）的质量和油位，润滑油（脂）应加至曲轴箱容积的1/3～1/2，润滑油（脂）牌号应与水泵说明书中要求的牌号相符。

3）检查各部位的螺栓是否安装完好，有无松动、脱落、漏装等现象。

（2）水泵机组启动

打开水泵进、出水管阀门，关闭水泵出水管上的压力表阀，连续进行2～3次"启动—停车"操作，当水泵出水正常后即可打开压力表阀。

（3）水泵运行检查

水泵正常运转后，应检查填料函压盖滴水情况，以及水泵机组的振动、异常声响、轴承温升变化等情况，观察出水管压力表的表针有无较大范围的跳动或不稳定情况，检查出水流量及扬程情况。

（4）水泵停车

运行中的水泵需要停车时，应先关闭电源，后关闭进、出水管上的阀门。如果水泵机组长期停运，可在轴承、填料函压盖的加工面上涂抹全损耗系统用油，以防锈蚀。

 想一想

1. 你家中和水有关的家电在哪个位置设置了过滤器？作用是什么？
2. 除污器安装在采暖系统的什么位置？安装时是否有方向？为什么？
3. 膨胀水箱的膨胀管为何严禁装阀门？
4. 水泵安装过程中，哪个位置需要设置止回阀？有什么作用？
5. 水泵安装过程中，哪个位置需要设置软接头？有什么作用？

 思考练习题

1. 热水采暖系统的主要附属设备和附件有哪些？
2. 膨胀水箱有什么作用？一般安装在什么位置？有哪几种形状？
3. 膨胀水箱上有哪些接管？哪些应安装阀门？哪些不应安装阀门？
4. 画出膨胀水箱在热水采暖系统中的接管图。
5. 热水采暖系统中的排气装置有哪些？通常安装在什么地方？
6. 简述减压板的安装过程。
7. 简述整体式水泵的安装过程。

第四节　热水采暖系统管道安装

室内采暖系统在建筑主体结构完成、墙面抹灰后开始安装，但其中预留孔洞、预埋件可配合建筑施工进行。

室内采暖管道主要是指入口装置、主立管、横干管、立管和连接散热器的支管等。

室内采暖管道的安装工序是：安装准备→管道支架安装→供、回水干管安装→立管安装→散热器就位及支管安装→系统试压→系统冲洗→防腐和保温→系统调试。

应在每一施工部位的管道安装中或安装后，用施工规范规定的支架使其保持相对稳定，以保证后一部位安装时量尺下料准确。

管径小于或等于 32 mm 时，焊接钢管应采用螺纹连接；管径大于 32 mm 时，焊接钢管应采用焊接。

管道穿过墙壁和楼板时，应设置金属或塑料套管。安装在楼板内的套管，其顶部应高出装饰地面 20 mm；安装在卫生间及厨房内的套管，其顶部应高出装饰地面 50 mm，底部应与楼板底面相平；安装在墙壁内的套管，其两端应与饰面相平。穿过楼板的套管与管道之间的缝隙宜用阻燃密实材料填实，且端面应光滑。管道的接口不得设在套管内。

一、安装前的准备工作

1. 识读施工图
施工前，应仔细阅读和熟悉施工图，配合建筑施工做好预留孔洞和预埋件工作。

2. 材料和工具准备
按施工图和有关施工规范要求，确定采暖工程所需的管材、散热器、阀门，以及其他设备和材料的种类、规格、数量，准备好施工所需的工具和机具。

3. 预制加工
按照施工图对一些可以预制的管件和支架等进行加工、预制。

二、入口装置的安装

热水采暖入口装置一般设在用户的地下室或建筑物的底层，有进行系统调节、检测和统计供应热量的仪表设备，装设的主要仪表设备有温度计、压力表、调节阀及过滤器等。供水管和回水管之间设连通管，并设有阀门。热水采暖系统入口如图 2-57 所示。

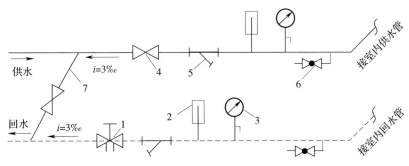

图 2-57　热水采暖系统入口

1—平衡阀　2—温度计　3—压力表　4—截止阀或柱塞阀　5—过滤器　6—泄水球阀　7—旁通管

热水采暖入口装置装设旁通阀的作用是在用户停止供暖时，将入口处供、回水管上的阀门关闭后打开旁通阀，使室外热网入户支管中的水能循环流动，以免冻结。用户采暖时，须将旁通阀关闭严密，否则会使水流短路，导致室内采暖系统不热。

在用户入口装置的最低点设泄水阀，必要时可排空室内采暖系统中的水。

当室外热网的压力高于室内采暖系统的工作压力时，还应在采暖系统入口处装设调压板。

三、供、回水干管安装

供、回水干管是连接数根采暖立管的水平供暖管道。室内的干管不需要保温，但地沟内的干管均需保温，保温管外表面与地沟壁净距为 100 mm。供水干管距墙 150 mm，回水干管距墙 250 mm（地沟敷设）。

干管的安装工序为：干管定位、划线→支架和套管安装→干管上架及对口焊接→干管分支与变径→干管过门安装→干管安装排气阀和泄水装置→干管水压试验、防腐与保温。

1. 干管定位、划线

按图样设计要求确定管道的走向和轴线位置，在墙或柱上弹出管道安装的定位坡度线。热水采暖干管坡度一般为 0.003，不得小于 0.002。

在地沟内或高层建筑设备层内，当多种管道平行敷设时，应采用打钢钎、拉钢丝的方法确定各平行管道的位置、标高，以此作为各管道安装的中心线和坡度线。管道坡度的基准应取管底标高，方便管道支架的制作与安装。

2. 支架和套管安装

采暖干管沿墙、柱安装时，应根据施工规范和设计文件的规定确定管中心线与墙、柱的距离，并根据管道坡度线确定干管安装的基准线。干管支架应设置固定支架和活动支架。支架的安装方式宜采用埋设法，安装步骤是：放线→支架安装位置划线、打洞及浇水、挂线→插埋支架→校验支架并养护。

3. 干管上架及对口焊接

干管上架前，应检查各管段的平直度、椭圆度，保证干管对口间隙均匀。

小管径的采暖干管可采用人力扛抬上架，较大管径的采暖干管可采用倒链工具上架。使用单梯时，应安排专人扶梯；使用合梯时，应用铁丝或绳子绑拉合梯，防止滑梯。干管上架后，首先应找平、对正，避免错口，然后再进行焊接。

4. 干管分支与变径

当干管与分支干管处于同一平面上的水平连接时，其水平分支干管应从采暖总立管上开孔，将乙字弯改为羊角弯，从而形成方形补偿器并具备热补偿能力，不能采用T形连接，如图 2-58a 所示。

热水采暖供、回干管变径时，应采用偏心大小头且管顶平连接，以利于系统内空气的排出，如图 2-58b 所示。

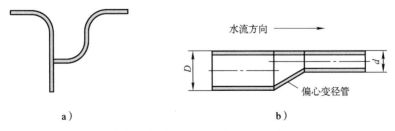

水流方向

偏心变径管

a） b）

图 2-58 热水采暖干管分支和变径做法
a）干管的分支 b）干管的变径

5. 干管过门安装

有些热水采暖系统的采暖回水采用明装方式。管道从门窗或其他洞口处绕行时，转角处如果低于或高于管道水平走向，其最高点或最低点应分别安装排气和泄水装置。明装干管过门时，一般有两种方式：一种是在门下做一个小地沟绕过，另一种是从门上绕过，如图 2-59 所示。

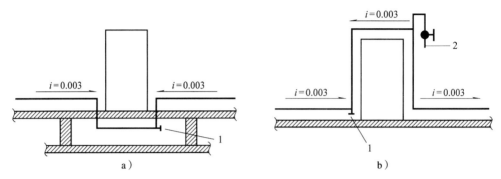

图 2-59　回水干管过门的做法

a）在门下做一个小地沟绕过　b）从门上绕过

1—泄水丝堵　2—放气阀

6. 干管安装排气阀和泄水装置

采暖供水干管最高点应安装手工集气罐或自动排气阀，用于排出系统中的空气，以利于热水循环，其中排气管应接至室外。

7. 干管水压试验、防腐与保温

当供、回水干管和供水总立管安装完毕，以及采暖立管口（干管上焊接螺纹管接头）安装后，可进行水压试验，检查其焊口、法兰接口的承压能力和严密性，合格后，焊口防腐、地沟内的回水干管进行保温，将回水立管螺纹管接头按要求连接至地面上，然后盖沟盖板。

四、立管安装

采暖立管一般明装，对美观要求较高时可采用暗装。立管明装时，一般布置在外墙墙角、柱角及窗间墙处，如图 2-60 所示。立管暗装时，一般敷设在预留的墙槽内。

立管与干管的具体连接方法如图 2-61 所示。图 2-61a 所示为立管与干管螺纹连接，图 2-61b 所示为立管与干管焊接连接，利用弯管机、气焊加工乙字弯、45° 单弯，一端与干管开口焊接（一般采用气焊），另一端与阀门螺纹连接。当干管公称直径小于 100 mm 时，与墙距离为 150 mm；当干管公称直径大于等于 100 mm 时，与墙距离为 180 mm。

立管的安装工序为：检查各层预留孔洞位置→立管划线→立管编号、预制→套管制作→管卡安装→立管安装及校正。

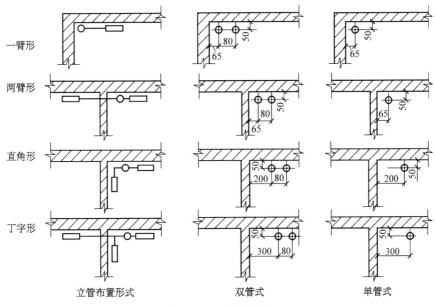

立管布置形式	双管式	单管式

图 2-60　立管布置

1. 检查各层预留孔洞位置

在采暖干管开出的立管短管阀门处挂线绑上一根线坠，校正预留孔洞的位置是否在立管的基准线上，否则应修整孔洞。

2. 立管划线

首先在各层散热器上、下补芯中心处用水平尺量出带坡度的水平线，然后再与立管的垂直基准线相交成十字线，确定立管的长度。

3. 立管编号、预制

采暖立管预制前应按施工图画出每一副立管的草图，自上而下进行编号。从顶层活接头中心量至第一个十字线处，量出立管的安装尺寸（减去配件的结构尺寸后，即为立管的净尺寸）；从第二个十字线量至第三个十字线处，量出下一层立管的安装尺寸。以此类推，自上而下分别量出各层各立管的尺寸并进行编号预制。

4. 套管制作

立管的套管应采用大于立管管径两号的钢套管，其长度应根据楼板厚度、饰面厚度及高出地面长度确定。首先对选定的钢管除锈、刷漆，再量尺寸、划线，最后用砂轮切割机切割成所需长度，即为钢套管。

5. 管卡安装

采暖立管安装前，应根据立管垂直基准线和管卡安装高度（距地坪 1.5～1.8 m）划线确定管卡安装位置，用冲击钻打孔洞栽卡或安装膨胀螺栓管卡。管卡分为单立管卡和双立管卡，管卡中心距墙 50 mm。当层高小于 4 m 时，在立管上每层安装一个管卡；当层高大于 4 m 时，在立管上每层安装两个管卡，要均匀安装。

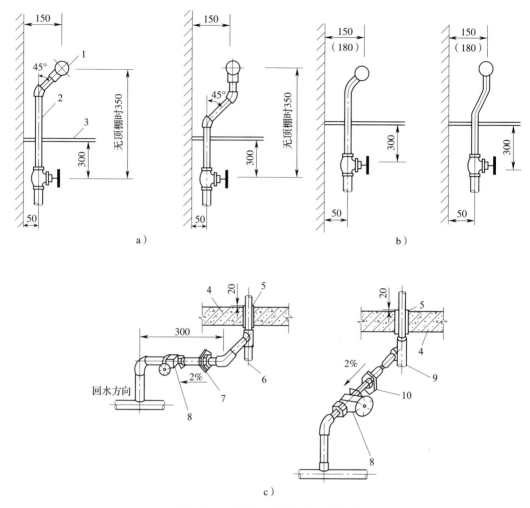

图 2-61 立管与干管的具体连接方法

a）立管与干管螺纹连接 b）立管与干管焊接连接 c）地沟内立管与干管的连接

1—供水干管 2—立管 3—顶棚 4—沟盖板 5—套管 6—放水丝堵或闸阀 7—活接头或法兰盘
8—闸阀或截止阀 9—放水丝堵 10—活接头

6. 立管安装及校正

根据立管的编号和施工图，先将钢套管穿在管子上，按编号从第一节立管开始安装。上行下给式立管由顶层往下逐层安装，下行上给式立管由首层往上逐层安装。安装时，把上层的立管螺纹抹上铅油缠麻或生料带，对准下层立管的接口旋转入扣，用一把管钳咬住管件，另一把管钳拧管子，拧至螺纹外露 2~3 扣、预留口平整为止，并清理麻丝。按上述方法依次安装完整条立管，然后打开立管卡子，将立管装入卡子内并紧固好卡子。

检查立管每个预留口的标高、方向及抱弯是否正确、平正，将事先栽好的管卡松开，把管子放入管卡内拧紧螺栓，用线坠找好立管的垂直度，按要求扶正钢套管。为防止钢套管堵洞时移位，施工现场最简便的做法是用短钢筋和套管及楼板结构钢筋定位焊固定，如图 2-62 所示，最后用不低于楼板混凝土强度等级的豆石混凝土堵洞。套管出普通房间地面的高度为 20 mm，出卫生间等有水房间地面的高度为 50 mm。

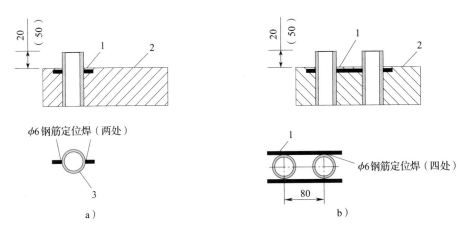

图 2-62 钢套管固定的做法
a）单套管固定做法 b）双套管固定做法
1—钢筋 2—地面 3—钢套管

五、散热器支管的安装

散热器支管安装前，应检查已安装就位散热器的稳固性，如果不符合要求，应进行调整或重新就位，禁止采用散热器支管稳固散热器。散热器支管的连接如图 2-63 所示。

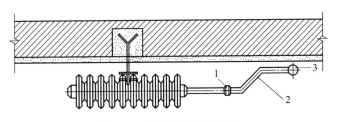

图 2-63 散热器支管的连接
1—活接头 2—乙字弯 3—立管

安装时，应先在预制好的乙字弯两端螺纹上均匀地涂抹铅油并缠麻或生料带，一端上活接头，另一端与散热器补芯相连，若不合适可用气焊烘烤调整，然后将石棉橡胶垫片或麻垫装入活接头内并旋紧活接头锁母。此时，活接头处不应塌腰和弓腰，由立管至散热器补芯的支管坡度必须均匀。

供、回水支管的坡度应基本一致。供水支管的坡度为 1%，坡向散热器；回水支管应坡向供水立管。支管长度小于或等于 500 mm 时，坡降为 5 mm；支管长度大于 500 mm 时，坡降为 10 mm。散热器双侧连接时，应按较长支管的长度确定坡度。

支管穿越墙体时，应选用大于支管 2 号管径的钢套管。安装时，套管口应与墙体饰面平齐。当散热器支管长度超过 1.5 m 时，应在支管上安装管卡。

六、室内采暖系统安装质量标准

本质量标准包括室内蒸汽采暖系统安装质量标准和其他管材安装质量标准。

1. 主控项目

（1）当设计文件未注明时，管道安装坡度应符合下列规定：

1）汽、水同向流动的热水采暖管道和汽、水同向流动的蒸汽管道及凝结水管道，坡度应为3‰，不得小于2‰。

2）汽、水逆向流动的热水采暖管道和汽、水逆向流动的蒸汽管道，坡度不应小于5‰。

3）散热器支管的坡度应为1%，坡向应利于排气和泄水。

（2）补偿器的型号、安装位置及预拉伸和固定支架的构造及安装位置应符合要求。

（3）平衡阀及调节阀型号、规格、公称压力及安装位置应符合设计文件要求，安装完后应根据系统平衡要求进行调试并做出标记。

（4）蒸汽减压阀和管道及设备上安全阀的型号、规格、公称压力及安装位置应符合设计文件要求，安装完毕后应根据系统工作压力进行调试并做出标记。

（5）制作方形补偿器时，应用整根无缝钢管煨制。如果需要接口，接口应设在垂直臂的中间位置，且必须焊接。

（6）方形补偿器应水平安装，并与管道的坡度一致。如果臂长方向垂直安装，必须设排气及泄水装置。

2. 一般项目

（1）热量表、疏水器、除污器、过滤器及阀门的型号、规格、公称压力及安装位置应符合设计文件要求。

（2）钢管管道焊口尺寸的允许偏差应符合国家标准的规定。

（3）采暖系统入口装置及分户热计量系统入户装置应符合设计文件要求，安装位置应便于检修、维护和观察。

（4）散热器支管长度超过1.5 m时，应在支管上安装管卡。

（5）上供下回式系统的热水干管变径应顶平偏心连接，蒸汽干管变径应底平偏心连接。

（6）在管道干管上焊接垂直或水平分支管道时，干管开孔所产生的钢渣及管壁等废弃物不得残留在管内，且分支管道在焊接时不得插入干管内。

（7）膨胀水箱的膨胀管及循环管上不得安装阀门。

（8）当采暖热媒为110~130 ℃的高温水时，管道可拆卸件应使用法兰，不得使用长螺纹接头，法兰垫料应使用耐热橡胶板。

（9）焊接管径大于32 mm的管道转弯作为自然补偿时应使用煨弯工艺。

（10）管道、金属支架、设备的防腐和涂漆应附着良好，无脱皮、起泡、流淌和漏涂缺陷。

（11）管道及设备保温的允许偏差和检验方法应符合表2-5的规定。

（12）采暖管道安装的允许偏差和检验方法应符合表2-6的规定。

表 2-5   管道及设备保温的允许偏差和检验方法

项次	项目		允许偏差（mm）	检验方法
1	厚度		$+0.1\delta$ -0.05δ	用钢针刺入
2	表面平整度	卷材	5	用 2 m 靠尺和楔形塞尺检查
		涂抹	10	

注：δ 为保温层厚度。

表 2-6   采暖管道安装的允许偏差和检验方法

项次	项目			允许偏差	检验方法
1	横管道纵、横方向弯曲（mm）	每 1 m	管径 ≤ 100 mm	1	用水平尺、直尺、拉线和尺量检查
			管径 >100 mm	1.5	
		全长（25 m 以上）	管径 ≤ 100 mm	≤ 13	
			管径 >100 mm	≤ 25	
2	立管垂直度（mm）	每 1 m		2	吊线和尺量检查
		全长（25 m 以上）		≤ 10	
3	弯管	椭圆率：$\dfrac{D_{max}-D_{min}}{D_{max}}$	管径 ≤ 100 mm	10%	用外卡钳和尺量检查
			管径 >100 mm	8%	
		平整度（mm）	管径 ≤ 100 mm	4	
			管径 >100 mm	5	

注：D_{max}、D_{min} 分别为管道的最大外径和最小外径。

 想一想

    1. 采暖管道穿墙、楼板时为何要装套管？给水管道穿墙、楼板时要装套管吗？

    2. 有施工人员认为"采暖管道安装要横平竖直"，这种说法对吗？

    3. 采暖干管变径有何规定？为什么？

    4. 采暖系统排气阀装在何处？有何作用？

    5. 采暖干管分支时为何要做成羊角形式？

思考练习题

　　1. 室内采暖管道一般在什么情况下开始安装？室内采暖管道主要是指哪些管道？

　　2. 室内采暖管道安装的工序是什么？

　　3. 采暖管道套管安装有哪些规定？

　　4. 采暖入口装置的安装工序是什么？

　　5. 散热器支管安装的具体工序是什么？

　　6. 室内采暖管道安装的要点是什么？

　　7. 简述室内采暖系统安装的质量规范。

第五节　分户热计量采暖系统安装

　　根据《中华人民共和国节约能源法》的规定，新建建筑和既有建筑的节能改造，应当按照规定安装用热计量装置。热计量的目的在于推进城镇供热体制改革，在保证供热质量、改革收费制度的同时，实现节能降耗。

　　分户热计量采暖系统是对住宅工程按热量计量收费和分室控温而进行设计、施工的新型采暖系统，它将促进供暖的商品化，提高住宅采暖的节能和科学管理水平。分户热计量采暖系统以住宅的户（套）为单位，采用热量直接计量或热量分摊计量两种方式计量每户的供热量。热量直接计量方式是采用户用热量表直接结算的方法，对各独立核算用户计量热量。热量分摊计量方式是在楼栋热力入口处（或热力站）安装热量表计量总热量再按户间分摊，用户分摊的主要方法是散热器热分配计法。

　　为实现分户热计量的相关技术要求，户内系统中应安装用热计量装置、室内温度调控装置和供热系统调控装置。这些设备安装在专用分户箱或管道井中，与户内采暖管路、散热器、温控阀等组成分户热计量采暖系统。分户热计量采暖系统适用于新建建筑和既有建筑的改造。本节主要介绍新建建筑中的分户热计量采暖系统。

一、热量分配表分户热计量采暖系统

　　热量分配表分户热计量采暖系统由建筑物热力入口装置（见图 2-64）、水平干管、压差控制阀或流量控制阀、分支立管、支管、散热器、温控阀、蒸发式或电子式热量分配表等组成。常用的系统形式有两种，即垂直单管跨越式系统（见图 2-65）和垂直双管系统（见图 2-66）。

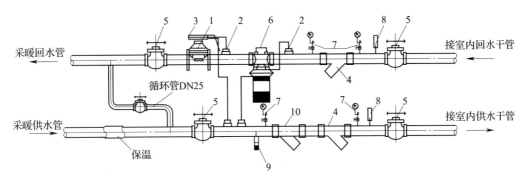

图 2-64 建筑物热力入口装置

1—流量计　2—温度、压力传感器　3—积分仪
4—水过滤器（60目）　5—截止阀　6—自力式压差控制阀或流量控制阀
7—压力表　8—温度计　9—泄水阀（DN15）　10—水过滤器（孔径3 mm）

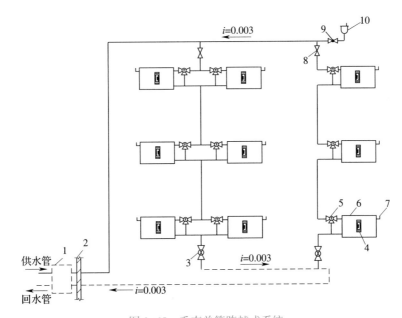

图 2-65 垂直单管跨越式系统

1—建筑物热力入口装置　2—外墙　3—定流量阀　4—热量分配表
5—三通温控阀　6—散热器　7—手动排气阀　8—截止阀　9—球阀　10—自动排气阀

1. 建筑物热力入口装置

（1）热力入口装置的设置

有地下室的住宅，热力入口装置一般设在可锁闭的专用空间内；无地下室的住宅，热力入口装置宜设置在室外管沟入口检查井内，或在底层楼梯间休息平台板下设置小室。对于改建工程，建筑物内没有专门隔断间时，热力入口装置宜设置在建筑物外地面上或室内可利用的墙体上，利用钢板箱或木质箱作为防护，并设检修门。

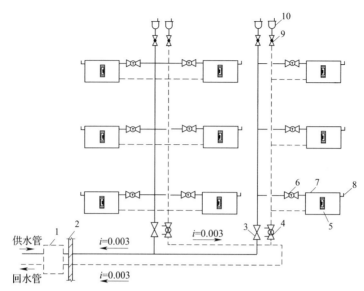

图 2-66　垂直双管系统

1—建筑物热力入口装置　2—外墙　3—截止阀　4—定压差阀
5—热量分配表　6—两通温控阀　7—散热器　8—手动排气阀　9—球阀　10—自动排气阀

（2）热力入口装置做法

　　根据热计量户内系统形式的不同，应设置自力式压差控制阀或流量控制阀。为保证热量分配表及户内管道不堵塞，在热力入口供水管上应设两级过滤器，顺水流方向第一级宜为孔径不大于 3 mm 的粗过滤器，第二级宜为 60 目的细过滤器。进入热量分配表流量计前的回水管上应设不小于 60 目的过滤器。

　　2. 热量分配表的安装

　　热量分配表有蒸发式和电子式两种，如图 2-67 所示。

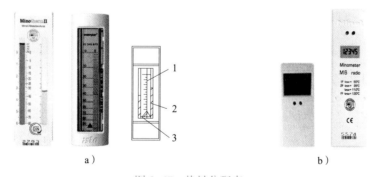

a ）　　　　　　　　　　　　　　　　　b ）

图 2-67　热量分配表

a ）蒸发式热量分配表　b ）电子式热量分配表
1—仪表读数刻度尺　2—当前采暖季测量管　3—上一采暖季测量管

（1）蒸发式热量分配表

　　蒸发式热量分配表是以测量表内化学液体的蒸发量为计量依据的。蒸发式热量分配表中有充满带色液体的细玻璃管，管顶有小孔，散热器紧贴侧有导热板，散热器的热量传递到细玻璃管内，使液体蒸发并从小孔排出，液面下降。由于液体的蒸发速度和散热器的平均温度与室温之差以及供暖时间有关，因此，液体的标高刻度即可反映用户的用热量。蒸发式热量分配表应在热媒温度为 60~110 ℃ 的范围内使用。

（2）电子式热量分配表

电子式热量分配表通过两个温度传感器分别测量散热器表面的平均温度与室内温度，其温差值相对于供暖时间积分的数值通过 LCD 显示。热量的显示可以现场读数，也可以远传读数，管理方便。

（3）热量分配表的安装方法

热量分配表应安装在散热器正面温度比较平均的位置，即散热器宽度的中间，垂直向上 3/4 处。安装时，采用紧固件夹紧或焊接螺栓的方式使导热板紧贴在散热器的表面，如图 2-68 所示。

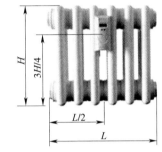

图 2-68　热量分配表安装示意图

热量分配表不是直接测量用户的实际热量，而是测量每户的用热比例，由设于楼入口的热量总表测算总热量，供暖结束后再由专业人员读表，通过计算得出每户的实际用热量。

热量分配表适用于新建和改造的散热器供暖系统，优点是经济、安装方便，特别是对既有供暖系统的热计量改造比较方便，灵活性强，不需改造户内管道，只需在建筑物热力入口处加装总热量表和配套阀件，即可完成热计量系统的全部改造工程；缺点是测量受散热器类型、散热器位置、散热器与热分配表间的热交换参数（要在实验室进行匹配试验，才能确定得出的散热量数据是否可应用）等多方面的影响，试验测量工作量较大，结果不直观，后续计算工作量大，安装位置、安装方法有严格规定，需由专业人员操作。蒸发式热量分配表每年需要入户更换玻璃管和抄表；电子式热量分配表无须入户读表，但是价格较贵。

二、共用立管分户热计量采暖系统

采用共用立管分户热计量采暖系统时，应集中设置各户共用的供、回水立管，从共用立管上引出各户独立成环的采暖支管，支管上设置热计量装置、控制阀门等。共用立管分户热计量采暖系统既可分户热计量、分户控制，同时又可解决传统采暖系统的垂直热力失调问题。

共用立管分户热计量采暖系统可分为户外采暖系统（建筑物内共用采暖系统）和户内采暖系统两部分。

1. 户外采暖系统

户外采暖系统由建筑物热力入口装置，共用供、回水水平干管和共用供、回水立管组成，如图 2-69 所示。

（1）建筑物热力入口装置

建筑物热力入口装置如图 2-64 所示。

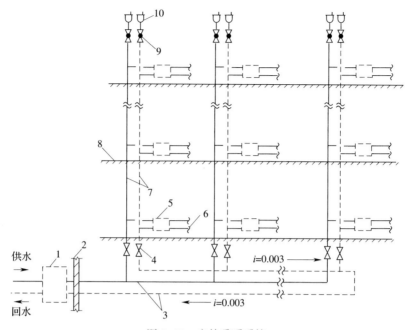

图 2-69　户外采暖系统

1—建筑物热力入口装置　2—建筑物外墙　3—共用供、回水水平干管
4—截止阀（可根据工程需要设置成自力式压差控制阀或自力式流量控制阀）
5—入户装置　6—户外分界点　7—共用供、回水立管　8—楼层　9—球阀　10—自动排气阀

（2）共用供、回水水平干管

建筑物内共用供、回水水平干管一般设置在地沟内（多层住宅）或地下室和设备层（高层住宅）。共用供、回水水平干管应有不小于 3‰的坡度，并应方便共用供、回水立管的布置。

（3）共用供、回水立管

建筑物内各共用供、回水立管压力损失接近时，共用供、回水水平干管宜采用同程系统布置，一般采用下供下回式，顶端设置自动排气阀，其每层连接的户数由设计文件决定。共用供、回水立管一般设在专用的管道井内。

2. 户内采暖系统

户内采暖系统应与采用的热计量方式相配套，一般是采用一户一个独立的循环环路系统。这一独立的户内采暖系统是由入户装置、户内供回水管道、散热器及室温控制装置等组成。

（1）入户装置

户内采暖系统入户装置包括入口锁闭调节阀、户用热量表、一对温度传感器、水过滤器（不低于 60 目）及回水管上的锁闭阀等部件，如图 2-70 所示，为一井两组合式热量表、分支管不大于 DN25 时的安装方式。当多于两户且分支管管径较大及热量表要求较长直管段时，应调整管井尺寸。管井内的水平、垂直管段应按照施工规范的要求在适当的位置设置管卡支架。若分支管不允许煨弯，可按图 2-71 所示的调整尺寸布置管道。

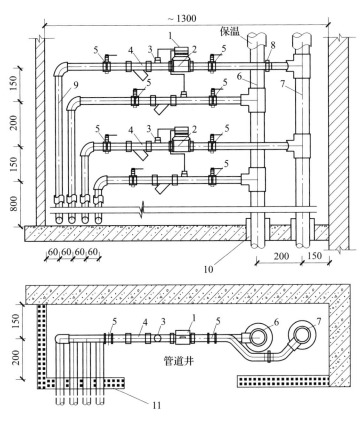

图 2-70 户内采暖系统入户装置（共用立管一字布置）

1—积分仪 2—流量计 3—温度传感器 4—水过滤器

5—锁闭球阀或球阀 6—供水立管 7—回水立管 8—活接头

9—热镀锌钢管 10—套管 11—外装饰板

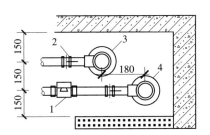

图 2-71 户内采暖系统入户装置（共用立管错位布置）

1—积分仪 2—锁闭球阀或球阀 3—供水立管 4—回水立管

（2）户内采暖系统形式

为实施分户计量，每户住宅均应自成一个独立的系统，从共用立管接管点至户内的采暖循环管路称为户内采暖系统。户内采暖系统可采用地面辐射采暖系统和散热器采暖系统。

1）地面辐射采暖系统。地面辐射采暖系统室内的供、回水管均为双管制，只需在每户的分水器前安装热量表，就可以实现分户计量。

系统特点：以供水温度不大于 60 ℃（35~45 ℃为宜）的热水为热媒，将加热管铺设于楼板垫层中进行低温辐射供暖，垫层厚度大于或等于 80 mm，供回水温差不大于 10 ℃。

优点：由下而上辐射采暖，热舒适度高，户内不设散热器，扩大了房间的使用面积；热媒温度低，使化学管道使用寿命更有保证；每个房间热盘管均与集水、分水器的一组供、回水支管连接，并通过调节阀使室温可调；系统热容量大，热稳定性好。

缺点：占用了 8 cm 左右的层高，地面二次装修易损坏，且修复困难。

地面辐射采暖系统适用于层高大于 2.9 m、房间面积较大的住宅。

2）散热器采暖系统。散热器采暖系统主要有下分式单管跨越系统、下分式双管户内同程系统、上分式双管户内同程系统、放射式双管系统等。

①下分式单管跨越系统。如图 2-72 所示，该系统结构简单，管材管件用量少，施工方便，安装三通调节阀或三通恒温阀（见图 2-73）后有分室调节功能；缺点是

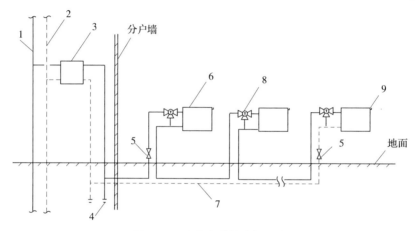

图 2-72 下分式单管跨越系统

1—供水管 2—回水管 3—入口装置 4—泄水口 5—户内关断阀
6—散热器 7—户内管道 8—三通温控阀 9—手动排气阀

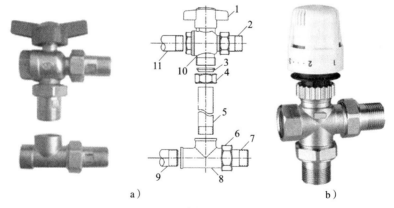

a）　　　　　　　　　　　　b）

图 2-73 单管系统三通阀

a）三通调节阀 b）三通恒温阀

1—手柄 2—接散热器进水口 3—密封圈 4、6—锁母 5—跨越管
7—接散热器回水口 8—配套三通 9—接回水支管 10—三通阀本体 11—接供水支管

设计计算较复杂，末端水温较低，散热器片数较多。较小面积的住宅大都采用这种采暖系统。

　　②下分式双管户内同程系统。如图2-74所示，这种系统属双管并联式，散热器上安装恒温两通阀或手动调节阀后，有较好的分室调节功能。由于散热器是并联的，系统阻力小，各组散热器水温接近，水力平衡好，供暖效果好。不足之处是系统结构较复杂，管材、管件、阀门用量较多，安装、隐蔽工程量大。该系统适用于面积较大的户型，是目前主要采用的户内采暖系统形式。

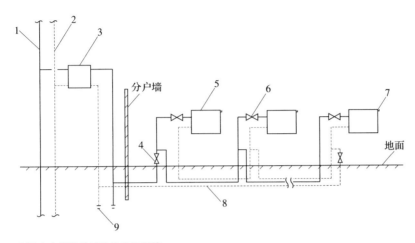

注：1. 本图户内管道采用非热熔塑料管。
　　　2. 若户内管道采用热熔塑料管，分支三通可敷设在地面垫层内，在三通接头处预留检查口。

图2-74　下分式双管户内同程系统
1—供水管　2—回水管　3—入口装置　4—户内关断阀　5—散热器
6—调节阀　7—手动排气阀　8—户内管道　9—泄水口

　　③上分式双管户内同程系统。如图2-75所示，该系统供、回水管布置在本层顶板下，无须加垫层，可降低楼板载荷。缺点是由于采暖水平管及立管外露在室内，按要求设置坡度，影响美观，不便于住户二次装修。该系统适合垫层内不便埋设管道、对美观要求不高或楼层较高、有吊顶的住宅。

　　④放射式双管系统。如图2-76所示，该系统的优点是每组散热器均用整根管道连接，管道接头少，整体采暖效果好；由于装有分水器、集水器、散热器支管加恒温阀和手动调节阀，系统具有集中调节和分室调节的功能。该系统的缺点是当户内房间较多时，地面垫层内的管道多，会使地面温度升高，有可能引起龟裂，另外，室内装修可能损坏管道。解决方法是对地坪内的埋设管做保温处理，同时向住户提供管道竣工图，确保装修时避开管道位置。

　　3）管道连接技术要点。分户热计量采暖系统与传统的采暖系统不同，它有两个突出的特点，一是管材埋地暗装，二是采用塑料或塑料复合管。为了保障施工质量，管道连接必须注意以下几点：

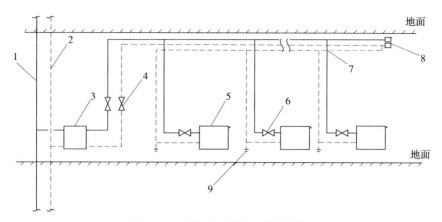

图 2-75　上分式双管户内同程系统

1—供水管　2—回水管　3—入口装置　4—环路调节阀　5—散热器
6—调节阀　7—户内管道　8—自动排气阀　9—泄水口

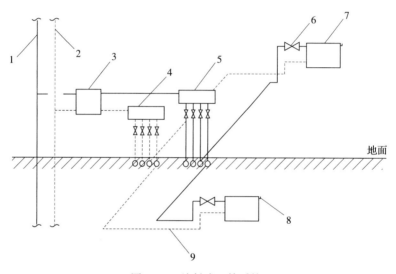

图 2-76　放射式双管系统

1—供水管　2—回水管　3—入口装置　4—集水器　5—分水器
6—调节阀　7—散热器　8—排气阀　9—户内管道

①管道主要采用埋地敷设，埋地管道做法如图 2-77 所示。为防止地面龟裂，埋设在填充层内的管道宜采取绝热措施，放射式双管系统管道密集的部位应采用塑料波纹套管。

②分户热计量采暖户内系统普遍采用塑料及塑料复合管材，不同的管材应采用不同的连接方法。

③埋入垫层内的管件应与管道同材质，且是热熔型管材，一般采用 PP-R 管、PB 管、PE-PT 管。

④垫层内不能有任何卡套管件接头。

⑤水平管与散热器分支管连接时，只能在垫层外用铜制管件连接。

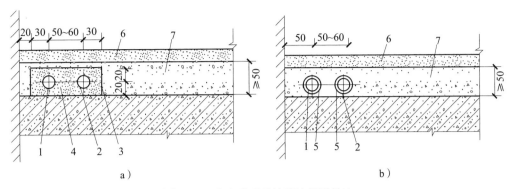

图 2-77　户内采暖系统埋地管道做法

a）有管槽的埋地管道做法　b）直埋管道做法

1—供水管　2—回水管　3—成品管槽（可选用）

4—复合硅酸盐保温材料　5—塑料波纹套管　6—面层　7—填充层

⑥塑料管及塑料复合管弯曲时，不得出现硬折弯现象，塑料管的弯曲半径不应小于管道外径的 8 倍，塑料复合管的弯曲半径不应小于管道外径的 5 倍。

⑦管槽一般沿房间墙角预留，埋地管道安装完成后，应在毛地面上准确标注供、回水管的埋设位置，如用自喷漆喷涂"下有暖气管道，严禁施工"等醒目字样，防止后续地面施工损坏管道。户内采暖系统埋地管道管槽位置及做法如图 2-78 所示。

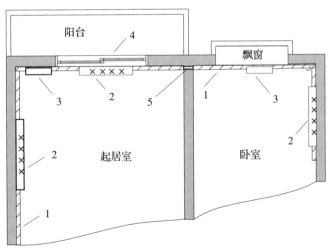

图 2-78　户内采暖系统埋地管道管槽位置及做法

1—管槽　2—地面警示字样　3—散热器　4—活动门　5—过墙套管

4）户内采暖系统形式的选择。户内采暖系统多种多样，各有利弊，应根据不同的建筑条件、物业装修标准、功能使用要求、热源供热能力、管材及施工技术条件等因素综合分析确定，选择最适合的系统形式。

想一想

1. 你居住的小区实行分户热计量了吗？如果没有，请咨询物业人员，结合自己所学的专业知识，分析原因。

2. 热量表为什么要装在回水管上？

3. 热量表中的一对温度传感器有什么作用？怎样安装？

4. 新装的户内采暖系统在运行中比较容易出现的问题有哪些？怎样解决？

思考练习题

1. 热量分配表有几种类型？如何安装？

2. 什么是分户热计量系统？分户热计量的方式有哪几种？

3. 分户热计量采暖系统与传统的供暖系统有何区别？

4. 分户热计量户内采暖系统的形式有哪几种？各有什么特点？

5. 分户热计量采暖系统采用的管材有哪些？管道连接有哪些技术要点？

6. 如何对既有建筑进行热计量？

第六节 地面辐射供暖系统安装

辐射换热依靠物体表面对外发射电磁波来传递热量，不需要中间媒介。地面辐射供暖系统以低温热水为热媒，或以加热电缆、电热膜为加热元件。

目前广泛应用的地面辐射供暖系统有混凝土填充式热水地面辐射供暖系统、预制沟槽保温板热水地面辐射供暖系统、预制轻薄供暖板热水地面辐射供暖系统和加热电缆地面辐射供暖系统。本节主要介绍最常用的混凝土填充式热水地面辐射供暖系统和预制沟槽保温板热水地面辐射供暖系统。

地面辐射供暖系统是以供水温度不大于 60 ℃（民用建筑供水温度一般为 35 ~ 45 ℃）、供回水温差不大于 10 ℃且不小于 5 ℃的热水作为热媒，将整根耐热塑料管或复合管一次性直接埋设在地板垫层中进行供暖的系统。

地面辐射供暖系统充分运用了"寒从脚起"的人体温感原理，具有室温均匀、卫生舒适、高效节能的优点，可实现分户热计量和分室温控。与传统的对流式采暖相比，其热耗量可减少 10% ~ 30%。地面辐射供暖系统是民用建筑和公共建筑的主要采暖系统之一。

一、地面辐射供暖系统基本知识

1. 地面辐射供暖系统基本构造

根据设置位置和采用材料不同，地面辐射供暖系统应由下列全部或部分组成：楼板结构层或与土壤接触的地面、防潮层或隔离层（土壤接触的地面采用防潮层，潮湿房间采用隔离层）、绝热层、加热管、填充层、找平层、面层。

（1）楼板结构层或与土壤接触的地面指钢筋混凝土楼板结构层以及与土壤接触的经土建技术处理的底层地面，是辐射地面构造的基层。楼板结构层平整度误差较大时，应在其上做水泥砂浆找平层，保证上部各构造层及加热管的整体稳定性。

（2）防潮层指防止建筑地基或楼层地面下的潮气透过地面的构造层，一般设置在与土壤接触的一层或地下室各层。

（3）隔离层指防止建筑地面上各种液体透过地面的构造层，一般设置在有防水要求的地面。

（4）绝热层指用于阻止或减少热量传递，减少无效热耗的构造层，分辐射面绝热层和侧面绝热层（边界绝热层）。侧面绝热层设于辐射区与非辐射区、建筑物墙体、柱、过门等结构交接处，用于防止地板热量渗出。

（5）加热管指用于进行热水循环并加热辐射表面的管道，应选用具有一定耐压、耐热能力和一定工作寿命的专用热水管，一般采用耐热塑料管或塑料复合管。

（6）填充层指在绝热层或楼板基面上设置加热管的构造层，用于保护加热盘管，并且起到均匀蓄热的作用，同时增强地面强度。

（7）找平层指在垫层或楼板面上进行抹平找坡的构造层。

（8）面层指完成的建筑装饰成品地面。

（9）伸缩缝也称为膨胀缝、分隔缝，指补偿混凝土填充层和面层等膨胀或收缩用的构造缝，分为填充层伸缩缝和面层伸缩缝。

图 2-79 所示为标准楼层热水地面辐射供暖系统基本构造剖面图。

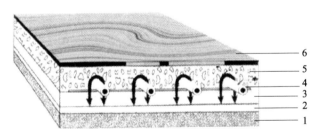

图 2-79　标准楼层热水地面辐射供暖系统基本构造剖面图
1—结构层　2—找平层　3—绝热层　4—加热管　5—填充层　6—面层

2. 加热管的布置

（1）加热管的布置方式

地面辐射供暖常用的加热管布置方式有直列型、双直列型和回折型三种，如图 2-80 所示。

采用直列型布置，地板表面平均温度沿水的流程方向逐步均匀降低；采用双直列型布置，地板表面温度在小面积上波动大，但平均温度分布较均匀；采用回折型布置，地板表面平均温度也是沿水的流程波动，但平均温度波动很小，温度分布更均匀。

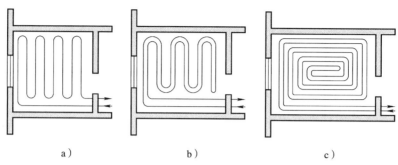

图 2-80 加热管的布置方式

a）直列型 b）双直列型 c）回折型

加热管三种布置方式的地面温度分布与波动情况是不一样的，具体采用何种方式，应根据房间用途、房间热工特性，遵循温度均匀分布原则而定。工程上多采用回折型布置方式，其实际布管效果如图 2-81 所示。

图 2-81 加热管回折型布管效果

（2）管的埋深与管间距

加热管沿热流线方向填充层的热阻是变化的，这使得辐射板表面是不等温面，管顶所对应的地面温度最高；当相邻两加热管中的热水温度相等时，两管中间处的地面温度最低。管的埋深越小，温差越大，地面温度分布越不均匀。因此，埋深减小不仅导致地面温度偏高，而且也使地面温度分布不均匀。

当管间距增大时，两管间热量叠加强度减小，地面温度分布更加不均匀。为保证地面温度分布均匀，工程中一般限定管间距不宜大于 300 mm。当地面散热量大时，即使管间距为 300 mm 也显得过密，此时可通过调整加热管水流量、水温等方式适应要求。

由于沿外窗或外墙侧热损失较大，一般应将高温管段优先布置在该处，或在沿外窗、外墙一定范围内布管密些，即缩小管间距。但这些地方布管过密时，沿外窗、外墙侧地面温度偏高，反而加大了热损失。

总之，管间距越小，埋深越大，地板表面温度越均匀，施工时越应注意。表 2-7 和表 2-8 给出了交联聚乙烯（PE-X）管在不同位置、不同地面材料条件下的供暖散热量及管间距，供施工时参考。

（3）加热管的切割与弯曲

加热管应采用专用工具切断，管口应平整并垂直于管轴线。管子在定形弯曲时，严禁用明火或电加热。PE-X 管可采用弯管卡具或电热风机加热弯曲，PP-R 管可直接用弯头，XPAP 管（交联铝塑复合管）可采用弹簧弯管器直接弯曲成形。加热管的弯曲半径规定如下：PE-X 管、PB 管、PE-RT 管不宜小于 8 倍管外径，XPAP 管不宜小于 5 倍管外径。

表 2-7 不同材质单位地面面积的散热量（大厅）

地面材料类别	散热量（W/m²）	
	管间距 150 mm	管间距 200 mm
瓷砖类	212	193
塑料类	159	147
地毯类	119	112
木地板类	143	133

注：供水温度为 60 ℃，回水温度为 50 ℃，室温为 18 ℃。

表 2-8 不同材质单位地面面积的散热量（游泳馆）

地面材料类别	散热量（W/m²）	
	管间距 150 mm	管间距 200 mm
瓷砖类	152	138
塑料类	114	104

注：供水温度为 60 ℃，回水温度为 50 ℃，室温为 28 ℃。

3. 地面辐射采暖的主要材料

（1）加热管材

通常使用的加热管材有交联聚乙烯（PE-X）管、三型聚丙烯（PP-R）管、耐热聚乙烯（PE-RT）管、聚丁烯（PB）管和铝塑复合管等。目前工程上多采用管径为 16 mm、20 mm 的 PE-RT 管以及相应的连接专用管件。

（2）绝热材料

绝热材料应采用导热系数小、难燃或不燃、具有足够承载强度的材料，且不应含有殖菌源，不得有散发异味及可能危及健康的挥发物。具体工程中应根据绝热材料类型、导热系数、密度、规格、厚度及热阻值等技术参数，按国家现行标准选用。

加热管下面铺设绝热材料，目的是使热量尽可能地辐射到采暖房间，减少热量损失。目前工程常用的绝热材料有聚苯乙烯泡沫塑料板（简称聚苯板）和发泡水泥两类。聚苯板又分为模塑聚苯板和挤塑聚苯板。

发泡水泥是一种新型绝热材料，是将发泡剂、水泥、水等按配比要求制成泡沫浆料，浇筑于地面，经自然养护形成的具有规定密度等级、强度等级和较低导热系数的泡沫水泥。

（3）填充层材料

常用的填充层材料是豆石混凝土和水泥砂浆。豆石混凝土强度等级宜为 C15，豆石粒径宜为 5 ~ 12 mm。

水泥砂浆材料应符合下列规定：

1）应选用中粗砂水泥，且含泥量不应大于 5%。

2）宜选用硅酸盐水泥或矿渣硅酸盐水泥。

3）水泥砂浆体积比不应小于1：3。

4）水泥砂浆强度等级不应低于M10。

（4）地热专用钢丝网和塑料卡钉

加热管的固定方式有两种：一种是先在绝热层表面铺设钢丝网，然后采用塑料扎带将地热管固定在钢丝网上；另一种是采用塑料卡钉将地热管直接固定在复合绝热层上。钢丝网和塑料卡钉均为地板辐射采暖专用型，如图2-82所示。

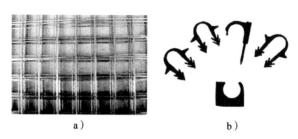

图2-82　加热管专用塑料卡钉和钢丝网

a）钢丝网　b）塑料卡钉

表2-9给出了PE-X管安装支撑间距，供施工时参考。

表2-9				PE-X管安装支撑间距					mm
外径	16	20	25	32	40	50	63	75	90	110
水平管	600	600	800	800	1 000	1 000	1 500	1 500	2 000	2 000
立管	800	1 000	1 200	1 200	1 500	1 500	1 500	2 000	2 500	2 500

（5）分水器和集水器

分水器和集水器是用于连接供暖系统供、回水管和各加热管分支环路的配水、汇水装置。分水器和集水器总进、出水管内径一般不小于25 mm，每个分水器和集水器分支环路不超过八路。每个分支环路供、回水管上均应设置可关断阀门。分水器和集水器有国产标准型或进口标准型，通常选用国产标准型。分水器和集水器一般采用铜或不锈钢制作，如图2-83所示。

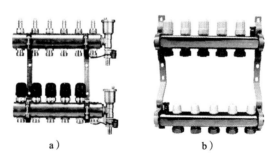

图2-83　分水器和集水器

a）分水器　b）集水器

（6）Y 型过滤器

Y 型过滤器一般安装在小型管道系统中，有法兰连接和螺纹连接两种，如图 2-84 所示。地热采暖选用螺纹连接的 Y 型过滤器，安装在分水器的进口管上。供暖系统初次运行前以及后期每次供暖前，应对过滤网进行清洗，保持管路畅通。Y 型过滤器的安装有方向性。

a）　　　　　　　　　　　　　　　　b）

图 2-84　Y 型过滤器
a）螺纹连接　b）法兰连接

（7）其他材料

1）扎带：将加热管固定在钢丝网上的塑料带。

2）铝箔纸：铺设在绝热层和加热管之间，具有防潮和反射热量的作用。地暖专用铝箔纸如图 2-85 所示。

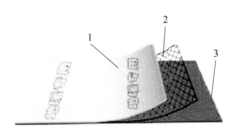

图 2-85　地暖专用铝箔纸
1—镀铝膜　2—加强筋　3—牛皮纸

想一想

1. 哪一种地面辐射供暖加热管的布置方式使用效果最好？你能提出其他的布管形式吗？

2. 讨论加热管布置形式的优缺点。

3. 钢丝网除了有固定加热管的作用外，还有其他作用吗？

4. 讨论图 2-83 所示分水器和集水器的构造及各部件的作用。

二、混凝土填充式热水地面辐射供暖系统

混凝土填充式热水地面辐射供暖系统是将加热管敷设在绝热层之上，须填充混凝土或水泥砂浆后再铺设地面面层的辐射供暖系统，简称混凝土填充式地面辐射供暖。

混凝土填充式地面辐射供暖宜采用瓷砖或石材等热阻较小的面层，不适宜采用架空木地板面层。

1. 混凝土填充式热水地面辐射供暖系统地面构造

采用混凝土填充式地面辐射供暖形式的常见建筑类型有与土壤直接接触房间、潮湿房间和标准层房间三种，其地面构造分别如图 2-86、图 2-87 和图 2-88 所示。从图中可以看出，为了保证埋设在地面下的加热管能长期正常循环运行，不同构造功能的建筑房间，其供暖地面结构各不相同。

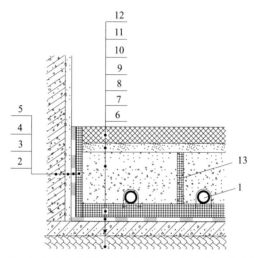

图 2-86　混凝土填充式热水供暖地面构造一（与土壤直接接触房间地面）

1—加热管　2—侧面绝热层（边界绝热层）　3、8—防潮层　4—抹灰层　5—外墙
6—夯实土壤　7—与土壤相邻地面　9—泡沫塑料或发泡水泥绝热层
10—豆石混凝土或水泥砂浆填充层　11—找平层　12—装饰面层　13—伸缩缝

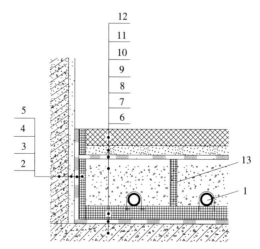

图 2-87　混凝土填充式热水供暖地面构造二（潮湿房间地面）

1—加热管　2—侧面绝热层（边界绝热层）　3、7、10—隔离层（防水层）
4—抹灰层　5—外墙　6—结构层　8—泡沫塑料或发泡水泥绝热层
9—豆石混凝土或水泥砂浆填充层　11—找平层　12—装饰面层　13—伸缩缝

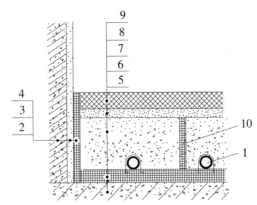

图 2-88　混凝土填充式热水供暖地面构造三（标准层房间地面）

1—加热管　2—侧面绝热层（边界绝热层）　3—抹灰层

4—外墙　5—结构层　6—泡沫塑料或发泡水泥绝热层

7—豆石混凝土或水泥砂浆填充层　8—找平层　9—装饰面层　10—伸缩缝

2. 混凝土填充式热水地面辐射供暖系统安装工艺

混凝土填充式热水地面辐射供暖系统的安装工艺流程为：施工准备→绝热层铺设→加热管铺设→加热管固定→分水器和集水器安装→水压试验与调试→混凝土填充层浇捣与养护→地面层施工。

（1）施工准备

1）建筑工程主体已基本完工，屋面已封顶，室内装修的吊顶、抹灰已完成，与地面施工同时进行。设于楼板上（装饰地面下）的供、回水地面凹槽已配合土建预留。

2）具有经业主（建设单位或户主）同意的设计图（或草图）。

3）将地面清扫干净，特别是墙角等地方不得有凸凹不平的地面、砂石碎块、钢筋头等，以免影响铺管或损坏盘管。铺设板材类绝热层的地面平整度允许误差为 5 mm 以内。

（2）绝热层铺设

1）泡沫塑料绝热层（聚苯板）铺设

①聚苯板必须铺设在水泥砂浆找平面上，地面不得有高低不平的现象。

②按房间面积进行量尺下料，聚苯板铺设顺序应由里向外，铺设平整，不得起鼓。铝箔应铺设在聚苯板上，铝箔面应朝上。铝箔搭接宽度应大于或等于 20 mm，且用胶带粘牢。

③凡是钢筋、电线管或其他管道穿越楼板保温层时，只允许垂直穿越，不准斜插，插管接缝用胶带封贴严实、牢靠。

④如果在绝热层上铺设钢丝网，应将钢丝网平整铺设，钢丝网搭接处应有固定措施。

2）发泡水泥绝热层施工

①施工应准备的机具有专用搅拌机、活塞式或挤压式发泡水泥输送泵、输送管道

以及平整绝热层的专用工具等。使用前应对机具进行安全检查。

②根据施工现场使用的水泥品种进行发泡剂类型配方后，方可进行现场制浆。

③在房间墙上标出发泡水泥绝热层浇筑厚度的水平线。

④发泡水泥绝热层现场浇筑宜采用物理发泡工艺如下。

⑤现场浇筑时应随时观察、检查浆料流动性、发泡稳定性，应控制浇筑厚度及地面平整度。发泡水泥绝热层自流平后，应采用刮板刮平。

⑥发泡水泥绝热层内部的孔隙应均匀分布，不应有水泥与气泡明显分离层。

⑦当施工环境风力大于 5 级时，应停止施工或采取挡风等安全措施。

⑧发泡水泥绝热层在养护过程中不得振动，且不应上人作业。加热管应在养护期结束后敷设。

⑨发泡水泥绝热层应在浇筑过程中同步见证取样。

（3）加热管铺设

1）按设计图要求进行放线配管，各环路管长度不应超过 120 m；连接在同一分水器和集水器的相同管径的各环路长度应接近；同一环路的加热管应保持水平；每一环路加热管不得有接头，填充层内严禁有接头；加热管隐蔽前必须进行严格检查。

2）热负荷明显不均匀的房间宜采用将高温管段优先布置于房间热负荷较大的外窗或外墙侧的方式。在靠近外窗、外墙处，管间距可适当缩小，而在其他区域可将管间距适当放大，如图 2-89 所示。

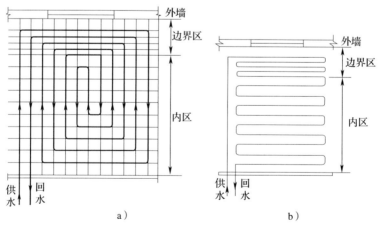

图 2-89 热负荷不均匀房间加热管布置形式

a）带有边界和内部地带的回折型布置　b）带有边界和内部地带的直列型布置

3）加热管不应与房间内生活冷、热水管以及电气线管等敷设在同一构造层内，应用绝热层隔离，如图 2-90 所示。当管道交叉的数量较多时，宜采用图 2-90a 所示的方式。管道与绝热层的间隙用绝热材料填实。

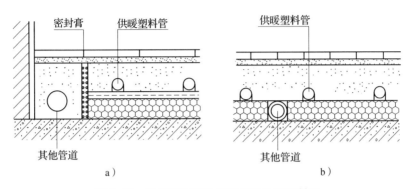

图 2-90　加热管与其他管道交叉的地面做法
a）墙脚交叉做法　b）非墙脚交叉做法

4）加热管与墙面的距离：距离外墙内表面不得小于 100 mm，距内墙宜为 200～300 mm，距卫生间墙体内表面为 100～150 mm。

5）加热管敷设间距的误差不应大于 10 mm。180°圆弧的顶部应加以限制，并用管卡进行固定。弯头两端宜设固定卡，加热管固定点的间距直管段宜为 500～700 mm，弯曲管段固定点距离宜为 200～300 mm。

6）为了防止采暖后地板膨胀，造成地面隆起或龟裂，应当预先将房间地面分割成若干块，并用绝热板隔离区域。

7）按所选用的加热管管材施工工艺标准，对加热管进行切断和弯曲。加热管应做到自然释放，不允许出现扭曲现象，以免管道处于非正常受力状态，影响加热管的使用寿命。塑料管弯曲半径不应小于管道外径的 8 倍，复合管弯曲半径不应小于管道外径的 5 倍。

（4）加热管固定

加热管固定的目的是使其定位，防止在铺设填充层或面层时产生位移。

1）加热管的固定方式。加热管的固定方式有多种，常用的有下列四种。

①塑料卡钉固定：用专用塑料卡钉将加热管固定在泡沫塑料类绝热层上，如图 2-91a 所示。

②塑料扎带绑扎固定：用扎带将加热管绑扎在绝热层表面的钢丝网上，如图 2-91b 所示。

③管托固定卡固定：用管托将加热管直接固定在发泡水泥或泡沫塑料类绝热层上（包括设有复合面层的绝热板），如图 2-91c 所示。

④凸台或管槽固定：用带凸台或管槽的绝热层直接将加热管固定，如图 2-91d 所示。例如，地暖工程中使用的表面有"蘑菇"图案凸起的保温板就是一种既有绝热功能，又便于固定加热管的复合保温板。

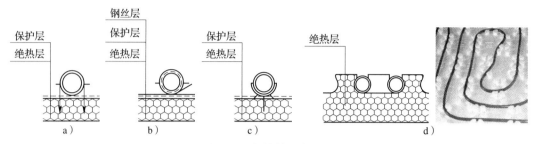

图 2-91　加热管固定方式

a）塑料卡钉固定　b）塑料扎带绑扎固定　c）管托固定卡固定　d）凸台或管槽固定

2）管网冲洗与管道连接。加热管铺设固定完成后，应对每一道（路）管网进行冲洗，以出水清洁为合格，即可与分水器和集水器连接，最终与采暖管道连接。

（5）分水器和集水器安装

1）检查分水器和集水器的型号、规格、连接方式、分路数目，应符合设计文件要求。

①分水器和集水器应在加热管敷设之前进行就位安装，以便于加热管精确转向并通入分水器和集水器内。

②分水器和集水器固定可选用支架、托钩等固定方式，也可采用嵌墙或箱罩安装。分水器和集水器一般暗装在厨房橱柜内或明装在生活阳台上。

③分水器和集水器与地热管的连接方式有卡环式、夹紧式两种接口。当水平安装时，分水器宜安装在上方，集水器宜安装在下方，中心间距为 200 mm，集水器中心距地面应不小于 300 mm。当垂直安装时，分水器和集水器下端距地面应不小于 150 mm。

2）分水器前应设置过滤器。加热管始、末端伸出地面至连接分水器和集水器配件的明装管段，应设置在硬质套管或波纹套管内。加热管始、末端伸出地面应用弯管卡固定，可有效地解决管材扭曲、回弹、死折、缩径等缺陷，如图 2-92 所示。加热管与分水器、集水器分路阀门的连接应采用专用插入式连接件，这种管接头和铝塑管接头密封原理相同，其结构是有区别的，如图 2-93 所示。

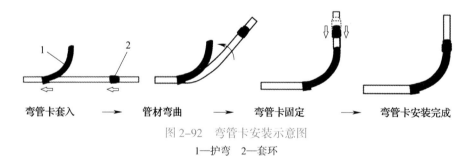

图 2-92　弯管卡安装示意图

1—护弯　2—套环

3）分水器、集水器安装及其管路系统的连接如图 2-94 所示。

（6）水压试验与调试

1）中间验收。地面辐射采暖系统应进行中间验收。其验收过程从加热管敷设和分水器、集水器安装完毕进行试压起，至混凝土填充层养护期满再次进行试压止，由施工单位会同监理单位共同进行。

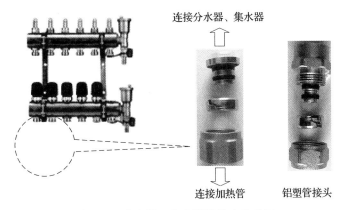

连接分水器、集水器

连接加热管　　　铝塑管接头

图 2-93　分水器、集水器管接头示意图

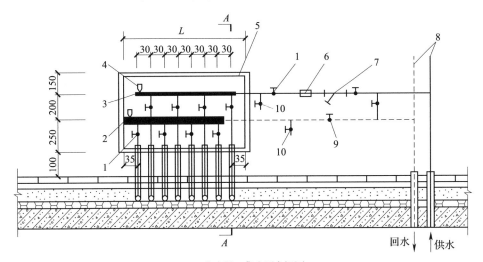

分水器、集水器主视图

回水　供水

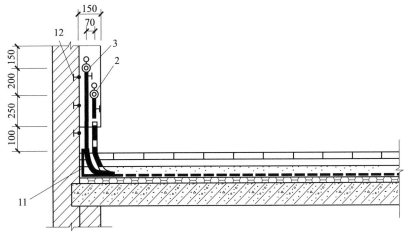

A—A 剖面图

图 2-94　分水器、集水器安装及其管路系统的连接

1—阀门　2—集水器　3—分水器　4—放气阀　5—箱体　6—热计量装置　7—过滤器
8—供暖立管　9—调节阀（或平衡阀）　10—泄水阀　11—弯管卡　12—M6 锚栓

2）水压试验。浇捣混凝土填充层之前和混凝土填充层养护期满之后，应分别进行水压试验。水压试验合格后，由施工单位、建设单位和监理单位进行隐蔽工程记录并签字确认。

3）调试

①地面辐射采暖系统未经调试，严禁运行使用。调试工作由施工单位在工程建设单位配合下进行。

②具备供热条件时，调试应在竣工验收阶段进行；不具备供热条件时，经与工程使用单位协商，可延期进行调试。

③调试时初次送暖应缓慢升温，先将供水温度控制在高于室内空气温度 10 ℃左右，且不应高于 32 ℃，并应连续运行 48 h；以后再每隔 24 h 水温升高 3 ℃，直至达到设计水温。调试过程中应在设计水温条件下连续通暖 24 h，调节每一通路水温，使其达到正常范围。

（7）混凝土填充层浇捣与养护

1）豆石混凝土填充层上部应根据面层的需要铺设找平层。

2）没有防水要求的房间，水泥砂浆填充层可同时作为面层找平层。

3）加热盘管的豆石混凝土填充层厚度不宜小于 50 mm，加热盘管的水泥砂浆填充层厚度不宜小于 40 mm。

4）现浇过程中加热管及钢丝网不允许有翘起现象，以免影响加热管上保护层的厚度。

5）辐射采暖地板面积超过 30m² 或长边超过 6m 时，以及房间门口处，应按要求设置伸缩缝。伸缩缝材料应选用厚度为 20 mm 的模塑聚乙烯泡沫塑料板，高度应从绝热层的上边缘到填充层的上边缘；或预制木板条待填充施工完毕后取出，缝槽内满填弹性膨胀膏或玻璃胶。伸缩缝、侧面绝热层的布置如图 2-95 所示。

6）加热管应尽可能少地穿越伸缩缝，加热管穿越伸缩缝处应设置长度大于 200 mm 的柔性套管，如图 2-96 所示。

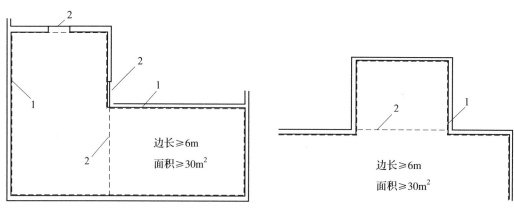

图 2-95　伸缩缝、侧面绝热层的布置

1—侧面绝热层　2—伸缩缝

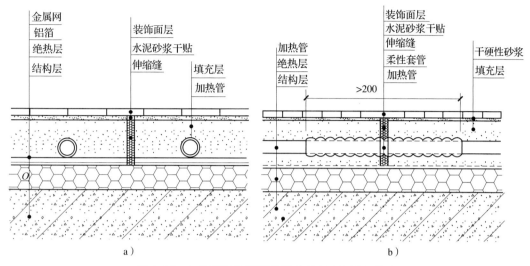

图 2-96 加热管与伸缩缝平行或垂直（穿过）做法

a）加热管与伸缩缝平行做法 b）加热管与伸缩缝垂直做法

7）填充层施工中，加热盘管内应处于保压状态，且水压不应低于 0.6 MPa；填充层养护工程中，系统水压不低于 0.4 MPa。进行豆石混凝土浇捣时，混凝土强度等级以及豆石粒径应符合设计文件要求，可掺入适量防止龟裂的添加剂。

8）水泥砂浆填充层的养护时间不应少于 7 天，或抗压强度达到 5 MPa，方可上人行走。豆石混凝土的养护周期不应少于 21 天。

（8）地面层施工

填充层养护期满后，地面上应设置明显标志，严禁在地面上运载重物，不得进行打洞、钉凿、撞击等作业，不得放置高温物体。地面层及找平层施工时，不得剔凿填充层或向填充层楔入任何物件。

 想一想

发泡水泥是一种什么样的建筑材料？在地暖中起什么作用？

三、预制沟槽保温板热水地面辐射供暖系统

1. 预制沟槽保温板热水地面辐射供暖系统简介

预制沟槽保温板热水地面辐射供暖系统是一种新型的薄型地暖系统。

预制沟槽保温板是以聚苯乙烯类泡沫塑料或其他保温材料在工厂预制成的、带有固定间距和尺寸沟槽的保温板。将加热管敷设在预制沟槽保温板的沟槽中，加热管与保温板沟槽尺寸吻合且上皮持平，上铺均热层，无须设填充层即可铺设面层。

均热层是采用预制沟槽保温板供暖地面时，铺设在加热管之下或之上、或上下均铺设的可使加热部件产生的热量均匀散开的金属板或金属箔。均热层材料的导热系数

一般要大于 237 W/（m·K），常用的是铝箔和铝板。铝箔的厚度一般为 0.1～0.3 mm。金属均热层的材料规格由设计人员根据现行规范确定。

预制沟槽保温板是在工厂预制的聚苯乙烯塑料泡沫或其他保温材料制成的板块，用于现场拼装敷设加热管或加热电缆，带有固定间距和尺寸沟槽。预制沟槽保温板分为不带金属均热层（地砖型）和带金属均热层（木地板型）两种。

EPE 垫层又称为珍珠棉垫层，是以低密度聚乙烯（LDPE）为主要原料挤压生产的高泡沫聚乙烯制品。EPE 垫层是与木地板配套的面层材料，具有防潮、隔热、隔声的作用。

2. 预制沟槽保温板热水地面辐射供暖系统的特点

（1）有利于节能，促进热计量的实施

由于预制沟槽保温板厚度薄，热响应时间快（一般 30 min 即可），通过温控、混水可以有效降低实际耗能，对用户来讲可确保实现间歇供暖，与热计量技术配合，节能效果显著，避免了常规地暖热惰性指标偏大、房间升温慢的缺陷。

（2）加热管安全性能高

由于预制沟槽保温板凹槽尺寸是配合加热管外径在工厂通过专用开槽机加工而成的，加热管直管段、弯曲管段吻合镶嵌固定在凹槽内，对加热管外表面起到了很好的保护作用，最大限度降低了施工期可能造成的管道表面损伤，保证加热管在设计使用年限内安全使用。

预制沟槽保温板自带的弯头管槽使现场大量的手工弯管工序变得简单易行（类似在弯管机弯模中弯曲管子，质量可靠），弯管成形好，从技术层面保证了弯管质量。

（3）施工速度快

预制沟槽保温板是标准模板块，管槽模块间距固定，直管段加热管、弯管铺设不用现场测量间距，管子通过凹槽固定，不用或少用塑料卡钉，施工质量好，方便快捷。木地板地面直接铺装在预制沟槽保温板上，可不设豆石、水泥砂浆回填层，施工配合简便。

（4）使用范围广

预制沟槽保温板较轻薄，总厚度一般不超过 35 mm，可不设填充层，不影响建筑楼板承重，占据室内层高空间少，保温板及木地板面层均为干法施工，适用于新建住宅或供暖改造工程。

3. 预制沟槽保温板热水地面辐射供暖系统地面构造

典型的预制沟槽保温板热水地面辐射供暖系统地面构造分为带金属均热层的木地板型和不带金属均热层的地砖型两种形式。地砖型适用于各类石材、地砖，木地板型又可分为无木龙骨和有木龙骨两种类型。金属均热层材料由设计人员根据现行规范确定选用。

（1）预制沟槽保温板热水地面辐射供暖系统木地板型地面构造

1）与供热房间相邻的预制沟槽保温板热水地面辐射供暖系统木地板地面的构造如图 2-97 所示。

2）与不供暖房间或室外空气相邻的预制沟槽保温板热水地面辐射供暖系统木地板地面的构造如图 2-98 所示。

3）与土壤相邻的预制沟槽保温板热水地面辐射供暖系统木地板地面的构造如图 2-99 所示。

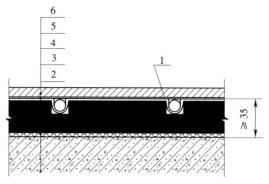

图 2-97 预制沟槽保温板热水地面辐射供暖系统木地板地面的构造（与供热房间相邻）
1—加热管 2—楼板 3—EPE 垫层 4—预制沟槽保温板 5—均热层 6—木地板

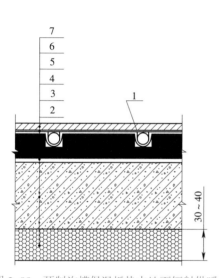

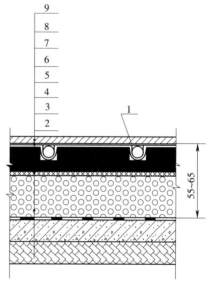

图 2-98 预制沟槽保温板热水地面辐射供暖
系统木地板地面的构造（与不供暖
房间或室外空气相邻）

1—加热管 2—聚苯板 3—楼板
4—EPE 垫层 5—预制沟槽保温板
6—均热层 7—木地板

图 2-99 预制沟槽保温板热水地面辐射
供暖系统木地板地面的构造
（与土壤相邻）

1—加热管 2—夯实土壤 3—与土壤相邻地面
4—防潮层（隔离层） 5—发泡水泥绝热层
6—EPE 垫层 7—预制沟槽保温板
8—均热层 9—木地板

（2）预制沟槽保温板热水地面辐射供暖系统地砖型地面构造

预制沟槽保温板热水地面辐射供暖系统地砖或石材板地面的构造如图 2-100 所示。

4. 预制沟槽保温板热水地面辐射供暖系统安装

（1）预制沟槽保温板、绝热层及均热层的选用与设置

1）预制沟槽保温板、均热层的选用。现场铺设的预制沟槽保温板应根据产品规格尺寸、物理性能、辐射面有效供热量及其反向传热量的测试数据，结合设计文件要求选用。

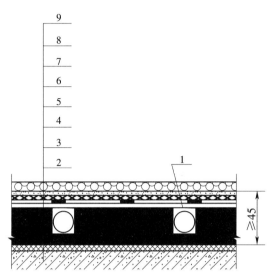

图 2-100　预制沟槽保温板热水地面辐射供暖系统地砖或石材板地面构造（与供暖房间相邻）

1—加热管　2—结构层　3—EPE 层　4—预制沟槽保温板　5—找平层（潮湿房间）
6—隔离层（潮湿房间）　7—金属网　8—找平层和黏结层　9—瓷砖或石材装饰面层

预制沟槽保温板及其均热层的沟槽尺寸与敷设的加热管外径应吻合，均热层的导热系数一般要大于 237 W/（m·K）。

2）绝热层、预制沟槽保温板和均热层的设置。如果下层为供暖房间，可不设置绝热层。其他部位绝热层设置应符合下列要求：

①底层为土壤上部的绝热层宜采用发泡水泥。直接与室外空气接触的楼板以及与不供暖房间相邻的地板，绝热层宜设在楼板下，绝热材料宜采用聚苯板。

②绝热层厚度应符合表 2-10 的规定值。

③预制沟槽保温板总厚度及均热层最小厚度应符合表 2-11 的规定值。

表 2-10　　　　预制沟槽保温板热水地面辐射供暖系统地面的绝热层厚度

绝热层位置	绝热层材料及厚度		
		干体积密度（kg/m³）	厚度（mm）
与土壤接触的底层地板上	发泡水泥	350	35
		400	40
		450	45
与室外空气接触的楼板下	模塑聚苯板		40
与不供暖房间相邻的楼板下	模塑聚苯板		30

注：与供暖房间相邻的地板上或地板下均无须再铺设绝热层。

表 2-11 预制沟槽保温板总厚度及均热层最小厚度

加热部件类型		预制沟槽保温板总厚度（mm）	均热层最小厚度（mm）			
			木地板面层			
			管间距 <200 mm		管间距 ≥ 200 mm	
			单层	双层	单层	双层
加热管外径（mm）	12	20	0.2	0.1	0.4	0.2
	16	25				
	20	30				

注：1. 单层指仅采用带均热层的保温板，加热管上不再铺设均热层时的最小厚度。

2. 双层指采用带均热层的保温板，加热管上再铺设一层均热层时每层的最小厚度。

（2）安装工艺

这里以与供热房间相邻的预制沟槽保温板热水地面辐射供暖系统为例，介绍预制沟槽保温板热水地面辐射供暖系统的安装工艺过程。

安装施工工艺流程为：施工准备→铺设 EPE 层→确定各房间第一张标准模块铺装位置→标准模块铺装→非标准模块（填充板）拼装→加热管敷设→加热管固定→分水器、集水器安装→水压试验与调试→地面层施工。

预制沟槽保温板热水地面辐射供暖系统施工工艺可参考混凝土填充式热水供暖系统施工工艺。施工要点是预制沟槽保温板的拼装以及均热层的设置位置。

1）预制沟槽保温板铺设

①预制沟槽保温板铺装时，可直接将相同规格的标准模块拼接铺设在楼板基层或发泡水泥绝热层上。当标准模块的尺寸不能满足要求时，可用工具刀裁下所需尺寸的保温板对齐铺设。相邻板块上的沟槽应互相对应、紧密依靠。

②带龙骨的预制沟槽保温板铺装时，应在安装木龙骨后铺设标准模块和填充板。

③铺设石材或地砖时，在预制沟槽保温板及加热管上应铺设厚度不小于 30 mm 的水泥砂浆找平层和黏结层。水泥砂浆找平层上应加金属网，网格间距不应大于 100 mm × 100 mm，金属直径不应小于 1.0 mm。

2）加热管敷设

①加热管应现场敷设，施工技术要求同混凝土填充式热水地面辐射供暖系统。

②通过保温板沟槽直接固定加热盘管，弯头等局部位置可采用少量铝箔胶带黏结平整，或用专用管卡固定。

③地板木龙骨型加热管应尽量避免穿越主龙骨，可采用加热管集中在龙骨端部穿越的方式，木龙骨在对应的位置开槽，穿龙骨加热管下铺设均热层。

3）水压试验及成品保护

①预制沟槽保温板热水地面辐射供暖装置户内系统试压应进行两次，分别为面层铺装之前和面层铺完之后。试压标准同混凝土填充式热水地面辐射供暖系统。

②预制沟槽保温板嵌管试压合格后，严禁在模块管道表面直接钻孔、切削、踩踏等。

想一想

绝热层在预制沟槽保温板热水地面辐射供暖系统中起什么作用?

四、地面辐射供暖户内混水系统

地面辐射供暖户内混水系统的热媒温度、温差及压差等参数与热源匹配时，直接通过热源供暖;不匹配时，应根据需要采取设置换热器或混水装置等措施。当外网的热媒温度高于 60 ℃时，应在楼栋的热力入口前或户内设置换热器或混水装置。例如，当要把散热器采暖系统改为地热辐射供暖系统时，就要在户内热力入口处设置换热器或混水装置。

混水装置是将热源的一部分高温供水和低温回水进行混合，获得户内所需供水温度的装置。

1. 直接供暖系统

直接供暖系统如图 2-101 所示。在分水器的总进水管与集水器的总出水管之间宜设置清洗供暖系统时使用的旁通管阀。

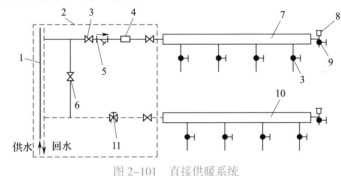

图 2-101　直接供暖系统

1—供暖立管　2—管道井内部件　3—阀门　4—热计量装置　5—过滤器　6—旁通管
7—分水器　8—自动排气阀　9—泄水阀　10—集水器　11—平衡阀

2. 采用换热器的间接供暖系统

采用换热器的间接供暖系统如图 2-102 所示。间接供暖系统通过换热器降温达到户内系统要求。

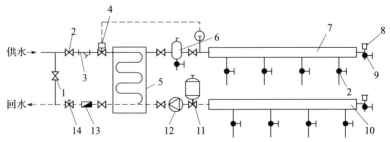

图 2-102　采用换热器的间接供暖系统

1—旁通管　2—阀门　3—过滤器　4—两通温控阀　5—换热器　6—除污器　7—分水器　8—自动排气阀
9—泄水阀　10—集水器　11—定压装置　12—水泵　13—热计量装置　14—平衡阀

3. 采用两通阀的混水系统

采用两通阀的混水系统如图 2-103 所示。当外网为变流量时，旁通管应设置阀门。旁通管管径不应小于连接分水器和集水器的进出口总管管径。

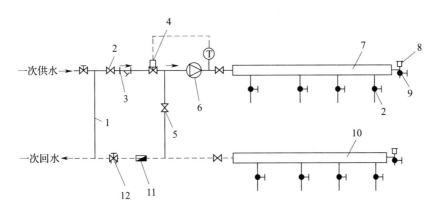

图 2-103 采用两通阀的混水系统（外网为定流量）

1—平衡管（兼旁通管） 2—阀门 3—过滤器 4—两通阀 5—手动调节阀 6—水泵 7—分水器
8—自动排气阀 9—泄水阀 10—集水器 11—热计量装置 12—平衡阀

4. 采用三通阀的混水系统

采用三通阀的混水系统如图 2-104 所示。当外网为变流量时，旁通管应设置阀门。旁通管管径不应小于连接分水器和集水器的进出口总管管径。

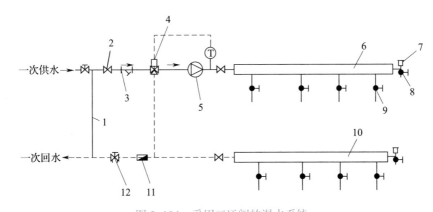

图 2-104 采用三通阀的混水系统

1—平衡管（兼旁通管） 2—阀门 3—过滤器 4—三通阀 5—水泵 6—分水器 7—自动排气阀
8—泄水阀 9—阀门 10—集水器 11—热计量装置 12—平衡阀

五、地面辐射供暖系统质量验收标准

在加热盘管安装完毕后，混凝土填充式热水地面辐射供暖系统的填充层或预制沟槽保温板热水地面辐射供暖系统的面层施工前，应按隐蔽工程要求，由施工单位提出书面报告，由监理工程师组织各有关人员进行中间验收，并且填写表 2-12。

表 2-12　　　　　　　　　　　　　安装工程质量检验表

工程名称				
分部（子分部）工程名称			验收单位	
施工单位			项目经理	
分包单位			分包项目经理	
专业工长（施工员）			施工班组长	
施工执行标准名称及编号			《辐射供暖供冷技术规程》（JGJ 142—2012）	

项目	序号	内容	检验依据	施工单位评定检查记录	监理（建设）单位验收记录
主控项目	1	外径及壁厚	设计文件要求		
	2	加热管理地接头	5.4.5、5.4.6		
	3	加热管水压试验	5.6.2		
	4	加热管弯曲半径	5.4.3		
一般项目	1	分水器、集水器安装	设计文件要求		
	2	加热管安装	5.4.1～5.4.12		
	3	防潮层、隔离层铺设	设计文件要求		
	4	泡沫塑料绝热层、预制沟槽保温板铺设	5.3.2		
	5	发泡水泥绝热层强度	4.2.4		
	6	侧面绝热层、伸缩缝设置	5.3.3、5.4.14		
	7	填充层强度	4.3.1、4.3.2		
施工单位检查评定结果			项目专业质量检查员： 　　　　　　年　月　日		
监理（建设）单位验收结论			监理工程师： （建设单位项目专业技术负责人） 　　　　　　年　月　日		

1. 主控项目

（1）加热管外径及壁厚

加热管外径及壁厚必须符合设计文件要求和国家标准。

（2）加热管埋地接头

地面下敷设的加热管埋地部分严禁有任何管件接头。

（3）加热管水压试验

加热管隐蔽前必须进行水压试验，水压试验应符合以下要求：

1）水压试验之前，应对试验管道和构件采取安全有效的固定和保护措施。

2）试验压力应不小于系统静压加 0.3 MPa，且不得小于 0.6 MPa。

3）冬季进行水压试验时，应采取可靠的防冻措施。

检验方法：稳压 1 h 内压力降不大于 0.05 MPa，且不渗不漏。

（4）加热管弯曲半径

加热管弯曲部分不得出现硬折弯现象，曲率半径应符合下列规定：

1）塑料管不应小于管道外径的 8 倍。

2）复合管不应小于管道外径的 5 倍。

2. 一般项目

（1）分水器、集水器安装

分水器、集水器的型号、规格、公称压力、安装位置、高度等应符合设计文件要求。

（2）加热管

加热盘管间距和长度应符合设计文件要求，间距偏差在 ±10 mm 以内。

（3）绝热层、防潮层、隔离层、填充层及伸缩缝

绝热层、防潮层、隔离层、填充层及伸缩缝应符合设计文件要求。

一般项目施工技术要求及允许偏差见表 2–13、表 2–14。

表 2–13　　　　　　　一般项目施工技术要求及允许偏差（一）

序号	项目		条件	技术要求	允许偏差（mm）
1	绝热层	泡沫塑料类	结合	无缝隙	—
			厚度	按设计文件要求	+10
		发泡水泥	厚度	按设计文件要求	±5
2	预制沟槽保温板	保温板	结合	无缝隙	—
		均热层	厚度	采用木地板时不小于 0.2 mm	—
3	加热管	弯曲半径（R）	塑料管	$11d \geqslant R \geqslant 8d$	−5
			铝塑复合管	$11d \geqslant R \geqslant 5d$	−5
			铜管	$11d \geqslant R \geqslant 5d$	−5
		固定点间距	直管	宜为 0.5 ~ 0.7 m	+10
			弯管	宜为 0.2 ~ 0.3 m	
4	分水器、集水器安装		垂直距离	宜为 200 mm	±10

注：d 为管外径。

表 2-14　　　　　　　　一般项目施工技术要求及允许偏差（二）

序号	项目	条件			技术要求	允许偏差（mm）
1	原始工作面	铺设绝热层或保温板前			平整	—
2	填充层	豆石混凝土	加热管	强度等级，最小厚度	C15，宜为 50 mm	平整度±5
			加热电缆		C15，宜为 40 mm	
		水泥砂浆	加热管	强度等级，最小厚度	M10，宜为 40 mm	+2
			加热电缆		M10，宜为 35 mm	+2
		面积大于 30 m² 或长度大于 6 m			留 8 mm 伸缩缝	+2
		与内外墙、柱等垂直构件			留 10 mm 侧面绝热层	+2
3	面层	与内外墙、柱等垂直构件	瓷砖、石材地面		留 10 mm 伸缩缝	+2
			木地板地面		留 ≥ 14 mm 伸缩缝	+2

3. 质量缺陷及预防措施

（1）通热后渗漏、加热管环路堵塞的预防措施

1）在施工全部过程中不允许踏压已铺设好的加热管环路，回填时必须用人力捣固密实，不得使用振捣器施工。

2）当加热管穿过地面膨胀缝时，一律用膨胀条将分割成若干块的地面隔开，并加装套管。

3）加热管在填充层及地面内隐蔽前必须先用水冲洗，待冲洗合格后再进行水压试验。试验合格后，加热管与分水器、集水器连接时，应设专人看管，防止污物进入塑料环路。

（2）加热管管径与间距不符合要求的预防措施

严把管材质量关，严禁擅自用其他塑料管替换设计选用的加热管。加热管间距及长度应符合设计文件要求，间距偏差不大于 ± 10 mm。

 **思考练习题**

1. 什么是低温热水辐射采暖？通常有哪几种形式？

2. 画出地热采暖地板的结构简图，并标注各层名称。

3. 地热采暖通常采用哪些材料？其各自的基本作用是什么？

4. 地面敷设热水采暖施工的条件是什么？施工前应特别注意什么？

5. 怎样固定加热管？固定加热管时应注意哪些事项？

6. 简述混凝土填充式热水地面辐射供暖系统施工的详细过程。

7. 简述预制沟槽保温板热水地面辐射供暖系统施工的详细过程。

8. 简述混凝土填充式热水地面辐射供暖系统和预制沟槽保温板热水地面辐射供暖系统的区别。

9. 简述保证地面采暖施工质量应采取的措施。

第七节 辐射采暖和热风采暖

一、辐射采暖

1. 辐射采暖的特点

辐射采暖是利用建筑物内部顶面、墙面、地面或其他表面进行采暖的系统。辐射采暖主要靠辐射散热方式向房间供应热量，其辐射散热量占总散热量的50%以上。辐射采暖是一种卫生条件和舒适标准都比较高的采暖形式，与一般散热器的对流采暖相比，它具有以下特点。

（1）辐射采暖时人或物受到辐射照射和环境温度的综合作用，人体感受的实感温度比室内实际环境温度高2~3℃，即在相同舒适感的前提下，辐射采暖的室内空气温度比对流采暖低2~3℃。

（2）辐射采暖时人体具有最佳的舒适感。

（3）辐射采暖时沿房屋高度方向上温度分布均匀，温度梯度小，房间无效损失减小，可减少能源消耗。

（4）辐射采暖不需要在室内布置散热器，占用室内有效空间少，便于布置家具。

（5）辐射采暖减少了对流散热量，室内空气的流动速度降低，避免了室内尘土飞扬，有利于改善卫生条件。

辐射采暖的形式和种类较多，在此以辐射板为例进行介绍。

2. 辐射板的基本构造

辐射板采暖属于中温辐射采暖，它利用钢制辐射板散热加热室内空气、提升室内温度，达到室内采暖的目的。

钢制辐射板的主要部件有加热管、连接管、前面板、背面板和隔热材料层，如图2-105所示。加热管采用焊接钢管，有DN15、DN20、DN25三种规格。前面板和背面板采用热轧薄钢板和冷轧薄钢板，钢板厚度一般为0.5~1.0 mm。隔热材料可因地制宜，采用玻璃棉、矿渣棉等。

根据长度不同，钢制辐射板可分为块状辐射板和带状辐射板两种形式。块状辐射板的长度一般不超过钢板的自然长度，通常为1 000~2 000 mm。带状辐射板的长度一般为3.6 m或5.4 m。

钢制辐射板按其结构不同，分为A型和B型两种形式。A型辐射板加热管外壁周长的1/4嵌入钢板槽内，用U形螺栓固定；B型辐射板加热管外壁周长的1/2嵌入钢板槽内。

钢制辐射板按背面处理方式不同，分为单面辐射板和双面辐射板。

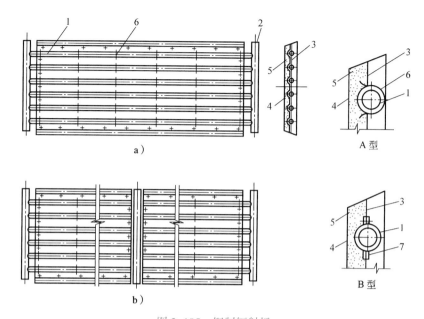

图 2-105　钢制辐射板

a）块状辐射板　b）带状辐射板

1—加热管　2—连接管　3—前面板　4—背面板　5—隔热层　6—U 形螺栓　7—管卡

3. 辐射板的安装

辐射板的安装形式主要有水平安装、倾斜安装和垂直安装三种。

（1）水平安装

辐射板在屋架或梁的下弦水平安装在采暖区域上部，使热量向下辐射。安装时，在梁上预埋构件或钢屋架下部焊上吊环，再用吊绳和螺栓把辐射板水平吊装固定，如图 2-106a 所示。水平安装时，辐射板应有不小于 0.005 的坡度，坡向回水管。

（2）倾斜安装

辐射板倾斜安装在采暖区域上部，使热量倾斜向下方工作区辐射，倾斜角度（与水平面的夹角）分为 30°、45° 和 60° 三种。安装时，在墙上埋设吊架，用吊绳靠墙安装（见图 2-106b）；或在柱上焊接吊环，用吊绳在柱间安装（见图 2-106c）；或在干管上用吊绳安装。

（3）垂直安装

垂直安装的形式有两种，一种是沿建筑物外墙边垂直安装，使之向室内辐射；另一种是安装在建筑物两跨之间向两侧辐射。前者采用背面保温的单面板，后者采用背面不保温的双面板。

辐射板垂直安装时，由于工作区所能利用的热量仅占总辐射热量的一半左右，并随着安装高度的增大而减小，所以宜安装在较低处。辐射板倾斜安装时，随着安装高度的增大，必须使倾斜角度也相应增大；安装高度很大时，应使其接近于水平安装。

辐射板的安装高度有较大的范围，其最低安装高度见表 2-15。

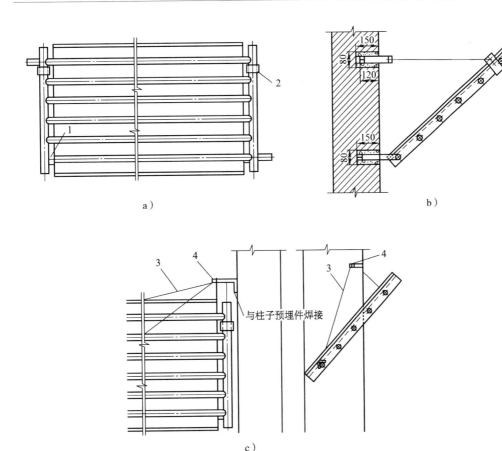

图 2-106　辐射板安装形式

a）辐射板在墙上水平安装　b）辐射板在墙上倾斜安装　c）辐射板在柱间倾斜安装

1—扁钢托架　2—管卡　3—吊绳　4—吊环

表 2-15　　　　　　　　　　　　　　辐射板的最低安装高度

热媒的平均 温度（℃）	水平安装（m）	垂直安装（m）	倾斜（与水平面夹角）安装（m）		
			30°	45°	60°
110	3.2	2.3	2.8	2.7	2.5
130	3.6	2.5	3.1	2.9	2.8
150	4.2	2.8	3.3	3.2	3.0

4. 辐射板与管道的连接

块状辐射板与管道并联，支管与干管连接时应有两个 90° 弯管，用来消除干管热伸缩造成位移的影响，如图 2-107a 所示；带状辐射板与管道串联，管道采用焊接或法兰连接，如图 2-107b 所示。

5. 辐射板安装质量标准

（1）辐射板在安装前应做水压试验，设计文件无要求时，试验压力应为工作压力的 1.5 倍，但不得小于 0.6 MPa。

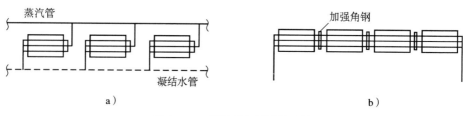

图 2-107 辐射板与管道的连接

a）块状辐射板与管道并联 b）带状辐射板与管道串联

（2）水平安装的辐射板应有不小于 0.005 的坡度，坡向回水管。

（3）辐射板管道及带状辐射板之间应使用法兰连接。

另外，还有低温辐射采暖和高温辐射采暖。低温辐射采暖的主要形式有金属顶棚式，顶棚、地面或墙壁埋管式，空气加热地面式，电热顶棚式和电热墙式等。其中，顶棚、地面或墙壁埋管式在近几年得到了广泛的应用，比较适合民用建筑与公共建筑中安装散热器会影响建筑物协调和美观的场合。

高温辐射采暖按能源类型不同，可分为电红外线辐射采暖和燃气红外线辐射采暖。电红外线辐射采暖设备应用较多的是石英管或石英灯红外线辐射器。石英管红外线辐射器的辐射温度可达 990 ℃，其中辐射热占总散热量的 78%。

燃气红外线辐射采暖利用可燃气体或液体通过特殊的燃烧装置进行无焰燃烧，形成 800～900 ℃的高温，向外界发射出波长为 2.4～2.7 μm 的红外线，在采暖空间或工作地点产生良好的热效应。燃气红外线辐射采暖适用于燃气丰富而廉价的地方，具有结构简单、辐射强度高、外形尺寸小、操作简单等优点，但应随时注意防火、防爆和通风换气。

想一想

举例说明生活中见到的辐射热传导的实例。

二、热风采暖

热风采暖是以空气作为带热体的，采暖设备主要是暖风机，由空气加热器、通风机和电动机组成。空气加热器中通入热水或蒸汽，通风机在电动机带动下运转，室内部分空气通过加热器加热，温度升高到 30～50 ℃，暖风机以 6～12 m/s 的速度吹出，与室内空气混合，达到整个房间采暖的目的。

热风采暖属于比较经济的采暖方式，它具有热惰性小、升温快、室内温度分布均匀、设备简单和投资较省等优点，适用于耗热量大的高大厂房、大空间的公共建筑、间接采暖的房间等。

1. 暖风机的类型与性能

暖风机依据其通风机类型不同，分为轴流式暖风机和离心式暖风机两种，通常使用的热媒有热水、高温水和蒸汽。暖风机一般由通风机、电动机、换热器（空气加热器）、百叶窗（导流叶片）和支架等组成。

小型暖风机通常采用轴流式暖风机，其类型很多，结构如图 2-108 所示。轴流式暖风机结构简单、体积较小、气流射程短、风速低、送风量较小，每台暖风机的散热量一般为 100 kW 以内。

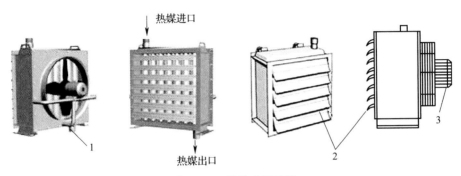

图 2-108　轴流式暖风机
1—支架　2—百叶窗　3—电动机

大型暖风机通常采用离心式暖风机，其气流射程长、风速高、送风量大、散热量大，每台散热量一般在 200 kW 以上，通常在地上安装，用地脚螺栓固定，又称为落地式暖风机，如图 2-109 所示。

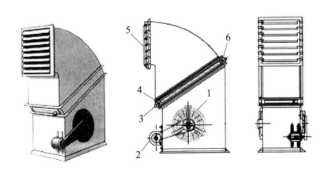

图 2-109　离心式暖风机
1—离心式风机　2—电动机　3—热媒出口　4—加热器　5—导叶片　6—热媒进口

2. 暖风机的选择与布置

选择暖风机时，应根据采暖房间热负荷的大小及使用要求，按照暖风机的产品样本或设计手册，选择与设计条件适应的暖风机种类、型号并确定数量。

暖风机的布置原则是力求使房间内的空气温度分布均匀，布置时应根据房间几何形状、工艺设备布置情况、暖风机气流作用范围及便于安装管道等因素综合考虑。常见的布置方案有三种。

（1）暖风机在内墙一侧布置，射出的热风吹向外墙和外窗。

（2）暖风机在纵向中轴线上布置，射出的热风交叉吹向前后外墙和外窗。

（3）暖风机环形布置，射出的热风吹向房间四周。

3. 暖风机的安装

（1）轴流式暖风机一般悬挂或用支架安装在墙上或柱子上，离心式暖风机一般落地安装。

（2）小型暖风机底部距地面的高度要求：当出口风速小于或等于 5 m/s 时，取 3~3.5 m；当出口风速大于 5 m/s 时，取 4~5.5 m。大型暖风机底部距地面的高度要求：当建筑物下弦高度小于或等于 8 m 时，宜取 3~6 m；当建筑物下弦高度大于 8 m 时，宜取 5~7 m；其吸风口底部距地面的高度 h 应符合 0.3 m<h<1 m。

（3）暖风机组安装必须牢固可靠，所有机型支架应有足够的承载力及防振措施。

（4）暖风机组安装应保持水平，不得倾斜。

（5）具有供热和供冷功能的暖风机和冷风机，应保证冷凝水顺利排出。

（6）在轻质墙体上安装暖风机时，必须把托架、吊架设在构造柱或龙骨上，并参照国家标准图集中相关安装方式施工，同时，墙体的强度和稳定性需由结构专业人员验算。

（7）每台暖风机都要以支管与供热干管及回水干管相连接，图 2-110 所示为热水型暖风机配管及附件示意图，图 2-111 所示为蒸汽型暖风机配管及附件示意图。热水型暖风机的进水管一般在下部，上部出水，支管坡度 $i \geqslant 0.01$，坡向有利于排气和泄水。

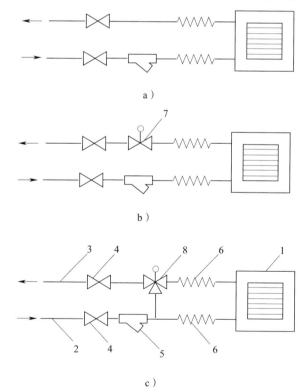

图 2-110　热水型暖风机配管及附件示意图

a）不带电动调节阀　b）带电动两通调节阀　c）带电动三通调节阀

1—热水型暖风机　2—热水供水管　3—热水回水管　4—截止阀　5—过滤器

6—金属软管　7—电动两通调节阀　8—电动三通调节阀

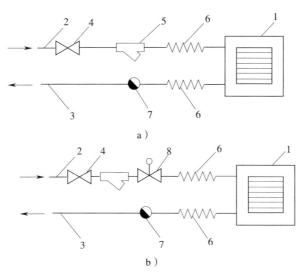

图 2-111　蒸汽型暖风机配管及附件示意图

a）不带电动调节阀　b）带电动两通调节阀

1—蒸汽型暖风机　2—蒸汽管　3—凝结水管　4—截止阀　5—过滤器　6—金属软管

7—疏水装置（包括检查管、冲洗管等）　8—电动两通调节阀

 想一想

图 2-111 所示蒸汽型暖风机的蒸汽管为什么采用从上部进入的配管方式？

 思考练习题

1. 什么是辐射采暖？它有何特点？
2. 金属辐射板的基本构造是什么？有哪几种类型？
3. 辐射板安装有哪几种形式？各有何安装要点？
4. 什么是热风采暖？暖风机由哪些部件组成？
5. 简述暖风机配管安装的要点。

第八节　室内蒸汽采暖系统安装

　　蒸汽采暖系统的热媒是蒸汽锅炉生产的饱和蒸汽，根据蒸汽压力的高低不同，分为低压蒸汽采暖系统和高压蒸汽采暖系统。低压蒸汽采暖系统使用的蒸汽表压力小于或等于 70 kPa，温度为 100～114 ℃，一般常用 10～20 kPa、100～105 ℃；高压蒸汽采暖系统使用的蒸汽表压力大于 70 kPa，温度为 130～150 ℃，一般常用 200～400 kPa。

蒸汽采暖系统目前很少采用，只在少数情况下采用低压蒸汽采暖系统。室内低压蒸汽采暖系统与室内热水采暖系统的安装有很多相似之处，本节仅对室内低压蒸汽采暖系统进行讲述。

一、低压蒸汽采暖系统概述

1. 蒸汽采暖系统的工作原理

蒸汽采暖系统的工作原理如图 2-112 所示。蒸汽锅炉产生的蒸汽沿管道流入散热器内，在散热器中凝结并放出汽化潜热，凝结水沿管道回流到系统凝结水箱，然后经给水泵加压送入锅炉内再加热。散热器上安装排气阀排放散热器内的空气。散热器出口安装疏水器是为了阻止蒸汽通过，只允许凝结水通过。

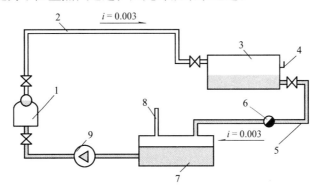

图 2-112　蒸汽采暖系统的工作原理
1—蒸汽锅炉　2—供汽管道　3—散热器　4—排气阀　5—凝结水管道
6—疏水器　7—凝结水箱　8—空气管　9—给水泵

2. 蒸汽采暖系统的特点

（1）蒸汽采暖系统的优点

1）蒸汽采暖系统比热水采暖系统节省管材，节省散热设备面积，初期投资小。

2）供汽时热得快，停汽时冷得快。

3）静水压力比热水采暖系统小得多。

4）电力消耗比热水采暖系统少。

（2）蒸汽采暖系统的缺点

1）卫生条件和舒适感差，空气干燥，易扬尘和烫伤人。

2）热损失大，浪费能源。

3）管道工作条件较差，系统使用年限较短。

4）有水击现象，会造成噪声污染，严重时会破坏系统和设备。

3. 低压蒸汽采暖系统的基本形式

（1）双管上供下回式系统

与热水采暖相似，双管上供下回式系统由蒸汽锅炉、分汽缸、供汽管路、散热器、疏水器、凝结水管路、水箱、水泵、补给水处理设备等组成，如图 2-113 所示。

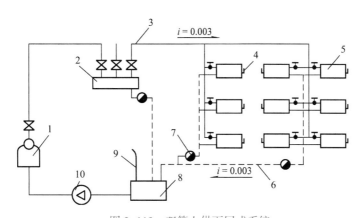

图 2-113 双管上供下回式系统

1—蒸汽锅炉 2—分汽缸 3—供汽管 4—排气阀 5—散热器
6—凝结水管 7—疏水器 8—凝结水箱 9—空气管 10—给水泵

双管上供下回式系统的运行过程是：从蒸汽锅炉出来的蒸汽由主蒸汽管进入分汽缸，由分汽缸分配到各个分支管路，依靠蒸汽本身具有的压力，通过室外管道送到各建筑物的系统入口处，不需要减压时直接送到散热设备，需要减压时，通过减压装置减压后送到散热设备。蒸汽放热后的凝结水通过疏水器进入回水管，依靠重力或者余压进入蒸汽锅炉，或进入凝结水箱由给水泵加压进入蒸汽锅炉。如果回收的凝结水量小，应有补给水系统，把经软化处理的水连同凝结水一起注入给水箱，由给水泵送进蒸汽锅炉，重新被加热成为蒸汽。

如图 2-113 所示，系统中凝结水箱至散热器间的凝结水管不仅用于排出凝结水，也用于流通空气。这个管道断面下部流通凝结水，上部流通空气，管内空气通过凝结水箱上的空气管与大气相通，当系统停止送汽时空气由此进入系统。这样做的目的是防止系统在停止运行后内部产生真空。如果系统真的形成真空，就可能从系统不严密处吸入大量空气，增大了管道连接点的缝隙，不利于系统运行。这种管道也称为通气式凝结水管或干式凝结水管。

与热水采暖不同，供热干管沿蒸汽流向做向下降的坡度（习惯上称为"低头走"），这样做有利于干管中沿途凝结水的排出，因此，干管末端和最后一根支立管的管径要加大，一般不小于 DN25。

（2）双管下供下回式系统

双管下供下回式系统的供汽干管和凝结水干管敷设在地下室或特设的地沟内，如图 2-114 所示。运行时，凝结水与蒸汽逆向流动易产生水击现象。

（3）双管中供式系统

双管中供式系统比双管上供下回式系统立管短，节省管材，供汽干管敷设在次顶层，蒸汽立管从干管接出向上和向下供汽，如图 2-115 所示。

此外，还有单管上供下回式系统和单管下供下回式系统。单管上供下回式系统的供汽干管敷设在系统的上部，立管既输送蒸汽又排出凝结水，汽、水一起向下流动，不易发生水击现象。单管下供下回式系统汽、水逆向流动，运行时噪声大。

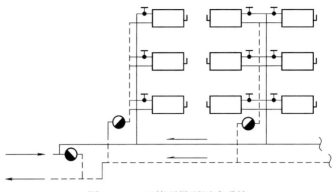

图 2-114　双管下供下回式系统

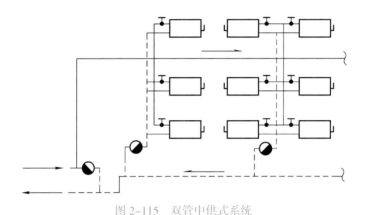

图 2-115　双管中供式系统

![想一想]

想一想

  1. 蒸汽采暖系统是怎样工作的？为什么现在住宅楼的采暖系统采用热水采暖系统，而不采用蒸汽采暖系统？

  2. 观察图 2-113 至图 2-115，为什么图中的蒸汽采暖系统都是双管布置？这与热水采暖系统形式相同吗？

二、散热器和附属设备安装

1. 散热器安装

  蒸汽采暖不同于热水采暖，通气前散热器内充满空气，水蒸气进入后，部分蒸汽冷凝成水，于是散热器内存在蒸汽、凝结水和空气三种物质。凝结水最终流到底部，低压蒸汽密度比空气小，处在上部，空气占据中下部，如图 2-116 所示。

  在蒸汽采暖系统中，要想使散热器正常、持续地散热，必须及时排出其中的凝结水和空气。因此，散热器出口要装疏水器，其作用是阻气、排水。排出空气一方面靠装在散热器下部 1/3 高度处的自动排气阀，同时还利用蒸汽的压力把空气同凝结

水一起通过疏水器压入凝结水管道排走。高
压蒸汽采暖散热器不装排气阀，其中的空气
就是在蒸汽压力的作用下跟凝结水一起排
走的。

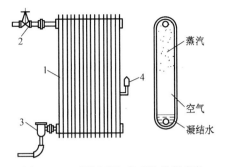

图 2-116 低压蒸汽采暖散热器安装
1—散热器 2—阀门 3—疏水器 4—自动排气阀

2. 疏水器安装

疏水器是蒸汽采暖系统特有的自动阻汽、
疏水设备，在系统中能迅速有效地排出蒸汽
设备和管道中的凝结水，阻止蒸汽漏损和排
出空气，对防止凝结水腐蚀设备、水击、振
动、结冻胀裂管道，以及保证蒸汽系统安全
正常运行具有重要的作用。

在蒸汽采暖系统中，疏水器的安装位置有两种：一种是安装在每组散热器出口支
管上，习惯上称为回水盒；另一种是安装在每支立管末端，优点是少装疏水器，节省
投资，减少维修工作量。总立管下部应设疏水器。

 想一想

1. 蒸汽采暖系统中为什么要装疏水器？
2. 蒸汽采暖系统中的散热器排气阀和热水采暖系统中的散热器排气阀的安
装位置有什么不同？为什么？

三、蒸汽采暖系统管道安装

蒸汽采暖系统管道和热水采暖系统管道有很多相同点，在此仅介绍低压蒸汽采暖
系统管道安装的要点和技术要求。

1. 入口装置的安装

低压蒸汽采暖系统入口装置包括蒸汽入口总管上安装的总阀（截止阀）、压力表、
安全阀、减压装置、疏水器和泄水阀等。其作用是控制系统热媒的流通或关断，检测
热媒参数，如图 2-117 所示，安装时应注意蒸汽总管、凝结水总管的安装坡度和坡
向，以及疏水器和泄水阀的位置。疏水器预先组装好，整体与蒸汽总管及凝结水管上
焊接的螺纹短管连接。

2. 蒸汽干管、立管的安装

蒸汽干管应"低头走"，当管道标高不能再低时，可在中途抬头，然后继续"低
头走"。中途抬头处应设置中途疏水器，管道末端应设置末端疏水器。当蒸汽、水同向
流动时，其坡度不小于 0.002，一般采用 0.003；当蒸汽、水逆向流动时，其坡度应不
小于 0.005；凝结水管道应"低头走"，其坡度不小于 0.002，一般采用 0.003。蒸汽干
管变径时应采用平底的偏心异径管连接（见图 2-118），以利于排出凝结水，避免发
生水击现象。

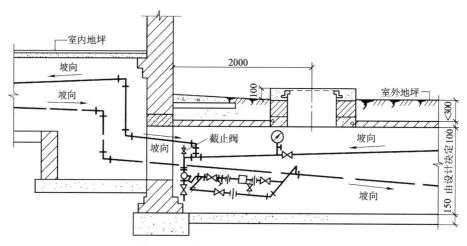

图 2-117　低压蒸汽采暖系统入口装置

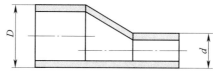

图 2-118　蒸汽管道变径做法

　　在下分式系统中，立管不应与水平蒸汽主管的顶部相连，而应从蒸汽主管的两侧接出，以免立管中的凝结水下落时阻塞蒸汽主管中的气流。

　　在上分式系统中，立管不应与水平蒸汽主管的底部直接相连，而应从蒸汽主管的顶部接出后再转弯返下，以免蒸汽主管中的凝结水流入立管并进入散热器中，影响散热。

3. 蒸汽采暖支管的安装

　　支管与散热器的连接有同侧连接和双侧连接两种。在供汽支管上应安装截止阀，在凝结水支管上应安装疏水器，并应考虑支管的安装坡度，取值为 0.01。

4. 凝结水管道的安装

　　蒸汽系统凝结水干管从门下小地沟通过时，应同时设空气绕行管或放空气管。蒸汽管道回水管的过门如图 2-119 所示，从门上绕行的管道上装 15 mm 的放空气管，并设阀门。阀门一般安装在距地面 1.5 m 处，应便于操作。门下小地沟的管子末端装泄水阀或丝堵，便于在系统停用时将水放掉。当凝结水管道安装需要变径时应采用同心异径管连接。

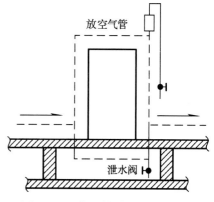

图 2-119　蒸汽管道回水管的过门

想一想

1. 蒸汽干管的坡向是怎样规定的？为什么？横干管变径有什么技术要求？
2. 蒸汽采暖系统中疏水器的安装位置有什么规定？

1. 什么是蒸汽采暖系统？怎样分类？
2. 蒸汽采暖系统的优缺点是什么？
3. 低压蒸汽采暖系统有哪些基本形式？各有何特点？
4. 画出单管上供下回式系统和单管下供下回式系统。
5. 蒸汽采暖系统和热水采暖系统的散热器安装方式有何不同？
6. 疏水器在蒸汽采暖系统中有哪几种安装方式？
7. 简述在散热器支管上安装疏水器的具体操作过程。
8. 简述低压蒸汽采暖系统入口装置安装的具体操作过程。
9. 蒸汽管道回水管过门是怎样安装的？
10. 简述蒸汽采暖系统安装的全部工序。

第九节 热力站和室外热网安装

一、热力站

为了节能和减轻污染，城市的供热已由分散的单用户供暖向区域锅炉房供暖和热电厂供暖发展，即由一个或几个热源通过热网向一个区域乃至一个城市供暖，热力站成为热量分配、传输、调节和计量的枢纽。热力站多设于独立的建筑物内，应用越来越广泛。通过热力站易于实现计量、检测的现代化，可以提高供暖管理水平和供暖质量，节约能源。

1. 热力站的分类

按照一次热媒种类的不同，热力站可分为热水热力站和蒸汽热力站两种。热力站既可供热，又可向用户供热水。

（1）热水热力站

热水热力站内设有水－水热交换器，将高温水转换成用户所需一定温度的热水。目前，热水热力站是城市居住小区采用最多的一种换热形式。

（2）蒸汽热力站

蒸汽热力站可将一定压力的蒸汽经汽－水换热器转换成一定温度的热水，用于建筑供暖、通风及热水供应，并能直接向厂区供应蒸汽，以满足生产工艺用汽需求。

热力站一般集中设在单独的建筑内，供热网路通过其向一个街区或多幢建筑分配热能。一般将从集中热力站向各用户输送热能的管网称为二级供热管网或二次供热网路。

2. 热交换器及热力站的构成

（1）热交换器

热交换器是热力站的核心设备，常用的类型有板式热交换器、半即热式热交换器、管壳式热交换器、容积式热交换器和即热容积式热交换器。这里主要介绍板式热交换器。

板式热交换器由多片冲压成一定规则形状的波纹沟槽金属薄板（一般采用不锈钢板）组成，每两片板相邻边缘采用丁腈橡胶等作为密封片，形成介质流槽的通道，如图2-120所示。板上开有流体的进出口，使两种介质在各自的流槽内流动并进行热交换。因通道波纹形状复杂，介质虽是低速流入，但在流槽内也会形成湍流，提高了热交换率。同时，沟槽多既增加了换热面积，也形成许多支撑点，足以承受介质间的压力差。板式热交换器是一种快速、高效的换热设备。

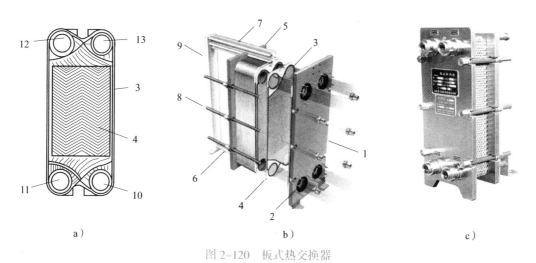

图2-120　板式热交换器

a）不锈钢波纹板单片　b）板式热交换器组成　c）板式热交换器实物

1—固定夹紧板　2—管接口　3—密封垫片　4—单板片　5—活动夹紧板　6—下导杆　7—上导杆
8—夹紧螺栓　9—支柱　10—冷水进口　11—热媒出口　12—热媒进口　13—热水进口

（2）热力站的构成

热力站主要由循环水泵、水箱、分水器、集水器、水－水热交换器、管道、压力表、温度计、除污器、调压板或调节阀、泄水阀和循环管等构成。

集中热力站供热示意图如图2-121所示。在图2-121a中，从集中热力站通往各建筑的二次管路有低温水供暖系统和热水供应系统，热力站内设混水泵抽吸管网的回水与外网的高温水混合后向用户供暖。给水通过磁水器（防止水受热后结垢），经水－水热交换器加热后沿热水供应管道将热水送到各用户。热水供应系统中设置循环水泵及循环管道，使热水不断循环流动，满足用户使用热水的需要。在图2-121b中，集中热力站一次供水通过水－水热交换器换热后送往各建筑的二次供水管网。

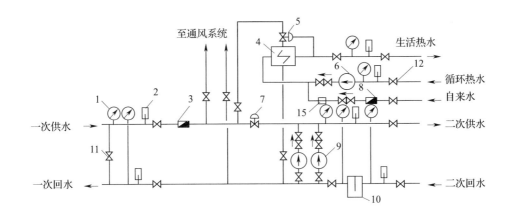

图 2-121 集中热力站供暖示意图

a）直接供暖系统 b）间接供暖系统

1—压力表 2—温度计 3—热网流量计 4—水－水热交换器 5—温度调节器 6—循环水泵
7—手动调节阀 8—给水流量计 9—供热混合水泵 10—除污器 11—旁通管
12—热水供应循环管 13—补给水泵 14—补水调节阀 15—磁水器

 想一想

1. 你所在的学校或所居住的小区是采用燃煤锅炉供暖还是市政集中供暖？你所在的学校有热力站吗？

2. 讨论板式热交换器的工作原理。

二、室外热力管网安装

供热管网是指连接热源和热用户的管网，也可称为供热管道或热力管道，其管内介质通常是热水或蒸汽。

1. 室外供热管道的敷设形式

室外供热管道的敷设可分为地上敷设和地下敷设两大类。地上敷设是将管道敷设在地面上一些独立的或桁架式的支架上，又称架空敷设。地下敷设分为地沟敷设和直埋敷设。地沟敷设是将管道敷设在地下管沟内，直埋敷设是将管道直接埋设在土壤里。

（1）地上敷设

地上敷设多用于城市边缘无居住建筑的地区和工业厂区。地上敷设按支撑结构的高度不同，分为低支架敷设、中支架敷设和高支架敷设。架空（支架）敷设的供热管道如图 2-122 所示。

图 2-122　架空（支架）敷设的供热管道

1）低支架敷设。低支架敷设的管道保温结构底部距地面的净高不小于 0.3 m，以防雨、雪的侵蚀。低支架一般采用混凝土浇筑。这种敷设方式建设投资较少，维护管理容易，但适用范围较小，在不妨碍交通、街区扩建的地段可采用。低支架敷设大多沿工厂围墙或平行于公路、铁路布置。

2）中支架敷设。中支架敷设的管道保温结构底部距地面净高为 2.5 ~ 4.0 m，可在人行频繁、需要通行车辆的地方采用。中支架一般采用钢筋混凝土浇筑或钢支架。

3）高支架敷设。高支架敷设的管道保温结构底部距地面的净高为 4.5 ~ 6.0 m，在管道跨越公路或铁路时采用。高支架通常采用钢结构或钢筋混凝土结构。

地上敷设的管道不受地下水的侵蚀，使用寿命长，质量易于保证，所需的放水、排气设备少，可充分使用工作可靠、结构简单的方形补偿器，且土方量小，维护管理方便；但其占地面积大，不够美观。

地上敷设适用于地下水位高、年降雨量大、地下土质为湿陷性黄土或腐蚀性土质、沿管线地下设施密度大以及地下敷设时土方量太大的地区。

（2）地沟敷设

为保证管道不受外力的作用和水的侵蚀，保护管道的保温结构，并使管道能自由伸缩，可将管道敷设在专用的地沟内，管道的地沟地板采用素混凝土或钢筋混凝土结构，沟壁采用砖砌结构，地沟盖板为钢筋混凝土结构。供热管道的地沟按用途和结构尺寸不同，分为通行地沟、半通行地沟和不通行地沟。通行地沟内敷设的管道如图 2-123 所示。

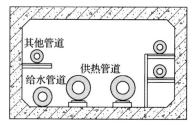

图 2-123　通行地沟内敷设的管道

1）通行地沟。通行地沟的净高为 1.8～2.0 m，人行通道净宽不小于 0.6 m。地沟两侧可安装管道，地沟断面尺寸应保证管道和设备检修及换管的需要。通行地沟沿管线每隔 100 m 应设一个人孔。整体浇筑的钢筋混凝土通行地沟每隔 200 m 应设一个人孔，其长度应保证 6 m 长的管子进入地沟，宽度为最大管子的外径加 0.4 m，且不得小于 1 m。

通行地沟应设有自然通风或机械通风设施，以保证检修时地沟内温度不超过 40 ℃。供热系统运行时地沟内温度不宜超过 50 ℃，管道应有良好的保温措施。地沟内应有照明设施。

通行地沟内的工作人员可以自由通行，并能保证检修、更换管道和设备等作业。其土方工作量大、建设投资高，仅在特殊或必要场合采用，可用在任何时候都不允许挖开地面的管段。

2）半通行地沟。半通行地沟净高不小于 1.4 m，人行通道净宽为 0.5～0.7 m，每隔 60 m 应设一个检修出入口。在半通行地沟内，工作人员可弯腰行走，能进行一般的管道维修工作。

3）不通行地沟。不通行地沟最小高度为 0.45 m，管道只能单层布置，以便于检修。工作人员不能在沟内通行，其断面尺寸应满足管道施工安装要求。

不通行地沟造价较低，占地较小，是城镇供热管道经常采用的地沟敷设方式，但管道检修时必须掘开地面。当供热管道地沟内积水时，极易破坏保温结构，增大散热损失，腐蚀管道，缩短管道使用寿命。管道地沟底部应敷设在最高地下水位以上，地沟内壁表面应用防水砂浆抹面，地沟盖板之间、盖板与沟壁之间应用水泥砂浆或沥青封缝。地沟要有纵向坡度，以便使沟内的水流入检查室内的积水坑里，坡度和坡向通常与管道的坡度和坡向相同，坡度不小于 0.002。

（3）直埋敷设

直埋敷设是将管道直接埋设在土壤中，管道保温结构外表面与土壤直接接触的敷设方式。这种敷设方式可以节省大量建材和减少施工土方量，但管道防水较难处理，管道修理不方便，管道热膨胀受到限制。直埋敷设一般用于土壤无腐蚀性、地下水位低、土壤不下沉、渗水性良好、不受腐蚀性液体侵入的地区。直埋管道敷设如图 2-124 所示。

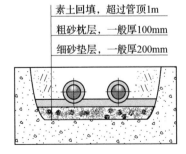

图 2-124　直埋管道敷设

1）直埋管道的管材。直埋供热管道由于和土壤直接接触，因此应具有良好的保温性能和防腐蚀性能。直埋供热管道通常采用整体式预制保温管和耐高温复合保温管，其基本构造是供热管、保温层和保护外壳三者紧密黏结在一起，形成整体式的预制保温结构形式。整体式预制保温管的构造如图 2-125 所示。

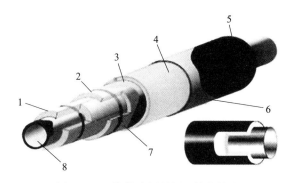

图 2-125　整体式预制保温管的构造
1—减阻层　2—硅酸钙保温材料　3—铝箔反射层　4—保温层
5—外防腐层　6—保护管　7—打包带　8—钢管

减阻层一般采用耐高温纤维毡，目的是增加保温层与钢管的黏结力。

保温层一般采用聚氨酯泡沫塑料。聚氨酯泡沫塑料的导热系数在所有的保温材料中几乎是最低的，因此能使管道的热损失降低到最低限度。而且，聚氨酯泡沫塑料的闭孔率可达到 92% 以上，能有效地防止水、湿气以及其他各种腐蚀性液体、气体的浸透，防止微生物的滋生和发展。

保护管一般采用高密度聚乙烯外套管。

外防腐层一般采用沥青玻璃布。

整体式预制保温管通常在工厂生产，也有部分在现场制造。整体式预制保温管两端应留有约 200 mm 长的裸露钢管，以便在现场管线的沟槽内焊接，最后将接口处做保温处理。

2）直埋管道的管件。直埋管道的管件同其直管一样，通常为成品管件，如图 2-126所示。

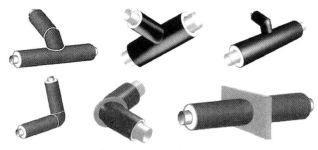

图 2-126　直埋管道的管件

3）直埋管道的特点

①不需要砌筑地沟，土方量及土建工程量减少，管道预制、现场安装工作量减少，施工进度快，可节省供热管网的投资费用。

②占地小，易于与其他地下管道设施相协调。

③整体式预制保温管严密性好，水难以从保温材料与钢管之间渗入，管道不易腐蚀。

④预制保温管受土壤摩擦力的约束，实现了无补偿直埋敷设方式，简化了系统，节省了投资。

⑤保温材料（聚氨酯泡沫）导热系数小，供热管道的散热损失小于地沟敷设。

⑥整体式预制保温管结构简单，采用工厂预制，易于保证工程质量。

（4）供热管道的疏水、放水和排气装置

1）蒸汽管道的疏水装置。蒸汽管道在运行中不断产生凝结水，凝结水要通过永久性疏水装置排出。疏水器一般根据排水量和工作压差进行选择。疏水器出口管有向上立管时，应该在疏水器后面设止回阀。永久性疏水装置应设在系统最低点、阀门前、流量孔板前侧和蒸汽管道垂直升高之前的水平管段上，直管段每隔 50 m 设永久性疏水装置。管道系统应设坡度：汽、水同向流动时，管道坡度为 0.003，不得小于 0.002；汽、水逆向流动时，管道坡度不得小于 0.005。

2）热水管道的放水和排气装置。热水管道的敷设应有不小于 0.002 的坡度，在坡度最低处设排水装置。为了排出系统内的空气，在管道的最高点设排气装置。放水阀和排气阀直径一般为 15～25 mm。热水管道每隔 1 000 m 左右应设分段控制阀；对于没有分支的主干管，分段控制阀距离可增大到 2 000～2 500 m。两个分段控制阀之间管路最低点需设放水装置，以便检修时排尽管内的水。

2. 室外供热管道的安装

（1）地沟敷设和架空敷设管道的安装

地沟敷设和架空敷设管道的室外供热管道安装施工工艺流程为：管沟砌筑→材料检查→管道预制→除锈刷漆→支架安装→管道就位→管道连接→试压冲洗→管道保温。

1）管沟砌筑

①按照施工图样，组织人员开挖和砌筑管道沟，地沟尺寸应按地沟内管道的数量确定。地沟内管道的安装净距（保温层外表面）应符合下列规定：与沟壁距离为 100～150 mm，与沟底距离为 100～200 mm，与沟顶距离为 50～100 mm（不通行地沟）或 200～300 mm（半通行或通行地沟）。

②砌筑地沟过程中，施工人员应进行地沟内铁件的预埋。地沟内固定支架的预埋铁件位置和构造必须严格按照施工图样的要求，位置应准确，结构应牢固。架空管道要预埋地脚螺栓、铁件或预留地脚螺栓孔洞，预埋地脚螺栓时，要注意找直。可在螺栓螺纹部位刷上机油，再用纸袋或塑料布包扎好，防止损坏螺纹。预埋铁件应按施工图或标准图制作，用水平仪找正、找准。

2）材料检查

①室外供热管网的管材应按设计文件要求选择。当设计文件未注明时，应符合下列规定：管径小于或等于 40 mm 时，应使用焊接钢管；管径为 50～200 mm 时，应使用焊接钢管或无缝钢管；管径大于 200 mm 时，应使用螺纹焊接钢管。

②供安装的材料应符合设计文件要求，管材应有质量证明书，且表面不允许有重皮、铁锈、麻点和裂纹。

③安装前应对阀门进行严密性试验，试验压力一般为工作压力的 1.5 倍。检查阀

芯、阀座及填料接合面的密封性，其质量应符合设计文件要求。

3）管道预制

①支架、吊架预制。按设计图或标准图绘制支架、吊架的加工草图，在型钢上划线并放样。为了节省钢材，划线时应注意材料的合理利用。下料时，应尽量使用机械切割方法。若使用气割，切口上不允许有裂纹、夹层和大于 1.0 mm 的缺陷，并应及时用锉刀清除材料边缘的熔瘤和飞溅物等。支架、吊架上螺栓孔应使用电钻进行加工，不允许使用气割。与支架、吊架配套使用的 U 形管卡应按规格堆放、保管。支架、吊架焊制后要进行检查，并使用火焰加热矫正、纠偏。

②管件预制。仔细阅读施工图样，使用弯管机煨制工程需要的弯管或方形伸缩器，按照三通主管和支管的规格大小在硬纸板（或牛毛毡）上放样，样板待用。

4）除锈刷漆。采用钢丝刷等工具对管道除锈，除锈后应立即刷漆（如刷防锈漆），刷漆时管端应留有 100~200 mm 的焊口位置，油漆干后才可以使用。若管道除锈工作可以集中进行或条件允许，可以考虑使用机械方法除锈。

5）支架安装。供热系统管道支架一般根据不同的用途，分为固定支架、活动支架、导向支架和吊架。支架的选型及安装应执行国家标准图集的有关规定。

①地沟内管道支架安装。首先在地沟内壁上顶上钎子或木楔拉紧坡线，找好坡度差；根据支架间距值，定出支架位置，并在壁上做记号（打眼或预留洞）。用水浇湿支架洞，灌入 1:2 水泥砂浆，把预制好的型钢支架栽进洞内，用小石头填紧；若为 Γ 形支架，一端栽好后，另一端则焊接在预埋铁件上。支座焊接前，应按设计文件要求的标高、坡度、转角进行找正、找准，发现错误时应采取措施，直到符合设计文件要求才可以焊接支座，如图 2-127 所示。

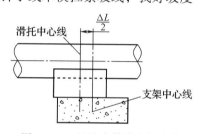

图 2-127　地沟内管道支架安装

②架空管道支架安装。架空敷设的供热管道安装高度，设计文件无要求时，应符合下列规定（以保温层外表面计算）：人行地区不小于 2.5 m，通行车辆地区不小于4.5 m，跨越铁路时距轨顶不小于 6 m。支架基础达到强度要求后，采用滑轮等方法将支架在基础上就位，用事先准备好的楔铁将支架找正、找直，必要时可借助水平仪等仪器进行支架就位工作。支架采用地脚螺栓连接时，要从四个方向对称、均匀地拧紧螺栓；采用预埋铁件焊接固定时，要焊透、焊牢，不允许有夹渣、咬边、气孔等缺陷，严格保证焊接质量。

6）管道就位

①管道就位时的支架位置和强度必须符合设计文件要求。

②根据管道规格、大小不同，采用合适的下管或吊管方法。

③管道起重吊装的方法有撬重、滑动、滚动、卷拉、顶重和调重等。对较轻的管道可以采用人工抬运的方法，抬运时要注意配合，防止发生事故。

7）管道连接

①室外供热管道均应采用焊接连接。室外管道管径一般较大，其切割方式多采用手工气割。目前，一种较新型的切割工具——磁力管道切割机在实际工程中开始使用，

如图 2-128 所示。这种切割机采用氧气和乙炔作为切割气体，机身一般采用铝合金制成，结构紧凑。该机采用永久磁轮吸附在钢管上爬行切割，可进行水平、垂直、仰面方向上的切割，自动切割 V 形等坡口，具有切割圆周好、操作方便等优点。

②管道焊接要求如下：管道焊接质量应符合焊接工艺质量标准。管道焊接前，除检查切口平整度外，对管壁厚度大于或等于 4 mm 的管道，应在管端加工坡口，坡口形式大多采用 V 形坡口。坡口的加工方法有手工铲、氧-乙炔火焰切割和坡口机加工等。管道对口后应保持在一条直线上，焊口位置在组对后不允许出弯，不能错口，对口间隙和对口的错口偏差值应符合要求。管道对口后，应立即进行定位焊使其初步固定，并应检查对口的平直度，发现对口偏差过大时，应打掉焊点重新对口。定位焊时，每个接口至少定位焊 3~5 处，每处定位焊缝的长度为壁厚的 2~3 倍，定位焊缝的高度不得超过管壁厚度的 70%。焊接时，应将管道支撑牢固，不得使管道在悬空或受外力的情况下施焊。凡可转动的管道应转动焊接，尽量减少死口仰焊。较厚的管道应分层施焊，对壁厚为 6 mm 以下的管道，用底层和加强层两道焊接；管壁厚度超过 6 mm 时，应增加中间层，采用三道焊接，并使每层焊缝厚度均匀，各层间焊缝应错开。

③任意角度管道的对口弯头加工方法如下：如图 2-129a 所示，两根不同方向的管道，其中心线相交于 A 点。以 A 点为中心向两边量出等距离长度 Aa、Ab，用尺量出 a、b 两点间的长度并做记录。如图 2-129b 所示，在划样板的纸上划出 ab 直线，分别以 a、b 点为圆心，aA、bA 为半径划弧相交于 A 点，∠aAb 便是实际角度。做出样板后进行弯管加工。当管道遇到高差时，可采用现场放样制作"乙"字弯连接。

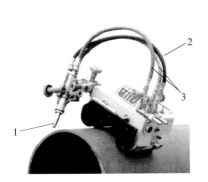

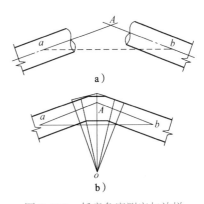

图 2-128 磁力管道切割机
1—割炬 2—乙炔管 3—高低压氧气管

图 2-129 任意角度测定与放样

④管道补偿器安装要求如下：管道补偿器对供热管道的运行很重要，因此，安装前应仔细检查型号和质量。严格按照施工图样的位置安装固定支架和管道补偿器，禁止任意更改固定支架和管道补偿器的位置。

8）试压冲洗。具体内容详见本章第十节。

9）管道保温。试压合格后，进行二次刷漆（设计文件有要求时）或补刷油漆（焊口等处）。油漆干后，按设计文件要求对管道进行保温。

（2）无沟直埋式室外供热管道的安装

无沟直埋式室外供热管道的安装施工工艺流程为：管道定位放线→管沟开挖、沟槽放坡及基础处理→挖工作坑、下管就位→对口焊接→水压试验及验收→焊口处保温接口补口→管沟回填。

1）按照施工图标注的管道位置走向，结合测量仪器和工具，在地面上划出管道定位线和沟槽开挖线。

2）直埋敷设的管道，需要先开槽挖土。沟槽断面常见的形式有直槽、梯形槽和混合槽，还有一种是埋设两条或两条以上管路的联合槽，如图2-130所示。

图2-130　沟槽断面常见的形式

a）直槽　b）梯形槽　c）混合槽　d）联合槽

3）沟槽挖好后，应根据管材、管径、埋深和土层等条件选择管道基础。要防止由于管道基础处理不当，使管子受力不均匀，造成不均匀下降，从而引起管道连接口处破裂。

4）管道及附件运到工地及操作现场后，必须仔细检查，有缺陷的管材不能下沟安装敷设。同时，还要对挖好的沟槽进行坐标和埋设检查，与设计文件要求相符合才能进行下一步工作；如果与设计文件要求不符，应及时修正和弥补。

5）直埋管的吊装、运输和存放

①应使用延展吊杆和吊装带吊装管道和管件产品，任何情况下禁止拖拽管道。吊装过程中应保持平衡，轻起轻放，避免因不平衡吊放导致管道一端触碰地面或车辆。吊装过程中禁止使用钢丝绳，以免损坏管道外护层或管端坡口。使用叉车装管时，应将叉子套上橡胶或塑料套。吊装作业中应注意安全。直埋管的吊装如图2-131所示。

图2-131　直埋管的吊装

②捆绑、固定管道时，应使用尼龙绳，尼龙绳与管道间应用软物隔垫，以免损伤管道。禁止使用金属硬物固定或限制管道。底层管道与地面以及相邻管道之间应使用宽度不小于150 mm的厚木板隔垫，相邻木板间距不应超过2 m，垫板应在整个管道长度上均匀分布，垫板端部应安装限位块，防止管道滚落。直埋管的运输如图2-132

所示。

③存放管道的地面应平坦、无高出地面的石块或其他硬物，管道与地面间应用木板、捆扎草秸等垫起，垫平方式与运输要求相同。一般情况下，管道的堆放高度不宜超过 2 m。管道长期露天堆放，应用浅色布遮盖，管端应有固定木板。直埋管的存放如图 2-133 所示。

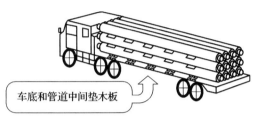

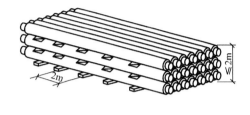

图 2-132 直埋管的运输　　　　　　图 2-133 直埋管的存放

6）直埋管一般是单节下沟，但是在具有足够强度的管材和接口的条件下，可在地面预制接长后再下到沟里。下管时，可用人工立管压绳索法下管，也可利用装在塔架上的滑轮、链条葫芦等设备下管。

7）直埋管应尽量使用同一规格的管道，使用不同直径的管道时，应在变径处用固定支墩隔开。在管道的分支处、分支阀门处应设置补偿器。当三通支管直径较大时，必须对三通进行加强、加固。

8）保温管道下料切割时，必须保证下料长度准确。在保温壳外壁划线后，可用钢锯先将保温层切开，保温层切口应尽可能保持平整，保温层切割的宽度以保证能够焊接为好，任意切割或切口宽度过大都不妥。

9）无沟直埋式室外供热管道敷设时，应有 0.002 的坡度。补偿器应安装在检查井内，管道弯曲部分应布置在管沟内。直埋管应安装波纹管伸缩器，安装方法如图 2-134 所示。

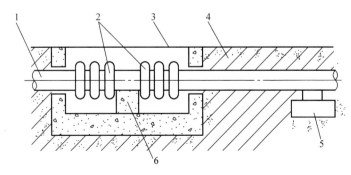

图 2-134 直埋管上波纹管伸缩器的安装方法
1—保温管　2—波纹管伸缩器　3—地面　4—土层　5—滑动支架　6—井内固定支架

10）管道压力可采用水压试验或无损探伤进行检查。

11）沟槽土方回填工作必须在管道压力试验合格后才能进行。回填土一般应分层回填，分层夯实，使其密实度达到回填要求。及早回填可保证管路位置正常，避免沟槽坍塌，尽早恢复地面交通。

回填时，应对原状土地基予以处理，如弯头下部用砂土回填；如果管道敷设在回填土、碱性土等腐蚀性土壤中，应在管道周围 300 mm 范围内换以无腐蚀的素土回填。

回填方法是从沟底两侧同时填起，并及时夯实，然后再从管顶回填，填至 0.5 m 处夯实，以后每层回填厚度不得超过 0.3 m，并层层夯实至地面为止。地面上的隆起高度不得小于 0.2 m，使之略呈拱形，以免日后因土壤沉降而造成地面下凹。

回填土一般使用沟槽原土，不得将砖、石块等填入沟内。沟槽采用排水措施时，应将水排尽后再回填。

（3）室外供热管网安装质量标准

1）主控项目

①检查井室、用户入口处管道布置应便于操作及维修，支架、吊架、托架稳固，并满足设计文件要求。

②平衡阀及调节阀型号、规格及公称直径应符合设计文件要求，安装后应根据系统要求进行调试，并做出标记。

③补偿器的位置必须符合设计文件要求，并应按设计文件要求或产品说明书进行预拉伸。管道固定支架的位置和构造必须符合设计文件要求。

④直埋无补偿供热管道预热伸长及三通加固应符合设计文件要求。回填前应注意检查预制保温层外壳及接口的完好性。回填应按设计文件要求进行。

⑤直埋管道的保温应符合设计文件要求，接口在现场发泡时，接口处厚度应与管道保温层厚度一致，接口处保温层必须与管道保温层成一体，符合防潮防水要求。

2）一般项目

①室外供热管网的管材应符合设计文件要求。当设计文件未注明时，应符合下列规定：管径小于或等于 40 mm 时，应使用焊接钢管；管径为 50～200 mm 时，应使用焊接钢管或无缝钢管；管径大于 200 mm 时，应使用螺纹焊接钢管。

②室外供热管道均应采用焊接连接。

③管道水平敷设时，其坡度应符合设计文件要求。

④除污器构造应符合设计文件要求，安装位置和方向应正确。管网冲洗后应清除内部污物。

⑤管道焊口的允许偏差应符合规定。

⑥管道及管件焊接的焊缝表面质量应符合下列规定：焊缝外形尺寸应符合图样和工艺文件的规定，焊缝高度不得低于母材表面，焊缝与母材应圆滑过渡，焊缝及热影响区表面应无裂纹、未熔合、未焊透、夹渣、弧坑和气孔等缺陷。

⑦设计文件无规定时，供热管道的供水管或蒸汽管应敷设在载热介质前进方向的右侧或上方。

⑧地沟内的管道安装净距（保温层外表面）应符合下列规定：与沟壁距离为 100 ~ 150 mm，与沟底距离为 100 ~ 200 mm，与沟顶距离为 50 ~ 100 mm（不通行地沟）或 200 ~ 300 mm（半通行或通行地沟）。

⑨设计文件无规定时，架空敷设的供热管道安装高度应符合下列规定（以保温层外表面计算）：人行地区不小于 2.5 m，通行车辆地区不小于 4.5 m，跨越铁路时距轨顶不小于 6 m。

⑩防锈漆的厚度应均匀，不得有脱皮、起泡、流淌和漏涂等缺陷。

⑪管道保温层厚度和平整度的允许偏差应符合表 2–15 的规定。

⑫室外供热管道安装的允许偏差应符合表 2–16 的规定。

表 2–16　　　　　　　　　　　室外供热管道安装的允许偏差

项目			允许偏差	检验方法
坐标（mm）	敷设在沟槽内及架空		20	用水准仪（水平尺）、直尺、拉线检查
	埋地		50	
标高（mm）	敷设在沟槽内及架空		± 10	直尺检查
	埋地		± 15	
水平管道纵、横方向弯曲（mm）	每 1 m	管径 ≤ 100 mm	1	用水准仪（水平尺）、直尺、拉线和量尺检查
		管径 >100 mm	1.5	
	全长（25 m 以上）	管径 ≤ 100 mm	≤ 13	
		管径 >100 mm	≤ 25	
弯管	椭圆率：$\dfrac{D_{max}-D_{min}}{D_{max}}$	管径 ≤ 100 mm	8%	用外卡钳和量尺检查
		管径 >100 mm	5%	
	平整度（mm）	管径 ≤ 100 mm	4	
		管径 125 ~ 200 mm	5	
		管径 250 ~ 400 mm	7	

（4）注意事项

1）高空作业应扎好安全带，工具使用后必须放入专用袋中，不得置于脚手架和梯子上。

2）应重点检查架空管道上的固定支座的稳固性，严防其坠落伤人。

3）多层管道对口焊接时，应在下层与施工完的管道上铺设防火制品，防止外层的塑料薄膜或玻璃丝布、牛毛毡等起火。

4）在地沟内施工时，应防止沟壁倾塌以及沟边乱石落入地沟。地沟内外应密切配合作业。

5）地沟内应使用防水导线。

6）地沟内施工人员必须戴安全帽。

（5）施工质量缺陷及预防措施

1）架空管道发生倒坡、塌腰现象，造成热力管道气阻或水阻的预防措施如下：管架制作和安装时，应严格控制标高；管道敷设找坡时，应用水平尺测定，必要时可用水平仪测定；活动支座及固定支座的安装高度、位置应准确无误。

2）采用套筒形补偿器的管道装有吊架，造成管道扭曲的预防措施如下：在管道运行时，由于各段管道移动长度不同，若采用吊架，吊杆会产生不同的摆幅，因此，凡是采用套筒形补偿器的管道应使用导向支架，严禁采用吊架。

3）滑动支座处保温层脱落、保护层不美观的预防措施如下：管道保温时，切不可将管道与滑动支架包在一起，以免妨碍管道自由滑动；保护结构找平、找圆后，方可进行保温层外保护壳施工；保护层必须均匀、圆滑、坚固。

4）管道焊缝出现诸多缺陷，影响焊缝质量的预防措施如下：当焊缝出现缺陷时，应及时修复，严重者须切割该焊缝的管段，重新对口焊接；如果焊缝或热影响区表面有裂纹，应将焊口铲除，重新焊接；如果焊缝尺寸不符合标准，焊缝加强部分不足时应补焊，过高、过宽时应及时修正；焊瘤应铲除。

5）支架处出现管道接口焊缝的预防措施如下：管道焊缝不得设在支架处、两支架中间部位，焊缝距支架边缘不小于 150 mm，距弯管的起弯点不小于管外径，且不小于100 mm，焊缝最佳位置应在两支架间距的 1/5 处。

6）管道保温结构被地沟内积水浸泡脱落的预防措施如下：管道施工前，应按设计坡度确定支架的安装位置、标高，发现管道保温层距沟底不足 100 mm 时，应及时向设计单位提出修改意见，并调整管道标高。

7）地沟内支架松动甚至坠落的预防措施如下：支架栽好后，尚未达到设计强度时切勿敷设管道或承重，支架的制作和安装应严格按标准图尺寸及规定进行。

8）直埋式热力管道运行时管道弯曲变形的预防措施如下：为了减少管道的轴向温度应力，应在地沟与直埋两种不同敷设方式的连接处、分支及干线阀两端、L 型管段两端设置补偿器，补偿器安装时必须进行预拉伸；阀门应设支架或支墩。

 想一想

1. 观察图 2-124，讨论直埋供热管道的施工过程。

2. 蒸汽管道怎样设置永久性疏水装置？热水管道怎样设置放水和排气装置？

3. 观察图 2-127，为什么管道支架要偏心安装？

4. 讨论任意夹角弯管的测量和样板的制作过程。

5. 安装室外供热管道时，怎样保证安全施工？

6. 保温管正确的绑扎方法和吊装方式是怎样的？

7. 现场运输保温管的正确方法是怎样的？

1. 热力站的热媒有哪几种？热力站由哪些设备及附件组成？
2. 什么叫供热管道？其敷设方式有哪几类？
3. 地沟敷设和架空敷设各有哪几种形式？
4. 什么是直接埋地敷设？其直埋管的构造是怎样的？
5. 简述地上敷设室外供热管道的安装工艺及操作要点。
6. 简述直埋管道的安装工艺及操作要点。
7. 简述室外供热管网安装的质量标准。

第十节　供暖系统水压试验及试运行

供暖系统管道及设备全部安装完毕，应进行管道系统试压，检验管材及设备的机械强度和管道接口的严密性。管道系统在使用前应进行清洗，清除管道内的污物。为了保证供暖系统正常运行，使供暖系统运行达到设计要求，应对管道系统进行通热调试。

一、室内采暖系统水压试验及试运行

室内采暖系统水压试验及试运行的施工工艺流程为：系统检查→连接试压管路→水压试验→系统冲洗→系统通热与调试。下面重点介绍后三项流程。

1. 水压试验

根据设计要求计算试验压力，如果试验压力不大于采暖系统最底层散热器的最大试验压力，水压试验可全系统同时进行；否则，应分层进行水压试验。对于较大的采暖系统，可分区、分段进行水压试验。

（1）根据水源位置和采暖系统情况，制定试压程序和技术措施，再测量各连接管的尺寸，然后下料、加工管段，连接临时试压管路。

（2）检查全系统管路、设备、阀件、固定支架、套管等必须安装无误，各连接处均无遗漏；根据全系统试压或分系统试压的实际情况，检查系统中各类阀门的开、关状态，不得漏检。试验管段阀门全部打开，试验管段与非试压管段连接处应隔断。

（3）确认系统可以加压时，开始向系统充水。系统充满水后，试压开始。

（4）升压应缓慢进行，一般分 2～3 次升至试验压力。在此过程中，每加压至一定数值时，应停下来对管道系统进行全面检查，无异常现象方可再继续加压。

（5）试压检查过程中，应对漏水或渗水的接口做记号，便于返修。

（6）系统试压达到合格验收标准后，放掉管道内的全部存水。若不合格，应待补修后重新试压，直至合格。

2. 系统冲洗

（1）制定管道冲洗的技术措施

检查全系统内各类阀件的关启状态，拆除不允许冲洗的附件，并用临时短管接通管路。可关闭减压阀、疏水器进出口阀门，打开旁通管上的阀门，保证其不参与冲洗。对于暂不冲洗或已冲洗的管道，可通过阀门的启闭达到控制目的。

（2）水平供水干管及总供水管的冲洗

先将自来水管接进水平供水干管的末端，再将供水总立管进户处接至排水管的入口处。打开排水口控制阀，再开启自来水进口控制阀，反复冲洗。以此顺序冲洗系统的各个分路供水水平干管。冲洗结束后，先关闭自来水进口阀，后关闭排水口控制阀。

（3）系统立管及回水水平干管冲洗

自来水连通进口可不动，将排水出口连通管改接至回水管总出口外，关上供水总立管上各个分环路的阀门。先打开排水口上的总阀门，再打开靠近供水总立管边第一个立支管上的全部阀门，最后打开自来水入口处阀门，冲洗第一个立支管。冲洗结束后，先关闭进水口阀门，再关闭第一个立支管上的阀门。按此顺序分别冲洗各环路上的各根立支管及水平回路的导管。若为同程式系统，则从最远的立支管开始冲洗为好。

冲洗过程中，当系统排水口的冲洗水为洁净水时可认为合格。全部冲洗后，再以流速 1~1.5 m/s 的速度进行全系统循环冲洗，延续 20 h 以上，循环水色透明为合格。

3. 系统通热与调试

（1）先联系（或准备）好热源，制定通暖试调方案、人员分工和处理紧急情况的各项措施，准备好修理、泄水等器具。

（2）工作人员按分工各就各位，分别检查供暖系统中的泄水阀门是否关闭，导管、立管、支管上的阀门是否打开。

（3）向系统内充满水（最好是软化水），开始先打开系统最高点的排气阀门，责成专人看管。慢慢打开系统回水干管的阀门，待最高点的排气阀门见水后立即关闭。然后开启总进口供水管的阀门，最高点的排气阀门必须反复开闭数次，直到系统中的空气排净为止。

（4）充满后即可开始检查，检查中如果发现隐患，应尽量关闭小范围的供、回水阀门并及时修理，修理好后随即开启阀门。

（5）全系统运行时，遇到不热处应先查明原因。如果需要冲洗检修，应先关闭供水和回水阀门，泄水后再打开供水和回水阀门，反复放水冲洗。冲洗完后再按上述程序通暖运行，直到运行正常为止。

（6）若发现热度不均，应调整各个分路、立管、支管上的阀门，使其基本达到平衡后，邀请各有关单位检查验收，并办理验收手续。

（7）高层建筑的供暖管道冲洗与通热，可按系统设计的特点进行划分，按区域、独立系统、分若干层等逐段进行。

（8）冬季调试时，必须采取临时供暖措施，室温应保持在 5 ℃以上，并连续 24 h 后方可进行正常运行。

充水前应先关闭总供水阀门，开启外网循环管的阀门，使热力外网管道先预热循环。分路或分立管通暖时，先从向阳阳面的末端立管开始，打开总进口阀门，通水后关闭外网循环管的阀门。待已供热的立管上的散热器全部热后，再依次逐根、逐个分环路通热，一直到全系统正常运行为止。

4. 质量标准

（1）主控项目

室内采暖系统水压试验及试运行主控项目质量标准和检验方法见表 2-17。

表 2-17   室内采暖系统水压试验及试运行主控项目质量标准和检验方法

项目	质量标准	检验方法
采暖管道水压试验	采暖系统安装完毕，管道保温之前应进行水压试验。试验压力应符合设计文件要求；当设计文件未注明时，应符合下列规定： 1. 蒸汽、热水采暖系统，应以系统顶点工作压力加 0.1 MPa 做水压试验，同时在系统顶点的试验压力不小于 0.3 MPa 2. 高温热水采暖系统，试验压力应为系统顶点工作压力加 0.4 MPa 3. 使用塑料管及复合管的热水采暖系统，应以系统顶点工作压力加 0.2 MPa 做水压试验，同时在系统顶点的试验压力不小于 0.4 MPa（此条为强制性条文）	1. 使用钢管及复合管的采暖系统，应在试验压力下 10 min 内压力降不大于 0.02 MPa；降至工作压力下检查，应不渗、不漏 2. 使用塑料管的采暖系统，应在试验压力下 1 h 内压力降不大于 0.05 MPa；然后降至工作压力的 1.15 倍，稳压 2 h，压力降不大于 0.03 MPa，同时各连接处不渗、不漏
过滤器及除污器的冲洗	系统试压合格后，应冲洗系统，清扫过滤器及除污器	现场观察，直至排出的水不含泥沙、铁锈等杂质，且水色不浑浊为合格
采暖系统试运行和调试	系统冲洗完毕应充水、加热，试运行和调试（此条为强制性条文）	观察、测量室温应满足设计文件要求

（2）一般项目

室内采暖系统水压试验及试运行一般项目质量标准和检验方法见表 2-18。

表 2-18   室内采暖系统水压试验及试运行一般项目质量标准和检验方法

项目	质量标准	检验方法
系统冲洗	冲洗过程中，管路应畅通，无堵塞现象	观察检查
系统通热	通热过程中，使各环路热力平衡，温度相差不超过 2 ℃为合格	测量检查

5. 安全注意事项

（1）冲洗过程中，要严防中途停止时污物进入管内。下班后应设专人看管，也可采取保护措施。

（2）冲洗管的排放管应接至排水井（沟），保证排水畅通、安全。

（3）试压过程中，有关人员应集中注意力观察压力表，严禁超压。不得使用失灵或不准确的压力表。

（4）冲洗后，应把地沟清理干净，防止地沟中管道的保温层遭到破坏。

（5）通热调试后，应在阀门位置做上记号，运行时不得随意拧动。

6. 质量缺陷及预防措施

（1）冬季水压试验时管道的防冻措施

尽量在冬季前进行水压试验，并且试压后要将水吹净，特别是阀门内的水必须清理干净，否则阀门将会冻裂。必须在冬季进行水压试验时，要保持室内温度为零上，试压后要将水排尽。不能进行水压试验时，可用压缩空气进行试验。

（2）压力表针摆动达上限，却未达到试验压力的预防措施

试压时压力表针摆动极大，以指针摆动上限为标准验收，实际未达到试验压力，造成运行时管道接口渗漏。预防措施是采暖系统灌水前打开最高点的排气阀，直至排气阀冒水再关闭。采暖设备安装前应先进行水压试验，如果发现接口渗水，应在渗漏部位做记号，指定专人返修后重新试压。

（3）蒸汽冲洗时排气管脱落的预防措施

排气管必须设置可靠的支架，承受冲洗过程的反冲力，保证冲洗质量。

（4）阀门开启太快造成水击而损坏阀门的预防措施

首次供汽时应先暖管，阀门不要开得过大、过快，只要听到汽声即可停止供汽。同时，还应将管道末端的冷空气排空，关闭疏水器两端的阀门，打开旁通阀，待通热正常后再打开疏水器阀，关闭旁通阀。

（5）蒸汽管带汽修理造成人员烫伤的预防措施

供汽中如果发现管道系统发生蒸汽泄漏，应立即关闭汽源，放空管内蒸汽，等管道冷却后再进行修理，以免发生烫伤事故。

（6）管道气阻导致不热或局部不热的预防措施

通热前，必须先检查自动排气阀或集气罐是否正常，并将系统内气体排净。开始通热时，应设专人检测，待排气阀只流水不带气泡后方可关闭。

（7）凝结水管不热、疏水器工作失灵的预防措施

应关闭散热器支管阀门，检查疏水器，及时修理或更换。

二、室外供热管道水压试验及试运行

室外供热管道安装完毕，应进行水压试验。水压试验合格后，应对管道系统进行冲洗。在管道正式供热前，还要通热调试。其施工工艺为：水压试验→管道冲洗→通热调试。

1. 水压试验

（1）按照设计文件要求，制定水压试验技术措施。

（2）全面检查系统，确认可以进行试验时，打开系统最高点放气阀。系统充满水后，应再全面检查一次，然后进行升压和检查。

（3）系统试验压力应等于工作压力的 1.5 倍，但不得小于 0.6 MPa。稳压 10 min，如压力降不大于 0.05 MPa，即可将压力降至工作压力下检查。检查时，可以用质量不大于 1.5 kg 的锤子敲打管道距焊口 150 mm 处。检查焊缝质量，不渗、不漏为合格。

（4）试压合格后，应及时填写水压试验记录。

2. 管道冲洗

（1）热水管道的冲洗

关闭各建筑物热力入口处的进、出口阀门，冲洗顺序为由供水管至回水管，在系统最低点应设置临时排水管。管道较短时，整个管网可一次冲洗；管道较长时，可分段进行冲洗。

冲洗时，先用 0.3 ~ 0.4 MPa 压力的自来水冲洗管道，当排水口水色和进水口水色一致时，即认为冲洗合格；再以 1 ~ 1.5 m/s 的流速进行循环冲洗，延续 20 h 以上，直到回水干管出口流出的水色透明为止。

（2）蒸汽管道的冲洗

将管道中的流量孔板、疏水器和单向阀等部件拆除，并用临时短管接通。冲洗时先将各冲洗口的阀门打开，再缓慢开大总进气阀，增大蒸汽量进行冲洗，延续 20 ~ 30 min，直至蒸汽完全清洁为止。

3. 通热调试

实际工程中，热水管网的通热与锅炉、热水循环泵及软化补水系统的运转是同时的。通热前应关闭热网上连接的各用户总阀门，打开循环管阀门，用补水泵向热水管网注满水（软化水），开启循环泵进行外网循环，同时检查管网运行状况。确认正常后关闭热力入口处的循环管阀门，待与室内采暖系统联合运转。

蒸汽管道通汽时，应缓慢打开供汽主阀，先暖管。通汽开始时凝结水量太大，应打开疏水装置（一般是疏水阀组的旁通管），待大量凝结水排走后再关闭，打开疏水阀前、后阀门，让疏水阀投入运行。

4. 质量标准

（1）主控项目

室外供热管道水压试验及试运行主控项目质量标准和检验方法见表 2-19。

表 2-19　　室外供热管道水压试验及试运行主控项目质量标准和检验方法

项目	质量标准	检验方法
水压试验	1. 供热管道做水压试验时，试验管道上的阀门应开启，试验管道与非试验管道应隔断	开启和关闭阀门检查
	2. 供热管道的水压试验压力应为工作压力的 1.5 倍，且不得小于 0.6 MPa	在试验压力下 10 min 内压力降不大于 0.5 MPa，然后降至工作压力下检查，不渗、不漏为合格

续表

项目	质量标准	检验方法
管道冲洗	管道试压合格后，应进行冲洗	现场观察，以水色不混浊为合格
系统调试	管道冲洗完毕应通水、加热，进行试运行和调试。当不具备加热条件时，应延期进行	测量各建筑物热力入口处供、回水温度及压力

（2）一般项目

1）试验用压力表必须校核。检验方法：试压前进行压力表校验。

2）冲洗管道时，应拆除管道上的单向阀、减压阀及除污器等部件，冲洗结束后，应按原位置复位连接。检验方法：观察检查。

5. 安全注意事项

（1）管道试压前，必须校检试验用压力表，严禁使用失灵或误差较大的压力表。

（2）热力管网进行蒸汽吹洗时，排气管前方不得站人，防止蒸汽烫伤人。不得将废汽排放至热力地沟或检查井、排水管道。

6. 质量缺陷及预防措施

（1）试压时压力表指针摆幅较大，管道有渗漏点的预防措施

管道灌水时，应反复开关排气阀，将系统内的空气排空后，方可加压。加压至试验压力时，必须停止加压，观察压力表变化。管线较长时，应在管道末端增设压力表，严密监视压力表指示压力的下降值。

（2）管道内污物沉积造成阻塞的预防措施

管道试压和通热前，必须进行管网分段或分系统冲洗。冲洗水或吹洗蒸汽排出时，必须达到冲洗合格标准。

（3）各用户热力不平衡的预防措施

通热调试过程中，应与锅炉房保持联系，严格按相应操作规程施工，并注意测量建筑物热力入口处的供、回水温度及压力。

 想一想

1. 讨论室外供热管道水压试验、冲洗和通热调试的过程。
2. 讨论室外供热管道水压试验及试运行的质量标准。
3. 讨论室外供热管道水压试验及试运行的安全注意事项。
4. 讨论室外供热管道水压试验及试运行的质量缺陷及预防措施。

三、采暖系统常见故障及其排除

1. 热水采暖系统常见故障及其排除方法

（1）多层建筑双管上供式热水采暖系统经常出现上层散热器过热、下层散热器不

热，即所谓垂直热力失调现象。排除方法是关小上层散热器支管上阀门，开大下层散热器支管上阀门。

（2）异程式系统经常出现末端散热器不热，即所谓水平热力失调现象。其发生的原因：一是远环路压力损失大，二是系统末端可能存有空气。排除方法是关小系统始端环路立管上的阀门，并排尽系统中的空气。

（3）下供式系统出现上层散热器不热，可能有两种原因：一是上层散热器中存有空气，应予排除；二是系统充水不满，上层散热器缺水，应补充水至规定水位。

（4）局部散热器不热的原因及其排除方法

1）管道堵塞。用手触摸管道表面，有明显温差的管段即为管道堵塞之处，应采用敲击振动或打开检查的方法清除堵塞物。

2）阀门失灵。如果阀芯脱落堵塞管道，应检修或更换阀门。

3）集气罐集气太多，应打开放气管放掉空气；集气罐安装位置不正确，使系统内空气不能顺利排出而造成气塞，发现后应纠正。

4）干管敷设坡度不够或倒坡、坡度不均匀；支管倒坡，散热器存有空气排不出。安装时，应保证有正确的坡向、足够的坡度；管道事先应调直，支架标高、间距应符合规范和设计文件要求。

5）室内系统与室外系统的供水管和回水管接反，发现后要及时改正。

（5）回水温度过高的原因及解决办法

1）热负荷小，循环水量大，应关小系统入口阀门，减少热媒流量。

2）用户入口处供水管和回水管间连接的循环管上阀门未关或关闭不严，应关严。

3）锅炉供水温度过高，应降低锅炉供水温度。

（6）回水温度过低的原因及解决办法

1）锅炉供水温度低，应提高供水温度。

2）循环水量小，热负荷大，应开大供水管阀门，消除管道堵塞现象。

3）室外管网漏水，系统补水量大，应寻找漏水原因，及时修复。

4）室外管网热损失大，应检查室外管道保温工程是否有漏项，管道是否泡在水中，或保温层是否有脱落等情况。如果有上述情况，应及时将水排掉，修复保温层。

2. 蒸汽采暖系统的常见故障及其排除方法

（1）散热器不热

可能是散热器内存有空气或者疏水器失灵，凝结水排出不畅，应放出空气或修理疏水器。

（2）系统末端散热器不热

可能是系统末端存有空气，应放出空气；或系统各环路压力不平衡，应通过立管上的阀门进行调节。

（3）发生水击现象

可能是水平管道不平直、有凹陷或坡向和坡度有问题，凝结水排泄不畅，应调直管道，调整坡向和坡度。

（4）系统跑汽漏水

可能是管道连接不合适，或是热膨胀问题没有解决好，或是送汽时阀门开得过急，应要保证管道连接质量，正确解决热伸缩补偿问题，送汽时阀门逐渐开大。

 想一想

利用所学知识，讨论热水采暖和蒸汽采暖可能还有哪些故障及其排除方法。

 **思考练习题**

1. 供暖系统试压和冲洗的目的是什么？
2. 水压试验的程序是什么？
3. 室内采暖系统水压试验及试运行时，应注意哪些安全事项？
4. 简述室内采暖系统水压试验及试运行的质量标准。
5. 简述室内采暖系统水压试验及试运行的质量缺陷和预防措施。
6. 简述热水采暖系统和蒸汽采暖系统常见故障及其排除方法。

第三章 小型工业锅炉安装

学习目标

1. 掌握有关锅炉的基本知识。
2. 了解工业锅炉的基本构造及运行过程。
3. 掌握常见快装锅炉的基本安装工艺和安装技术要求。

过去，人们家中常常使用炉子。不管使用何种形式的炉子，其作用都是一样的，那就是燃料在炉子中燃烧后，给家里提供需要的热量，用这个热量可以得到可口的饭食和使用的热水等。

家用炉子的形式多种多样，但其基本构造和运行过程相同。

1. 锅

锅用来盛水，同时也在吸收热量，其材料有生铁、铝、铜、不锈钢等。锅基本都是圆形的，因为圆形锅传热、受力均匀、使用安全。锅（或水壶）使用一段时间后，底部会出现一层水垢，由于水垢是热的不良导体，因此应采取各种方法将水垢除去，以提高热的利用率，同时也增加锅（或水壶）的使用年限。

2. 炉子

蜂窝煤炉子要有供蜂窝煤燃烧的炉膛，为降低炉壁热损失，炉壁要进行保温。燃气炉需要一个燃烧气嘴。使用固体燃料（如木柴和煤等）的炉子需要设置一个炉算，燃料在炉算上面燃烧，炉算下面送风。为了防止燃料与炉算黏结而使炉算烧坏，还应进行拨火。

3. 燃料

热量是燃料燃烧后释放出来的，常用的燃料有木柴、煤、燃气等，燃料能提供需要的热量。

4. 送风

送风俗称鼓风，其目的是为燃料燃烧提供氧气。送风的方式有自然送风和机械送风（如使用鼓风机等），为提高自然送风的能力，还可以使用简易的烟囱。

5. 排风

燃料燃烧后会产生烟气，烟气对人体健康有害，应使用烟囱将其排放至室外。燃气炉子产生的烟气可使用排气扇排放至室外。

6. 出渣

固体燃料燃烧后产生的炉渣要及时从出渣口取出移走。

如果需要大量热水或需要连续产生热水，显然，家用炉子满足不了这种需求，但锅炉可以。

锅炉的基本构造及运行过程与家用炉子基本一样，只不过锅炉的锅、炉子、燃料、送风、排风、出渣等是一个整体。为了锅炉的安全运行，还需要设置许多控制阀门和安全部件；为了不使锅炉排烟污染大气，还需要设置消烟除尘部件；为了使锅炉具有一定的自动安全功能，还需要设置电气控制系统等。生活中的炉子和供热锅炉如图3-1所示。

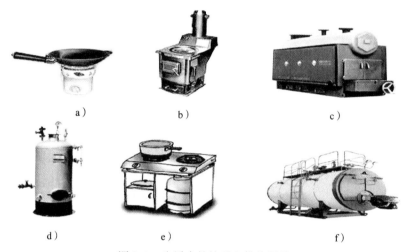

图 3-1　生活中的炉子和供热锅炉
a）蜂窝煤炉　b）家用采暖炉　c）型煤供热锅炉　d）立式燃煤锅炉
e）家用燃气炉　f）燃气（油）供热锅炉

锅炉是供热之源。锅炉和锅炉房设备的任务是安全可靠、经济有效地把燃料的化学能转化为热能，进而将热传递给水，以生产热水或蒸汽。

随着工业生产的发展，锅炉设备日益广泛地应用于现代工业的各个部门，成为发展国民经济的重要热工设备之一，如用于动力、发电方面的动力锅炉，以及用于工业、供热方面的工业锅炉等。

采暖、通风空调工程常用的锅炉有燃煤锅炉、燃气锅炉和燃油锅炉，本章主要讲述燃煤锅炉的基本构造和运行过程，对燃气锅炉和燃油锅炉的构造和运行过程仅做简要介绍。

第一节 锅炉及锅炉房概述

一、锅炉的基本知识

1. 锅炉的基本组成

锅炉本体和内部结构如图 3-2 所示。锅炉基本组成及锅炉设备运行过程如图 3-3 所示。

图 3-2　锅炉本体和内部结构

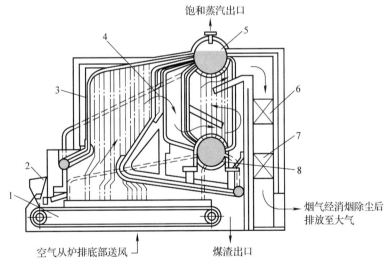

图 3-3　锅炉基本组成及锅炉设备运行过程

1—链条炉排　2—炉前煤斗　3—水冷壁　4—炉膛出口　5—上锅筒
6—省煤器　7—空气预热器　8—下锅筒

锅炉是利用燃料燃烧后所释放出的热量与水交换而产生蒸汽或热水的设备。顾名思义，锅炉由"锅"和"炉"两部分组成。所谓"锅"，就是将高温烟气的热量传给低温的水，将其加热为热水或蒸汽的汽、水系统；所谓"炉"，就是将燃料的化学能转变为热能的燃烧场所。

"锅"是由锅筒和管束组成的一个封闭热交换器。在炉膛四周布置的排管称为水冷壁管，在炉膛后面布置的排管称为对流管束（布置在烟道，与烟气的换热方式主要是对流换热）。汽、水系统的作用是使管束内的水不断吸收烟气的热量，产生一定压力和温度的热水或蒸汽。

"炉"是由炉墙、炉排和炉顶组成的燃烧空间，它是使燃料燃烧产生高温烟气的场所。

在锅炉本体中，除由锅筒、水冷壁、对流管束组成的主要受热面外，还有辅助受热面，包括蒸汽过热器、省煤器和空气过热器。蒸汽过热器的作用是将锅炉中的饱和蒸汽加热成为过热蒸汽。省煤器的作用是用锅炉的排烟余热加热锅炉的给水。空气预热器的作用是用锅炉的排烟余热加热送入炉内的冷空气。通常将以上"炉"和"锅"及各受热面合称为锅炉本体。

对于生产过热蒸汽的锅炉，蒸汽过热器安装在炉膛出口处，从上锅筒出来的饱和蒸汽进入蒸汽过热器后，在炉膛内继续吸热变为过热蒸汽。上锅筒和下锅筒之间连接的管束就是对流管束。

从图3-3中可以看出，为保证锅炉本体安全正常运行，还必须配备一些附属设备，即运煤、除灰系统，送、引风系统，汽、水系统和仪表控制系统，这些系统统称为锅炉房辅助设备。因此，锅炉房设备主要包括锅炉本体和辅助设备两大部分。

锅炉和锅炉房设备运行过程如图3-4所示。

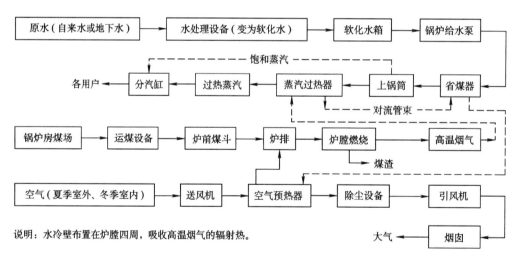

图3-4　锅炉和锅炉房设备运行过程

2. 锅炉的运行过程

锅炉的运行过程可分为三个同时进行的过程，即燃料的燃烧过程、高温烟气向水或蒸汽的传热过程及热水或蒸汽的产生过程。其中任何一个过程正常与否，都会影响锅炉运行的安全性和经济性。

（1）燃料的燃烧过程

煤场→运煤机械或工具（人力、带式运输机、多斗提升机、电动葫芦、埋刮板输送机）→炉前煤斗→炉排→炉膛（前拱点火、中间燃烧、后拱燃尽）→除渣设备（螺旋除渣机、马丁除渣机、斜轮除渣机、挂板除渣机）→人工或机械运输至锅炉房煤渣场。

大气→送风机（个别进口安装消声器）→空气预热器→炉排底部送风室→炉膛（供煤燃烧需要的氧气，空气变成高温烟气）→炉膛出口→蒸汽过热器（生产过热蒸汽的锅炉有蒸汽过热器，过热器安装在此位置是因为此处烟气温度最高）→对流管束→锅炉烟气出口→省煤器（省煤器安装在锅炉本体外靠近锅炉本体的位置）→除尘器（旋风除尘器、湿式除尘器、冲击式水浴除尘器、管式水膜除尘器、花岗岩水膜除尘器）→引风机（个别进口或出口安装消声器）→烟囱→大气。

（2）高温烟气向水或蒸汽的传热过程

烟气和水的换热方式主要有辐射换热和对流换热两种。

水冷壁管（布置在炉膛四周）吸收高温烟气的辐射热。蒸汽过热器（布置在炉膛出口）、对流管束（布置在锅炉本体烟道内）、省煤器（布置在锅炉本体外靠近锅炉本体的位置）和烟气以对流方式换热。锅筒主要吸收辐射热。

（3）热水或蒸汽的产生过程

水吸热和汽化过程主要包括水循环和汽、水分离过程。

3. 锅炉房辅助设备

锅炉房辅助设备是保证锅炉安全、经济和连续运行必不可少的组成部分，主要包括运煤、除灰系统，送、引风系统，汽、水系统和仪表控制系统。

（1）运煤、除灰系统

运煤、除灰系统的作用是连续供给锅炉燃烧所需的燃料，及时地排走灰渣。

（2）送、引风系统

送、引风系统的作用是供给锅炉燃烧所需要的空气，将燃料燃烧所产生的烟气经过消烟除尘后排放到大气中。

（3）汽、水系统

汽、水系统的作用是连续不断地向锅炉供给符合质量要求的水（软化水），将蒸汽或热水分别送到各个用户。

（4）仪表控制系统

为了使锅炉安全、经济地运行，除了锅炉本体上装有仪表外，锅炉房内还装设各种仪表和控制设备，如蒸汽流量计、压力表、风压计、水位计和各种自动控制仪表。

 想一想

1. 观察图 3-2，说说你对锅炉结构的初步认识。

2. 观察家中炉子的使用过程，简述煤或燃气的热量传递过程。

3. 自己烧开水，小心地用手感觉壶面和壶底的水温，会发现壶面的水温比壶底高。思考整个壶内的水最后是怎样全部变成开水的。

4. 家用抽油烟机或排气扇是不是炉子的辅助设备？为什么？

二、锅炉的基本特性、分类和型号

1. 锅炉的基本特性

锅炉的基本特性是表明锅炉容量、参数和经济性的指标。

（1）蒸发量或供热量

蒸发量或供热量也称为锅炉的出力，表明锅炉的容量大小。蒸发量是指蒸汽锅炉每小时产生的额定蒸发量，常用符号 D 表示，单位是 t/h。供热量是指热水锅炉每小时产生的额定热量，常用符号 Q 表示，单位是 MW。

额定条件是指锅炉在额定蒸发量、额定蒸汽温度、额定给水温度、使用设计文件规定的燃料并保证锅炉热效率的运行条件。实际运行时，任一条件的变化都会影响锅炉的出力。因此，司炉人员应严格按锅炉运行规程操作锅炉，保证锅炉在安全、高效率状态下运行，满足生产和生活的需要。

在实际中，一般热水锅炉产生 0.7 MW 的热量，基本上相当于蒸汽锅炉产生 1 t/h 的蒸汽的热量。例如，供热量为 2.8 MW 的热水锅炉，称其为 4 t/h 的蒸汽锅炉。

（2）压力和温度

压力是指蒸汽锅炉出口或热水锅炉出水处的蒸汽或热水的额定压力（表压力），称为锅炉的额定工作压力，常用符号 P 表示，单位是 MPa。

蒸汽温度一般是指该锅炉在额定压力下的饱和蒸汽温度，常用符号 t 表示，单位是 ℃。对于生产过热蒸汽的锅炉，还必须标明蒸汽过热器出口处过热蒸汽的温度。

热水锅炉则有额定出口热水温度和额定进口回水温度等参数。

（3）锅炉的热效率

锅炉的热效率是指炉内燃料完全燃烧后发出的热量被有效利用的百分比。所谓有效利用，对于蒸汽锅炉就是生产蒸汽，对于热水锅炉就是提高水温。一般工业锅炉的热效率为 60%~80%，大型电站锅炉的热效率一般为 90% 以上。

此外，还可用煤水比（锅炉单位时间内的耗煤量和这段时间内产生的蒸汽量之比）概括衡量锅炉运行的经济性。工业锅炉的煤水比一般为 1：6 ~ 1：7.5。

锅炉热效率有两种测定方法：反平衡法和正平衡法。

反平衡法是计算出锅炉燃烧过程中的各项热损失，然后计算锅炉热效率的方法。锅炉燃料化学能未被利用的部分称为锅炉热损失，它包括排烟热损失（烟气带走的热量）、灰渣热损失（灰渣带走的热量）、机械不完全燃烧热损失（固体未被燃烧部分）、化学不完全燃烧热损失（气体不充分燃烧部分）和散热损失（炉体等表面散热量）。

正平衡法是计算出锅炉产生的有用热量，然后计算锅炉热效率的方法。

工业上常采用反平衡法计算锅炉的热效率。

2. 锅炉的分类

锅炉的类型很多，分类方法也很多，归纳起来大致见表3-1。

表 3-1   锅炉的分类

分类方法	锅炉类型
按用途分类	动力锅炉和工业锅炉。用于带动汽轮机发电或驱动船舶、车辆行驶的锅炉称为动力锅炉。用于工业生产和采暖的锅炉称为工业锅炉。工业锅炉出口压力最大为 2.5 MPa，最大蒸发量为 65 t/h
按压力分类	低压锅炉（$P \leq 2.5$ MPa）、中压锅炉（$P=2.9 \sim 4.9$ MPa）、高压锅炉（$P=7.8 \sim 10.8$ MPa）和超高压锅炉（$P=11.8 \sim 14.7$ MPa）
按输出介质分类	蒸汽锅炉、热水锅炉和汽、水两用锅炉
按使用燃料分类	燃煤锅炉、燃气锅炉和燃油锅炉
按燃煤燃烧方式分类	层燃炉、室燃炉和沸腾炉等
按锅筒放置方式分类	立式锅炉和卧式锅炉
按运输安装方式分类	快（整）装锅炉、组装锅炉和散装锅炉
按蒸发量大小分类	小型锅炉（$D<20$ t/h）、中型锅炉（$D=20 \sim 75$ t/h）和大型锅炉（$D>75$ t/h）

3. 锅炉的型号

锅炉的型号由锅炉本体形式代号、燃烧方式代号和燃料种类代号三部分组成，表示方法如下：

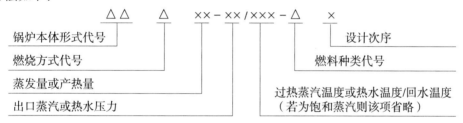

锅炉本体形式代号见表 3-2，燃烧方式代号见表 3-3，燃料种类代号见表 3-4。

表 3-2   锅炉本体形式代号

锅炉本体形式			代号
锅壳锅炉	立式	火管	LH
		水管	LS
	卧式	内燃	WN
		外燃	WW
水管锅炉	单锅筒	纵置	DZ
		横置	DH
		立置	DL
	双锅筒	纵置	SZ
		横置	SH
		纵横置	ZH
	强制循环		QX

表 3-3 燃烧方式代号

燃烧方式	代号	燃烧方式	代号
固定炉排	G	往复推动炉排	W
活动手摇炉排	H	振动炉排	Z
抛煤机	P	沸腾炉	F
下饲式炉排	A	半沸腾炉	B
链条炉排	L	室燃炉	S
倒转链条炉排加抛煤机	D	旋风炉	X

表 3-4 燃料种类代号

燃料种类	代号	燃料种类	代号
烟煤	A	贫煤	P
无烟煤	W	木柴	M
煤矸石	S	油	Y
褐煤	H	气	Q

锅炉型号举例如下。

SHL10-1.3/350-W：表示双锅筒横置式链条炉排，蒸发量为 10 t/h，出口蒸汽压力为 1.3 MPa，出口过热蒸汽温度为 350 ℃，燃用无烟煤，按原型设计制造。

RSW2.8-0.8/110/80-1：表示热水锅炉往复推动炉排，产热量为 2.8 MW，热水出口压力为 0.8 MPa，热水出口温度为 110 ℃，进水温度为 80 ℃，燃用多种固体燃料，第一次变形设计制造。

KZG2-0.8：表示卧式快装固定炉排，蒸发量为 2 t/h，出口蒸汽压力为 0.8 MPa，生产饱和蒸汽，燃用烟煤及多种固体燃料，按原型设计制造。

 想一想

1. 怎样测量家用天然气灶的热效率？怎样提高它的使用热效率？
2. 观察图 3-1 和图 3-2，说出这些锅炉的类型。

三、锅炉的燃料

燃料是指可以燃烧并能放出热能、加以利用的物质。

1. 燃料的分类

燃料按物理状态不同可分为固体燃料、液体燃料和气体燃料，按来源不同可分为天然燃料和人造燃料。锅炉常用燃料见表 3-5。

表 3–5 锅炉常用燃料

燃料状态	常用燃料
固体燃料	木柴、煤（泥煤、褐煤、烟煤、无烟煤）、煤矸石和油岩石。工业锅炉和采暖锅炉用固体燃料主要是煤
液体燃料	锅炉用液体燃料通常是石油提炼出汽油、煤油、柴油和润滑油等产品后的分馏残余物，即重油或渣油，统称为燃油。燃油中碳和氢的含量很高，水分较低，灰分极少，发热量大约是煤的两倍
气体燃料	锅炉用气体燃料主要有天然气、高炉煤气和焦炉煤气 天然气：主要成分是甲烷（CH_4），燃烧值较高，是一种优质的燃气。纯天然气低位发热量为 36 209 kJ/m^3，石油伴生气低位发热量为 46 460 kJ/m^3 高炉煤气：是炼铁高炉的副产物，主要成分是一氧化碳（CO），另外还含有大量的灰尘，需要净化后才能使用，燃烧值较低，低位发热量为 3 550 ~ 4 200 kJ/m^3 焦炉煤气：是冶金工业中炼焦的副产物，含有大量的氢和甲烷，杂质不多，燃烧值较高，低位发热量为 18 000 ~ 19 300 kJ/m^3

2. 煤的成分分析

煤的基本成分有碳（C）、氢（H）、硫（S）、氧（O）、氮（N）等元素和水分、灰分，其中碳、氢和硫是可燃成分，其余的都是不可燃成分。煤的成分分析可分为元素分析（见表 3–6）和工业分析（见表 3–7）。

表 3–6 煤的元素分析

成分	基本特性
碳（C）	主要的可燃成分。1 kg 纯碳完全燃烧放出 33 900 kJ 的热量。碳的着火点很高，含碳量高的煤（如无烟煤），着火和燃烧都较困难
氢（H）	重要的可燃成分。1 kg 氢安全燃烧放出的热量大约是煤的 4.2 倍。氢在煤中的含量只有 2% ~ 4%，大多以碳氢化合物的形式存在，受热后即以气体的形式析出。氢极易着火、燃烧
硫（S）	能燃烧放热，但放热较少，只有碳的 30% 左右。硫在煤中以三种形态存在，即有机硫、黄铁矿硫和硫酸盐硫。有机硫及黄铁矿硫都能参与燃烧反应，因而总称为可燃硫；而硫酸盐硫不参与燃烧反应，常称为非可燃硫。煤中的可燃硫燃烧可生成 SO_2 和 SO_3 等有害气体。非可燃硫以硫酸盐化合物的形式存在，是灰渣的组成部分。因此，硫是一种有害的可燃成分
氧（O）	都不能燃烧。它们的存在使煤中的可燃成分减少，因而降低了煤的发热量。煤中的含氧量随煤的种类不同而变，变化范围较大。煤中的含氮量一般为 1% ~ 2%，氮是一种有害元素
氮（N）	

续表

成分	基本特性
水分（W）	煤中的水分是有害成分，不仅降低了煤中的可燃成分含量，而且在燃烧时还消耗热量。煤中的水分呈两种形态存在：一种是机械地附着在煤表面上的水分，称为外部水分；另一种是被煤吸收并均匀分布在可燃质中的化学吸附水和存在于矿物杂质中的矿物结晶水，称为内部水分。内部水分只有在高温下才能除掉
灰分（A）	煤中的灰分是指煤中所含碳酸盐、黏土矿物质以及微量的稀土元素等。在煤燃烧时，它们经过高温分解、氧化后形成灰渣。如果煤中灰分过多，除降低燃料的发热值外，还容易造成不完全燃烧并产生结渣，进而磨损设备、污染环境等。含灰分高的煤属于劣质煤

表 3–7　　　　　　　　　　　　　　　煤的工业分析

成分	基本特性
水分	基本特性同表 3-6
灰分	基本特性同表 3-6
挥发分	主要是氢、一氧化碳和碳氢化合物组成的气体。它极易着火、燃烧，所以挥发分含量高的煤很容易点燃，且燃烧完全。挥发分是煤炭分类的重要依据
固定碳	煤中除去一氧化碳和碳氢化合物后的元素碳。因此，固定碳比煤所含的总碳量要少。与挥发分相比，固定碳难以引燃和燃烧。一般来说，固定碳含量高的煤，发热量也较高，但着火、燃烧困难

注：煤失去水分和挥发分的剩余固态物质称为焦炭，由灰分和固定碳组成。

3. 煤的种类

根据可燃质挥发分含量不同，煤大致分为无烟煤、烟煤、褐煤和泥煤四类。煤的碳化程度与地质条件和地质年龄有关，地质年龄越久，煤的碳化程度越高。煤的种类及其基本特性见表 3–8。

表 3–8　　　　　　　　　　　　　　　煤的种类及其基本特性

煤的种类	基本特性
无烟煤	可燃质挥发分含量小于 10%，灰分和水分也不多，外形坚硬，有明亮的黑色光泽。挥发分逸出的温度为 300 ~ 400 ℃，引火困难，但发热量很高，为 25 000 ~ 32 500 kJ/kg。无烟煤主要供民用和动力用
烟煤	可燃质挥发分含量为 10% ~ 45%，变化范围很大，又可分为贫煤、瘦煤、焦煤、肥煤、气煤、弱黏结煤、长焰煤等。烟煤呈黑色，油亮，易破碎成颗粒状，水分和灰分都不高。挥发分逸出的温度为 170 ℃，容易着火、燃烧，发热量较高，为 20 000 ~ 30 000 kJ/kg。焦结性强的优质烟煤用于冶金炼焦，其余的都可用作锅炉燃料

续表

煤的种类	基本特性
褐煤	可燃质挥发分含量很高，可达 40%～60%，水分也很高，呈褐色，质软易碎，挥发分逸出温度为 130～170 ℃，发热量不高，为 10 000～21 000 kJ/kg。褐煤着火点低，不结焦，适宜用作锅炉燃料
泥煤	可燃质挥发分含量很高，可达 70%，水分也很高，呈土色，易破碎，发热量较低，为 8 000～10 000 kJ/kg。泥煤易燃，不结焦，适宜用作地方燃料就地燃用

近年来，煤矸石也得到综合利用。煤矸石又称石子煤，夹杂在煤层中，伴随煤的开采而采得。煤矸石质地坚硬如石块，色灰白，灰分多，发热量很低，为 4 200～10 000 kJ/kg，一般只能在沸腾炉中燃烧。

4. 煤的发热量和标准煤

（1）发热量

煤的发热量是指 1 kg 煤完全燃烧所放出的以千焦计的热量，单位是 kJ/kg。煤的发热量有低位发热量和高位发热量之分。低位发热量是指扣去煤中水分汽化吸热量的发热量。高位发热量是指在实验室测得包括烟气中水蒸气汽化热的煤的发热量。在工程计算中，常用煤的低位发热量。

（2）标准煤

由于各种煤的发热量差异很大，因此不能简单地从耗煤量的多少判断锅炉效率的高低。为此，可用标准煤的耗量判断锅炉的效率。

标准煤就是低位发热量等于 29 307 kJ/kg 的煤。标准煤耗量可按下列公式折算：

$$B_h = \frac{BQ}{29\ 307}$$

式中　B_h——标准煤耗量，kg/h；

B——实际耗煤量，kg/h；

Q——实际用煤的低位发热量，kJ/kg。

为了降低燃煤对大气的污染，提高燃煤的使用效果，我国各地方政府都对燃煤锅炉使用的煤种有一定的限制，例如，小型锅炉规定使用洁净型煤、兰炭，禁止原煤散烧等。

洁净型煤是用一种或数种煤与一定比例的黏合剂、固硫剂、助燃剂混合，经加工制成的具有一定形状和理化性能（冷强度、热强度、热稳定性、防水性等）的块状燃料。洁净型煤与散煤相比，可节煤 20%～30%，黑烟排放减少 80%～90%，颗粒物减少 70%～90%，二氧化硫减少 40%～60%。工业层燃锅炉燃用型煤和烧原煤相比，能显著提高热效率、减少燃煤污染物排放。

兰炭是半焦炭的俗称，又称半炭。兰炭中固定碳达 82%，低硫低磷，挥发分为 1.5%～1.7%。此产品可代替焦炭，用于化工、冶炼、铸造等行业，在生产铁合金、金属硅、硅铁、硅锰、电石、化肥等高耗能产品时表现优于焦炭。

想一想

1. 你都见过哪些煤？发热量为 26 000 kJ/kg 的煤 5 000 kg 换算为标准煤是多少千克？

2. 把煤变成煤气后再进行燃烧，煤的综合利用率是否能提高？

四、锅炉房设备布置概况

1. 总体布置

（1）锅炉房应尽量按工艺流程布置工艺设备，使汽、水、燃料、灰渣、空气、烟气等系统流程简短、流畅，使阀门附件尽量少，以减少流动阻力和动力消耗，便于操作、维护和运输。

（2）锅炉房尽量单层布置，如果采用多层布置，应将锅炉间分为运输层和出灰层。

（3）如果辅助间为三层，水处理设备、水泵、定期排污膨胀器、机修间、库房、厕所、更衣室、浴室应设在底层，连续排污膨胀器、化验冷却器、化验室、办公室、休息室应设在二层。如果辅助间为一层，则各设备应根据具体情况布置。

2. 锅炉本体的布置

（1）锅炉前端与锅炉房前墙的净距不宜小于 3 m；当需要在炉前进行拨火、清炉操作时，炉前净距应能满足操作要求。链条炉前要留有检修炉排的场地。

（2）锅炉侧面和后面的通道净距不宜小于 0.8 m。当需要吹灰、拨火、除渣、安装或检修螺旋除渣机时，通道净距应能满足操作要求。

（3）锅炉的操作地点和通道的净空高度应不小于 2 m，并能满足起吊设备操作高度的要求；当锅筒、省煤器等上方不需要通行时，其净空高度可为 0.7 m。快装锅炉或本体较矮的锅炉为满足通风要求，除应符合上述条件外，锅炉房屋架下弦标高建议不小于 5 m（如果采取措施，可小于 5 m）。

（4）灰渣斗下部的净空，人工除渣时应不小于 1.9 m，机械除渣时要根据除渣机外形尺寸确定。除灰室宽度，每边应比灰车宽 0.7 m。灰车斗的内壁倾角不宜小于 60°。煤斗下的下底标高除了要保证溜煤管的角度不小于 60° 外，还应考虑炉前采光和检修所要求的高度，一般高于运行层地面 3.5 ~ 4 m。

3. 辅助设备的布置

（1）送、引风机和水泵等设备之间的通道尺寸应满足设备操作和检修的需要，并且应不小于 0.8 m。如果上述设备布置在锅炉房的偏屋内，从偏屋地坪到屋面凸出部分之间的净空高度应满足设备操作和检修的需要，并且应不小于 2.5 m。

（2）机械过滤器、离子交换器、连续排污扩容器、除氧水箱等设备凸出部位间的净距，一般应不小于 1.5 m。

（3）汽、水集水器和水箱等设备前方应考虑有供操作、检修的空间，其通道宽度应不小于 1.2 m。

（4）除尘器设于锅炉后部的风机间内，其位置应有利于灰尘运输和设备检修。

（5）连接各种设备的管道布置，主要取决于设备的位置。布置时应尽量使管道沿墙和柱子敷设，大管在内、小管在外、保温管在外、非保温管在内。管道之间，管道与梁、柱、墙和设备之间要留有一定的距离，以满足施工、安装、运行和检修的需要。管道布置既不应妨碍门、窗的开关，也不应影响室内采光。

　　1. 你去过锅炉房吗？如果去过锅炉房，你都看见过哪些设备？如果没有去过锅炉房，你认为锅炉房设备布置为什么要有尺寸要求？

　　2. 采用相互提问的方式，测试自己对锅炉和锅炉房基本知识的掌握程度。

1. 锅炉和锅炉房的任务是什么？

2. 什么是锅炉？它由哪几部分组成？

3. 锅炉是怎样运行工作的？没有辅助设备的锅炉是否可以正常运行？

4. 是否可以使家里的炉子也变成连续进水和出水的设备？

5. 锅炉运行包括哪几个同时运行的过程？

6. 锅炉房的辅助设备包括哪几个部分？各部分的作用是什么？

7. 锅炉的基本特性有哪些？

8. 锅炉运行有哪些热损失？有什么方法可以降低这些热损失？

9. 什么是工业锅炉？简述锅炉的分类方法。

10. 简述下列锅炉型号代表的意义：QXL2.8–0.8/95/70–A、SZL4.2–0.69/95/70、KZL2–0.8。

11. 什么是焦炭？什么是洁净型煤？

第二节　锅炉受热部件、燃烧设备和附件

一、锅炉的受热部件

锅炉的受热部件又称为锅炉的受热面，它是指锅炉中高温烟气与水、蒸汽进行热交换的金属表面。锅炉受热部件有两大部分：一部分是主要受热部件，包括锅筒、水冷壁和对流管束；另一部分是辅助受热部件，包括省煤器、蒸汽过热器和空气预热器。

1. 锅炉的主要受热部件

（1）锅筒

锅筒又称为汽包，是锅炉最重要的部件。锅筒是用钢板制成的圆柱形容器，两端

是凸形的封头。在锅筒的一端或两端的封头上开有人孔，以便安装和检修锅筒内部装置。人孔呈椭圆形，人孔盖板从锅筒内侧向外侧用螺栓拉紧。锅筒外形如图3-5所示，作用是汇集、储存、净化蒸汽和补充给水，增加锅炉运行的安全性和稳定性。

热水锅炉的锅筒内部全部是热水，而蒸汽锅炉的锅筒内部是热水和蒸汽。单锅筒蒸汽锅炉中，热水在锅筒的下部，蒸汽在锅筒的上部；双锅筒蒸汽锅炉中，下锅筒内全是热水，上锅筒下部为热水、上部为蒸汽，上、下锅筒用对流管束连接。

图3-5　锅筒外形

1—上锅筒　2—人孔盖　3—对流管束　4—下锅筒　5—下联箱

上锅筒内部装置有汽、水分离装置，以及排污装置、加药装置和给水装置等。

汽、水分离装置的作用是保持蒸汽的洁净和降低蒸汽的带水量，以提高蒸汽的品质。常用的汽、水分离装置有孔板、集汽管、锅壳分离器和汽、水分离挡板等。

给水装置的作用是将锅炉给水沿锅筒长度均匀分配，避免过于集中在一处而破坏正常的水循环，同时为避免给水直接冲击锅筒壁，造成温差应力，给水管设置在给水槽中。

排污装置包括连续排污装置和定期排污装置。连续排污装置的作用是排掉蒸发面附近浓缩的炉水，降低炉水的含盐量。这种排污方法称为连续排污，又称表面排污。连续排污装置是一根设置在上锅筒、沿着锅筒轴线方向的钢管，其上焊有许多短管，短管端部呈锥形，在水位波动时排污不会中断。下锅筒（下联箱）内设有排放沉渣、泥渣的定期排污装置。

有些锅炉的上锅筒还设置有加药装置，目的是向上锅筒加入碱性盐，使炉水保持碱性，防止酸性水腐蚀锅筒。

（2）水冷壁

水冷壁管又称水冷墙，是布置在炉膛四周的辐射受热面。它可以防止高温烟气烧坏炉墙，也防止熔化的灰渣在炉墙上结成渣瘤。一般情况下，水冷壁吸收的热量为锅炉总热量的50%左右，但其钢材用量却比对流管束低。水冷壁已是现代锅炉的主要受热部件。

水冷壁管通常采用锅炉专用无缝钢管，一般上部固定，下部能自由膨胀。水冷壁连接在上锅筒和联箱上。联箱又称集箱，用较大直径的无缝钢管制成，通常有上联箱与下联箱之分。联箱上除了有连接水冷壁管和下降管的管接头外，底部还有定期排污管。上联箱分为前上、后上、左上、右上等；下联箱分为前下、后下、左下、右下等。

（3）对流管束

对流管束通常由连接上、下锅筒间的管束组成，布置在烟道中，受到烟气的冲刷而换热，也称为对流受热面。对流管束也用锅炉专用无缝钢管制成。

对流管束的传热效果主要取决于烟气的流速。提高烟气流速，可使增强传热效果，节省受热面，但其阻力和运行费用会增加；烟气流速过小，容易使受热面积灰，影响传热。一般烟气流速以 8 ~ 13 m/s 为宜。

烟气冲刷有横向和纵向两种，横向冲刷的传热效果好。对流管束的排列方式有顺排和错排两种，错排的传热效果好，但清灰和检修不方便。

2. 锅炉的水循环

热水锅炉通常采用强制水循环，即采用循环水泵使锅炉内的水进行循环。而蒸汽锅炉内的水循环采用自然循环，即利用水的密度差和高度差产生的静压力差进行循环。

蒸汽锅炉单回路水循环如图 3-6 所示，由上锅筒、下锅筒、下降管、联箱和水冷壁管组成水循环回路。布置在炉膛内的水冷壁受热后，管内水的温度迅速上升，一部分水汽化，在管内形成汽、水混合物。布置在炉膛外的下降管中的水由于不受热，其密度大于汽、水混合物的密度。以图 3-6 中 A—A 断面为例进行分析，显然 A—A 断面两侧的压力不同，从而形成循环，这种循环为自然循环。

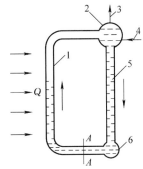

图 3-6 蒸汽锅炉单回路水循环

1—上升管 2—上锅筒 3—蒸汽出口管 4—给水管 5—下降管 6—下锅筒（联箱）

虽然对流管束都吸收热量，但水循环也是存在的。因为对流管束前半部分（从烟气流动方向看）的烟气温度高、吸热多，而后半部分的烟气温度低、吸热少，所以前半部分的水向上流（上升管），后半部分的水向下流（下降管），形成水循环。

锅炉的下降管布置在炉外，而且要进行保温，其目的是保证水的温度比炉中管内水的温度低，而且防止烫伤。

在工业锅炉中，通常将整个锅炉的水循环分成几个独立的循环回路，每个回路都有各自独立的上升管、下降管和联箱。

受热面管与联箱的连接采用焊接，与锅筒的连接有焊接和胀接两种，工业锅炉一般以胀接为多。

3. 锅炉的辅助受热部件

省煤器、蒸汽过热器和空气预热器是锅炉的辅助受热部件，其设置根据实际情况确定。

（1）省煤器

省煤器的作用是利用锅炉尾部烟气的热量，提高锅炉给水温度，降低排烟温度，减少热损失，提高锅炉效率，节约燃料。

省煤器按材料不同分为铸铁式和钢管式两种，按给水被加热程度不同分为沸腾式和非沸腾式两种。工业锅炉常用非沸腾式铸铁省煤器，给水经过加热送入锅炉比蒸汽饱和温度低 20～50 ℃。

常用的铸铁省煤器由数排外侧带有方形或圆形鳍片的铸铁管组成，各管之间由180°铸铁弯头串联连接，图 3-7 所示为常用的铸铁省煤器及其组成部件。

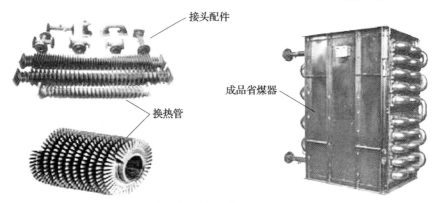

图 3-7　常用的铸铁省煤器及其组成部件

为了提高换热效果，锅炉给水从下层进入省煤器，在省煤器管内依次向上流动，而烟气在管外自上而下横向冲刷省煤器，形成逆流式换热。

省煤器应设置旁通烟道，当省煤器发生故障或锅炉升火运行时，烟气则由旁通烟道流过。为了清除积灰，保证烟气流动畅通，在省煤器烟道中还设有吹灰器。

非沸腾式铸铁省煤器的管路连接如图 3-8 所示。省煤器前、后装有控制阀和单向阀，起控制和防止水倒流的作用。省煤器还装有旁通管，当省煤器停用时，给水由旁通管直接进入上锅筒。在进水口处安装的安全阀能减轻水击产生的影响，在出水口处安装的安全阀能在省煤器内发生汽化和超压时排放汽、水，放气阀可排出省煤器内的空气。另外，省煤器还应装设泄水阀、压力表和温度计等附件。

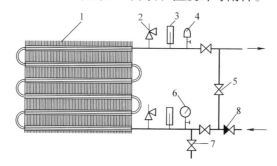

图 3-8　非沸腾式铸铁省煤器的管路连接

1—铸铁省煤器　2—安全阀　3—温度计　4—放气阀　5—旁通管
6—压力表　7—泄水阀　8—止回阀

（2）蒸汽过热器

蒸汽过热器的作用是将锅筒引出的饱和蒸汽在定压下继续加热、干燥，并达到一定的过热温度。

蒸汽过热器按换热方式不同，可分为辐射式、半辐射式和对流式；按放置方式不同，可分为立式和卧式。工业锅炉中常用立式对流过热器。立式对流过热器由一组蛇形的无缝钢管和联箱组成。过热器和联箱的连接方式主要是焊接。蒸汽过热器盘管如图 3-9 所示。

蒸汽过热器通常布置在烟道的高温区域（如炉膛出口）。按照烟气和蒸汽的流向不同，可以将过热器布置为顺流、逆流、双逆流和混合流等换热形式。在实际使用中，双逆流和混合流方式应用较多。

图 3-9 蒸汽过热器盘管

（3）空气预热器

空气预热器是利用烟气余热提高进入炉膛内空气温度的设备，一般蒸发量在 10 t/h 以上的工业锅炉才设置。在正常运行条件下，空气预热器可使锅炉热效率提高 5% ~ 6%。

工业锅炉常用管式空气预热器，由管束、上管板、下管板、导流箱等组成，如图 3-10 所示。空气预热器布置在烟道省煤器的后面，它是锅炉机组的最后一个受热面。

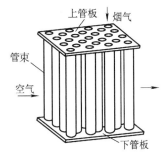

图 3-10 管式空气预热器

 想一想

锅炉的哪些受热部件必须设置？哪些受热部件可以根据需要设置？

二、锅炉的燃烧设备

1. 燃烧设备

根据燃料在炉内的燃烧方式不同，燃烧设备可分为层燃炉、室燃炉和沸腾炉三种。

（1）层燃炉

层燃炉的燃料在炉排上铺成层状，空气主要从炉排下送入，流经燃料层并与之发生反应。常用的层燃炉有手烧炉、链条炉排炉、往复推动炉排炉等。这类设备适用煤种广，且煤不必专门破碎加工，适用于间断运行，但燃烧效率不高。

（2）室燃炉

室燃炉的燃料在炉膛内以悬浮状态燃烧。常用的室燃炉有煤粉炉、燃油炉和燃气炉。这种锅炉内不设炉排，通过喷燃器使燃料以悬浮状态燃烧，因此燃烧完全、迅速、燃料适应性强，燃烧效率高，但设备复杂、耗电多，并不宜间断运行。

（3）沸腾炉

沸腾炉的燃料在适当流速空气的作用下，在沸腾床上呈流化沸腾状态燃烧。此类锅炉设备简单，燃烧反应强烈，燃尽率很高，适用于劣质煤，但耗电量大、飞灰量大、管束易磨损。

2．常见炉排

常见炉排有固定炉排、链条炉排、往复推动炉排等。

（1）固定炉排

固定炉排通常由条状炉条组成，少数由板状炉条组成，材料一般用普通铸铁或耐热铸铁。固定炉排的优点是着火条件优越，燃烧时间充分，煤种适应性强。其缺点是操作运行的劳动强度大，燃烧呈现周期性的不协调、冒黑烟，且效率低、污染环境。

（2）链条炉排

链条炉排的外形似带式输送机。炉排带动煤层自前往后缓慢移动，煤层厚度可以由煤渣板控制。煤在炉膛内受到辐射加热，依次完成预热、干燥、着火、燃烧，直至燃尽。灰渣则随炉排移动到后部，经过挡渣板落到后部灰斗排出。链条炉排是工业锅炉常用的炉排，如图3-11所示。

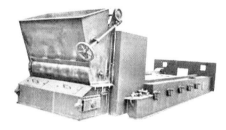

图3-11　链条炉排

链条炉排具有以下特点。

1）着火条件差。链条炉排工作时，新煤落在空炉排上，是单面引火的炉型。为了改善燃烧过程、创造较好的着火条件，链条炉排中可以设置点火拱，即前拱。常见的点火拱中，以抛物线拱的效果最好。对于难以着火的无烟煤，还可以设置低而长的后拱。

2）燃烧过程是沿着炉排方向变化的。炉排前端是准备阶段，需要空气量少；炉排中间是燃烧阶段，需要大量空气；炉排后段是燃尽阶段，空气量需要也少。因此，平均送风会使两端空气过剩，而中间空气供应不足，这将严重影响燃烧的正常进行，使锅炉热损失增加。为此，一般采用分段送风和适当加入二次风。

分段送风是指沿着炉排运动方向将炉排下面的空间分割成几个风室，每个风室之间应严密不漏，且可以单独调节送风量，使供给的空气量与此风室上面炉排段需要的空气量相等或接近。二次风是指从炉排上面送入炉膛的空气，其作用是补充空气、促进完全燃烧、提高锅炉的热效率。

3）必须加强拨火。由于燃料和炉排之间没有相对运动，因此必须从炉膛两侧炉墙上的拨火孔对炉排上结焦的燃料进行人工拨火。

（3）往复推动炉排

往复推动炉排是一种机械推动的阶梯式倾斜炉排，由间隔布置的固定炉排和活动炉排组成，如图 3-12 所示。其燃烧情况与链条炉排相似，也采用分段送风和适当加入二次风。

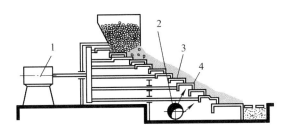

图 3-12　往复推动炉排

1—传动机构　2—进风口　3—固定炉排　4—活动炉排

往复推动炉排具有以下特点。

1）适用于燃烧水分和灰分较高、热值较低的劣质煤，以及一般易结焦的煤。

2）具有一定的拨火能力，燃烧热效率高。

3）结构简单，制造容易，金属耗量低，耗电少。

4）炉体较高，增加了锅炉房的高度。

5）炉排冷却性差，主燃烧区炉排易烧坏。

6）易产生漏煤、漏风等问题。

想一想

锅炉运行时，锅炉本体中的烟气压力可以处于正压、负压和零（送风、引风平衡）的状态。简述哪种送风状态较好，并对这三种送风状态进行分析。

三、锅炉附件

锅炉附件是确保锅炉安全和经济运行不可缺少的重要组成部件，包括安全阀、压力表、水位计、高低水位报警器、温度计、吹灰器、超压报警装置和超温报警装置等。

1. 安全阀

安全阀是锅炉的主要安全附件之一。当锅炉压力超过工作压力时安全阀就自动开启，排出蒸汽降低压力；当锅炉压力降至工作压力以内时安全阀又自动关闭，从而避免锅炉因超压发生爆炸。

工业锅炉常用安全阀有杠杆式和弹簧式两种，如图 3-13 所示。其中，杠杆式安全阀应有防止重锤自行移动的装置和限制杠杆越出导架的装置，弹簧式安全阀应有提升把手和防止随意拧动调整螺钉的装置。

蒸发量小于 0.5 t/h 的锅炉本体至少安装一个安全阀，蒸发量大于 0.5 t/h 的锅炉本体至少安装两个以上的安全阀。省煤器的出口或进口、过热器的出口都必须装设安全阀。锅炉上的安全阀应安装在锅筒、各类联箱的最高位置。

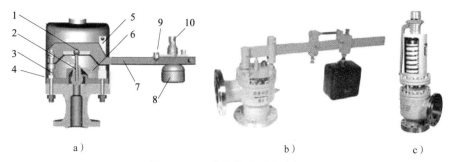

图 3-13　工业锅炉常用安全阀

a）杠杆式安全阀动作示意图　b）杠杆式安全阀　c）弹簧式安全阀

1—受力点　2—阀杆　3—支点　4—阀罩　5—导架　6—阀芯

7—杠杆　8—重锤　9—调整螺钉　10—固定螺钉

2. 压力表

压力表是锅炉的主要安全附件之一，用于测量锅炉内的工作压力。压力容器及需要监视压力的设备必须安装压力表，以显示各监测点的压力值。

工业锅炉一般采用弹簧管式压力表，压力表应与表弯及三通旋塞配套使用。锅炉使用的电接点压力表如图 3-14 所示，具有远距离控制和自动控制等功能。

图 3-14　电接点压力表

3. 水位计

水位计是锅炉的主要安全附件之一，用于指示锅炉内水位的高低。水位计的两端应分别与上锅筒的汽、水空间相连接。

工业锅炉常用水位计有单色水位计（或称黑白水位计）、双色水位计（有水是绿色，无水是红色）和传感型平板水位计等，如图 3-15 所示。

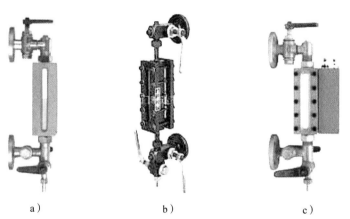

图 3-15　工业锅炉常用水位计

a）单色水位计　b）双色水位计　c）传感型平板水位计

传感型平板水位计采用防短路水位电极棒，电极棒上设有接线支架和电极保护罩，罩部位附有绝缘管接线座，安全可靠。水位计中还有防腐装置，保护本体内玻璃与电极正常运行，不受任何水质影响。这种水位计可以将传感器设置在水位显示仪侧面，便于操作。这两套系统打造成一个整体，能直接与各种锅炉配套使用，实现了锅炉水位直观、可靠的现场显示和水位远传报警或自动控制。该水位计使用工作压力为1.6 MPa，使用温度为200 ℃。

安全阀、压力表及水位计统称为锅炉三大安全附件。

4. 高低水位报警器

高低水位报警器是锅炉的主要安全附件之一，当锅炉内水位过高或过低时可以发出声光警报，提醒司炉值班人员及时采取措施，控制水位在正常范围内。

锅炉房常用的有浮子式高低水位报警器和电极式高低水位报警器两种。前者有安装在锅筒内和锅筒外两种；后者一般安装在锅筒外侧，与水位计相邻。电极式高低水位报警器如图 3-16 所示。

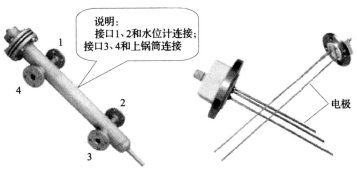

说明：
接口1、2和水位计连接；
接口3、4和上锅筒连接

电极

图 3-16 电极式高低水位报警器

5. 温度计

在锅炉房的各个系统中，需要测量的温度有蒸汽温度、给水温度、空气温度、燃料油温度、各段烟气温度和炉膛温度等。

常用的温度计主要有压力式温度计、双金属温度计、玻璃水银温度计、热电阻温度计和热电偶温度计。其中，热电偶或热电阻温度计用于测量烟、风道温度，热电偶温度计用于测量炉膛温度。

锅炉房使用的电接点温度计具有直接显示和自动控制的功能，如图 3-17 所示。

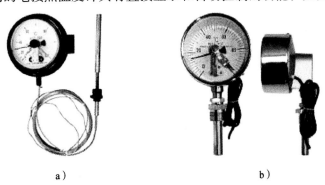

a)   b)

图 3-17 电接点温度计
a）压力式温度计 b）双金属温度计

6. 吹灰器

在长期运行过程中，锅炉内受热面的管外壁与管束之间会积满灰尘，必须及时清除，否则直接影响烟气流通与锅炉汽、水系统的传热效果。通常在水冷壁管、对流管束及省煤器等处设置吹灰器，高压蒸汽通过多孔吹灰管喷出以清除灰垢。工业锅炉常用固定式吹灰器。

7. 超压报警装置与超温报警装置

为了保证锅炉压力不超过最大工作压力，蒸汽锅炉应安装超压报警装置（即压力控制器），其电路开关与配电盘柜连接，当锅炉超压时，可通过电气控制自动停止送风系统、引风系统及炉排，并控制警铃报警。

为了防止水温超过锅炉允许的最高温度，热水锅炉应设置超温报警装置，即电接点压力表和电接点温度计。在锅炉总出口处安装温度计的感温包，在炉前易于观察的位置安装报警装置，通过电气控制柜使引风系统、送风系统及炉排停止运行。

 想一想

1. 在锅炉附件中，哪些附件必须安装？哪些附件可以根据情况安装？
2. 工程中常说的锅炉三大安全附件指的是什么？

 **思考练习题**

1. 锅炉的主要受热部件有哪些？它们各自的作用和安装位置是什么？
2. 锅炉的附加受热部件有哪些？它们各自的作用和安装位置是什么？
3. 省煤器的管路系统怎样连接？管路上安装的各附件的作用是什么？
4. 锅炉的受热面采用管道有什么好处？
5. 链条炉排为什么要采用分段送风和二次风？
6. 锅炉有哪些常用附件？其中哪些附件属于安全附件？

第三节　锅炉水处理系统和汽、水系统

一、水中杂质的危害

水是锅炉的重要工作介质，它来源于自然界，而自然界的水是不纯净的，通常含有多种杂质，颗粒最大的称为悬浮物，其次是胶体，最小的是离子和分子，即溶解物质。水中的这些杂质会随锅炉温度的变化发生各种变化，而这些变化对锅炉的正常运行以及锅炉的寿命都将产生很大影响。

悬浮物是指水流动时呈悬浮状态，但又不溶于水的颗粒物质，主要是砂子、黏土及

有机腐残质。胶体是许多分子和离子的集合体，它们在水中不能相互结合，而稳定在微小的胶体状态下，不能依靠重力自行下沉。水中的胶体大多是动、植物遗体腐烂后的分解物质和油类等，同时还有一部分铁、铝、硅的化合物组成的矿物胶体。大量的悬浮物和胶体物质在锅炉中会形成沉积物，引起管道堵塞和水流不通畅事故，甚至引起锅炉爆管。天然水中的大部分悬浮物和胶体杂质可通过混凝和过滤处理清除。

水中的溶解物质主要是钙（Ca^{2+}）、镁（Mg^{2+}）、钾（K^+）、钠（Na^+）等离子组成的盐类和一些溶解性气体如溶解氧（O_2）、二氧化碳（CO_2）等。通常将溶解于水、能够形成水垢的钙、镁盐类的总含量称为水的总硬度。钙、镁的重碳酸盐和碳酸盐在水加热至沸腾后就能变成沉淀物析出，它们的含量称为暂时硬度。另外一些钙、镁盐类在水加热至沸腾时不会立即沉淀，只有在水不断蒸发至含量超过极限时才会析出，如氯化钙（$CaCl_2$）、氯化镁（$MgCl_2$）、硫酸钙（$CaSO_4$）和硫酸镁（$MgSO_4$）等，它们的含量称为永久硬度。水中的溶解物质对锅炉的运行会带来以下危害。

首先是产生水垢。在锅炉水被加热或浓缩时，钙、镁盐类就会产生水渣和水垢。水渣是悬浮于锅炉水中的固体物质，大量沉积后也会造成管道堵塞。水垢则坚硬密实，有很强的附着能力，贴附在锅炉受热面上，形成硬壳。水垢的导热能力很差，仅为金属的 1/50～1/20。水垢的存在破坏了锅炉内正常的传热机制，使排烟温度升高，锅炉出力降低，造成燃料的浪费。同时，由于传热不良，受热面壁温大大升高，强度随之剧减，导致管壁产生变形或裂缝，引起水循环不良、爆管或锅炉爆炸事故。

其次是产生碱腐蚀。在蒸汽锅炉的运行中，锅水不断浓缩，碱性不断增强，在内应力较大的铆焊处会发生强烈的碱腐蚀。所谓碱腐蚀，即在强碱性液体、高温作用下，锅炉某些部位发生金属晶格脆化，又称苛性脆化，严重时会引起裂管爆锅事故。

最后是各种电化学腐蚀。水中溶解的氧气和二氧化碳气体在溶有酸、碱、盐的锅炉水中会产生电化学腐蚀，在金属受热面上形成麻点状腐蚀，严重时会造成穿孔，引发事故。

此外，随着锅炉水的浓缩，水中各种有机物质和油脂会在表面形成泡沫层，严重时会引起汽水共腾、污染蒸汽，甚至损坏管道阀件。

因此，为了避免以上事故，进入锅炉的水应该事先进行处理，降低水中钙、镁盐类的含量（称为软化）、减少溶解性气体（称为除氧）和去除水中悬浮物（称为过滤），使杂质含量减少到允许的范围内。尤其是大容量、高压力的锅炉，必须有完善的水处理设备。

想一想

用什么方法可以除去水中的杂质？

二、水处理系统及其设备

根据锅炉的容量大小、水质情况不同，锅炉水处理的方法可分为炉内水处理和炉外水处理。炉内水处理是指向炉内投药剂，使药剂与水中结垢的物质发生反应，生成疏松的水渣，然后通过锅炉排污排出，减轻和防止水垢形成。这种方法简单、方便，但防垢效果不很理想，热损失大，只用在小吨位锅炉或运行时间较短的锅炉中，一般情况较少使用。

炉外水处理是指在水进入锅炉之前进行软化处理，彻底消除水中导致水垢的成分。除软化外，还有过滤、除氧等方法。

1. 给水的过滤及过滤设备

当进入锅炉房的原水的悬浮物含量超过 30～50 mg/L 时，就要进行过滤。工业锅炉房常用的过滤设备是机械压力式过滤器，如图 3-18 所示。

过滤器的滤料有石英砂或活性炭，使用活性炭为滤料的过滤器可以除去地表水的胶体物，降低含氧量，并除去游离氯。过滤器按工作形式不同可分为单流、双流两种。滤料可以有单层、双层、三层，以适应不同的水质。

为了获得较高的过滤速度，进水一般需用水泵加压后再进入过滤器，此类过滤器称为机械压力式过滤器。

机械压力式过滤器安装、操作简单，运行程序是冲洗和过滤，冲洗合格后再进行正常过滤。

图 3-18　机械压力式过滤器

2. 给水的软化及软化设备

从水的杂质组成看，水中含钙、镁离子越多，水的硬度越大。如果能采用一种含阳离子的物质与水进行化学反应，使钙、镁离子一一置换出来，产生一种新的化合物，这种化合物将不会形成水垢，此时水的硬度会降低而变成所需要的水，这种不含钙、镁离子的水即软水。置换钙、镁离子的过程就是水的软化，这种方法称为阳离子软化法，又称离子交换软化法，含离子的物质称为离子交换剂。工业锅炉房常使用的阳离子为钠离子（Na^+），一般由食盐水（$NaCl$）提供。

常用的离子交换剂有天然沸石、合成沸石、磺化煤及合成树脂。在锅炉房内，一般常用合成树脂作为交换剂。

离子交换剂一般被填充在一个容器中，软化时原水流经容器中的交换剂层，还原时食盐水也同样流经这个容器，使交换剂得以再生。这样的容器叫作离子交换器，其上配有相应的管接口。当食盐水流动的方向和原水流动的方向一致时（一般都是由上至下流动），称为顺流式再生。这种方法由于设备和运行都比较简单，所以使用较普遍。由于这种离子交换器使用的是食盐水，习惯上称为钠离子交换器。

离子交换器的外壳一般用钢板、不锈钢板等材料制成带凸形封头的圆筒体，其顶部和底部都设有管接口。上部管接口接入筒体内，并装有配水漏斗，使原水或食盐水与离子交换剂尽可能接触均匀。离子交换器下部管接口上方设有多孔板，板上铺有不同粒径石英砂组成的垫层，石英砂上是离子交换剂层。石英砂可使水流过，而不使树脂流失。

离子交换器运行过程（软化过程）主要分为四个阶段。

（1）软化阶段

原水按一定速度进入离子交换器，进水速度不宜过快，使原水与离子交换剂充分反应，符合标准的软化水接入软化水箱内。

（2）反洗阶段

软化进行一段时间后，离子交换剂就会失去软化能力，即所谓的失效。离子交换剂失效后，就要进行还原再生。反洗阶段是还原再生的准备阶段，其目的是松动一下离子交换剂及洗掉原水在离子交换剂中遗留的杂质、污物。反洗阶段水流方向与软化阶段相反。

（3）还原再生阶段

反洗符合要求后，进入还原再生阶段。让还原液（盐溶液）与离子交换剂进行还原反应，使失效的离子交换剂获得更多的钠离子而恢复软化的效力。

（4）正洗阶段

在还原的过程中，化学反应结束会生成氯化钙、氯化镁等化合物，还原液本身带有杂质及悬浮物，应通过冲洗将残留在离子交换剂中的化合物及杂质排出。

正洗时水流速度不宜过大，当排出水质符合要求后，开始进入软化阶段。

离子交换器运行过程各阶段的时间控制与离子交换器本身构造有关。人工手动操作离子交换器较少，一般应用于需要软化水较少的锅炉房，工业锅炉房一般使用全自动软化水设备。

全自动软化水设备通过程序控制装置，无须专人操作，安装及配管简便，如图3-19所示。软水器设计合理，使树脂能有效工作，充分利用交换容量。水质软化过程自动化，实现了离子交换和树脂还原再生过程的自动化。

图3-19 全自动软化水设备
1—交换器罐 2—盐液

3. 给水的除氧和除氧设备

大型锅炉用水过程中，除必要的软化水系统外，还需设置除氧设备。当水中含氧量较高时，锅炉及管道均易受到氧化腐蚀作用。目前，工业锅炉常用的除氧方法有热力除氧、真空除氧、解析除氧和化学除氧等。

喷雾式热力除氧器如图3-20所示，由除氧头和除氧水箱两部分组成。给水由除氧头上部的进水管引入，进水管又与互相平行的几排喷水管相连，喷水管出水口处装有喷嘴，水通过喷嘴喷出并呈雾状。除氧头下部有两层孔板，孔板间有一定的容积，装有不锈钢填料，雾状水滴经填料层后落到水箱里。蒸汽由除氧头下部的进气管进入，通过蒸汽分配器向上流动，析出的气体及部分蒸汽经顶部的圆锥形挡板折流，由排气管排出。

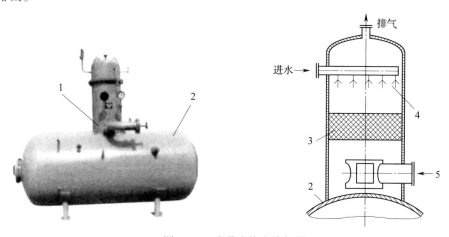

图 3-20　喷雾式热力除氧器

1—除氧头　2—除氧水箱　3—填料　4—进水管喷嘴　5—蒸汽

因此，给水在除氧头先变成雾状被加热，具有很大的表面积，有利于氧气从水中逸出，然后又在填料层中呈水膜状态被加热，与蒸汽有较充分的接触，且填料还有蓄热作用，除氧效果较好，对负荷的波动适应性强。

4. 锅炉排污

锅炉水虽然经过处理后已经符合锅炉给水标准，但在蒸汽锅炉中，随着水的不断蒸发、浓缩，锅炉水中的杂质浓度将不断增加，残留在水中的少量硬度物质又有结成水渣和水垢的能力。另外，锅炉水含盐浓度过高会使水表面张力减小，容易发生起沫和汽、水共腾现象。因此，锅炉中的锅炉水也要排污，排污的方法有定期排污和连续排污两种。

（1）定期排污

定期排污的接管一般设在锅炉下锅筒底部、联箱底部等容易积存沉渣的最低点。定期排污是指在锅炉运行期间，间隔一定时间，快速短时间地排出大量锅炉水，目的是带走锅炉下部的沉积物，调节锅炉水的含盐量。

定期排污通常用快速排污阀，一般两只串联使用。快速排污阀应严密，而且能快速操作，图 3-21 所示为几种锅炉用排污阀。

定期排污在操作时要有意识地保护靠近锅炉的一只排污阀，使排污水冲刷第二只排污阀，这样便于更换。具体操作方法是：排污时先打开靠近锅炉的一只排污阀，再快速开启第二只排污阀；关闭时先关第二只排污阀，再关靠近锅炉的一只排污阀。每次排污时间根据锅炉运行状况而定。

定期排水温度和压力都很高，不能直接排入排水道，要先排入排污降温池进行降温和降压。为了更好地使用热量，某些锅炉使用定期排污膨胀器进行锅炉定期排污。

图 3-21　几种锅炉用排污阀

定期排污膨胀器的作用是将锅炉定期排出的废热水进行减压、扩容，分离出二次蒸汽和废热水。二次蒸汽排入大气或作为热源利用，废热水一般经排污降温池排入排水系统。如果锅炉排污水的压力较高，可在定期排污膨胀器前设置节流阀降低压力，以便在定期排污膨胀器内扩容、降温，分离出二次蒸汽。

（2）连续排污

连续排污的目的是排出浓缩的锅炉水，排污装置设置在锅炉水浓度最高的蒸发面以下。连续排污水量较大，携带的热量也不少。为了节约燃料，提高热量的利用率，连续排污水的热量都要经过连续排污膨胀器进行回收。高温高压的排污水在膨胀器内，由于体积突然扩大、压力降低而产生二次蒸汽，二次蒸汽常被输入热力式除氧器作为热源。由连续排污膨胀器下部排出的热水还可以通过热交换器将软化后的原水预热，最后排走。

连续排污膨胀器也称连续排污扩容器，是带凸形封头的直立式圆筒形金属容器，如图 3-22 所示。高温高压连续排污水进入连续排污膨胀器后，扩容降压变成二次蒸汽，从连续排污膨胀器上部引出，废热水从底部排出。为了保证安全，连续排污膨胀器要有一定的承压能力，且上面应安装有安全阀。

图 3-22　连续排污膨胀器

想一想

1. 原水软化的方法除离子交换法外，还有哪些方法？
2. 怎样更好地利用锅炉排污水？

三、汽、水系统及其设备

汽、水系统是锅炉房设备的重要组成部分，其作用是连续不断地将经过处理且符合标准的水送入锅炉，并将产生的蒸汽或热水分配至各热用户，包括给水系统和蒸汽系统。

1. 给水系统

将给水送入锅炉的一系列设备、管道及配件等称为给水系统。

（1）蒸汽锅炉房的给水系统

蒸汽锅炉房的给水系统可用图 3-23 表示，其组成包括软化水设备、给水箱、给水泵、凝结水箱、凝结水泵等。蒸汽形成的凝结水依靠重力自流回到凝结水箱，凝结水箱往往设在较低的位置。凝结水由凝结水泵加压送至给水箱，由于凝结水只能回收一部分以及在输送过程中的泄漏，其余的锅炉给水由软水补充，经软化水设备软化后的水也进入给水箱，与凝结水混合后，由给水泵加压送至锅炉。

这种给水系统比较简单，适用于中小型锅炉房。

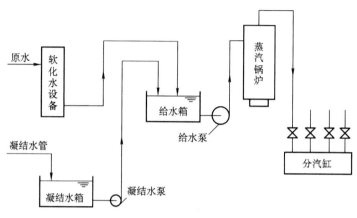

图 3-23　蒸汽锅炉房的给水系统

（2）热水锅炉房的给水系统

热水锅炉房的给水系统可用图 3-24 表示，其组成包括给水箱、补水泵、循环水泵、分水器、集水器等。其工作过程：经软化水设备处理的软化水储于给水箱中，经补水泵补入采暖循环水泵的吸口处，再由循环水泵压入热水锅炉。

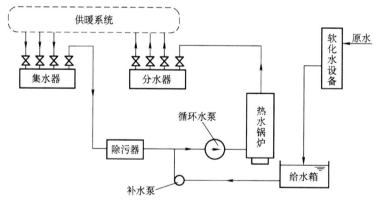

图 3-24　热水锅炉房的给水系统

补水泵的工作是间歇性的，当系统缺水时，可开启补水泵补水。目前，大部分锅炉房采用自动补水，自动补水的基本原理就是利用系统压力的变化控制补水泵的动作。

（3）给水管道

由除氧水箱或给水箱到锅炉给水泵的管道，称为吸水管道；由锅炉给水泵到锅炉给水阀的管道，称为压水管道。吸水管道和压水管道合称为给水管道。

工业锅炉一般采用单母管给水系统，如图 3-25 所示。其特点是运行可靠、管道简单、维修方便。常年不间断供热的锅炉房应采用如图 3-26 所示的双母管给水系统，两根管道同时使用。

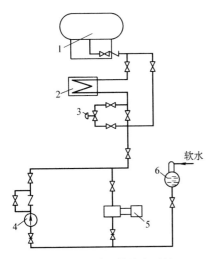

图 3-25 单母管给水系统

1—锅炉 2—省煤器 3—给水调节阀
4—电动给水泵 5—汽动给水泵 6—除氧器

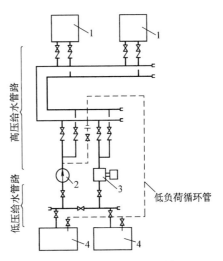

图 3-26 双母管给水系统

1—锅炉 2—电动给水泵
3—汽动给水泵 4—给水箱

2. 给水系统的设备

为保证锅炉安全、可靠、连续地运行，必须保证不断地供给锅炉补给水和选择合适的给水设备。常用的给水设备有给水泵、给水箱等。

（1）给水泵

工业锅炉房常用的给水泵有电动离心式水泵、蒸汽活塞式水泵和蒸汽注水器等。

1）电动离心式水泵。它广泛应用于锅炉房给水系统，常用的是单吸多级离心泵（DAI 型）和单级单吸悬臂式离心泵（IS 型），常配备的有给水泵、凝结水泵、软化水泵及循环水泵等。凝结水泵一般不少于两台，其中一台作为备用。软化水泵也应有一台备用。

2）蒸汽活塞式水泵。它利用锅炉本身的蒸汽压力向锅炉供水，当锅炉房发生断电或水泵抢修时，可作为备用泵继续工作。蒸汽活塞式水泵的扬程与进气压力和排气压力之差有关，并随其改变而改变。因此，未经制造厂同意，不得任意提高进气压力。

3）蒸汽注水器。它是利用锅炉本身的蒸汽压力能量将水注入锅炉中的简易给水装置，原理和喷射水泵相似。蒸汽注水器的优点是结构简单、体积小、价格低、操作方便、热能利用率高、能使给水预热，缺点是对给水温度有限制、耗用蒸汽多、调节给水量困难。

（2）给水箱

给水箱的作用是储存给水（包括凝结水和软化水），并且经常是经过除氧后品质

193

较高的水，因此，作为给水箱的除氧水箱要有良好的密封性。如果储存没经过除氧的水，也可以采用开口水箱。

给水箱的形状分为圆形和矩形两种。容量较大的水箱宜采用圆形水箱，以节省钢材；当布置圆形水箱不方便时，才考虑采用矩形水箱。

给水箱一般应设置两个独立的水箱，或将一个水箱分隔成两个，而两个分开的水箱要用管子连接起来。当一个水箱检修清洗时，另一个水箱仍可使用。

3. 蒸汽系统

蒸汽锅炉房的蒸汽分为两部分：由锅炉引出供自身吹灰和驱动蒸汽泵的部分称为自用蒸汽，由副蒸汽管供给；从锅炉引至分汽缸，并供给用户的蒸汽占蒸发量的绝大部分，称为主蒸汽，由主蒸汽管供给。主蒸汽管、副蒸汽管及其上的设备附件总称为蒸汽系统。

锅炉房蒸汽系统由锅炉引出蒸汽管接至分汽缸，外供蒸汽管道与锅炉房自用蒸汽管道均由分汽缸接出。这样既可避免在主蒸汽管道上开孔过多，又便于集中调节管理。

每台锅炉与锅炉房蒸汽总管之间的管道上应安装两个阀门，以防止某台锅炉停炉检修时，蒸汽从关闭失灵的阀门倒流而入。其中一个阀门应安装在紧靠蒸汽锅炉蒸汽出口处，另一个阀门则安装在紧靠蒸汽总管便于操作处。两个阀门之间应有通向大气的疏水管阀门。

在蒸汽管道的最高点应设放气阀，以便排出空气。在蒸汽管道的最低点应装疏水器或放水阀，以便排出凝结水。

分汽缸（见图 3-27）又称汽水集配器。当锅炉房至用汽点的蒸汽管道有两根或两根以上时，锅炉房应设置分汽缸。蒸汽进入分汽缸后，由于流速突然降低，蒸汽中的水滴分离出来，并通过疏水器排出。分汽缸上接出的蒸汽管应设置阀门、压力表、温度表等。分汽缸一般靠墙布置，并离墙面有一定的间隙，以便于检修。

图 3-27 分汽缸

1. 水中有哪些杂质？这些杂质对锅炉运行有什么危害？
2. 什么是软化水？锅炉为什么要使用软化水？
3. 锅炉水为什么要进行除氧？
4. 以图 3-23 为基础，画出增加省煤器和除氧器后的蒸汽锅炉房给水系统图。
5. 以图 3-24 为基础，画出增加省煤器后的热水锅炉房给水系统图。
6. 叙述如图 3-25 所示给水管道的流程，并分析其特点。
7. 叙述如图 3-26 所示给水管道的流程，并分析其特点。

第四节 快装锅炉安装

快装锅炉也称整体锅炉。小型工业锅炉是在锅炉厂整体组装成型的，运输到施工现场后，只需进行锅炉本体、平台扶梯、除渣机、省煤器的安装，以及送风机、风管、引风机、液压传动装置、除尘器、管道、阀门及仪表、烟囱等辅助和附属设备的安装。由于快装锅炉安装方便，施工工期短，能够迅速投入使用，因而在用热量不大的工业、民用领域得到了广泛的应用。

锅炉安装质量符合要求，是确保锅炉安全运行的重要环节之一。为使锅炉安装质量达到要求，相关部门必须加强技术管理工作，安装前要经过周密调查研究，综合分析，严密构思，力求做到既符合客观实际，又能遵照基本建设程序。

一、安装前的准备工作

1. 锅炉的检查与验收

（1）检查设备图样及技术文件是否符合现行规程和标准的要求，锅炉总图上有无锅炉设计审查批准专用章，锅炉是否为具有相应资质的锅炉生产企业的产品。

（2）检查锅炉铭牌上的型号、名称、主要技术参数是否与质量证明书相符。

（3）对照锅炉制造厂供货清单，检查设备和配件的规格、型号、数量是否相符，有无损坏现象，检查安全附件、阀门有无出厂合格证。

（4）快装锅炉是在制造厂内制造装配完后出厂的，耐火砖及保温层也都砌筑、充填完毕，因而质量和体积较大，装卸和运输过程中难免振动，时常出现砖掉、拱塌现象，检查时应特别注意。如果出现这种情况，试运行前必须认真修复。重大质量问题应做记录，并报告当地市场监督管理部门。

（5）记录检查结果，办理验收手续。如有缺件和损坏现象，双方应协商解决，并办理相关的核定手续。

2. 锅炉本体的搬运

快装锅炉质量较大，现场搬运一般采用滚运的方法。因牵引负荷较大，常使用卷扬机为动力源，若牵引力大于卷扬机额定负载，要加设滑轮组。

快装锅炉有条形的钢制炉脚，滚运时不必加设排子。用齿条千斤顶将炉体顶起，直接塞入滚杠及道木即可进行滚运。拖拉设备时，应设置人工地锚，不得利用建筑物及电杆，以防损坏。搬运时应注意下列事项。

（1）全体操作人员应听从一名指挥者的信号，指挥者尽量将信号直接传送给卷扬机的操作人员。当卷扬机的主要制动器不起作用，而仅有一个手动或脚动附加制动器能起作用时，禁止卷扬机运行。

（2）在沥青路面及泥土地上滚运锅炉时，滚杠下应铺垫道木或厚木板。放置滚杠时必须将一头放整齐，防止长短不一，使滚杠受力不均而发生事故。当设备需要拐弯时，滚杠放成扇形面。搬运过程中发现滚杠不正时，只能用大锤锤打纠正。

（3）摆置滚杠时，应将四个手指放在滚杠筒内，以防压伤手指。

想一想

怎样正确使用杠杆、滚杠、滑轮、千斤顶？这些起重用具你见过和使用过哪些？

二、锅炉本体的安装

1. 基础验收与放线

清理设备基础包括清除地脚螺栓预留孔及杂物。检查基础尺寸符合要求后，放出下列设备位置线。

（1）基础标高基准线（可在墙柱上用红油漆标注）。

（2）锅炉的纵向中心线。

（3）锅炉的横向位置线。

（4）省煤器纵、横向中心线。

（5）送风机纵向中心线。

（6）除尘器、引风机纵向中心线。

（7）引风机出口中心位置线和烟囱铅垂中心线。

用油漆做出划线位置标记，做好记录，检验员复核无误后签字。

2. 锅炉就位

人工就位时可采用道木、滚杠及千斤顶配合工作，将锅炉平稳地落在基础上，使锅炉的纵向中心线及横向轮廓线（或炉排前轴中心线）对准基础上的基准线，并对锅炉进行找正。

3. 锅炉找平、找坡

锅炉横向找平、纵向找坡是快装锅炉安装过程中的一项重要工作。快装锅炉横向找平可采用水平尺，纵向找坡的原则是使排污口的位置较低，便于排出沉积物。如果锅炉出厂时已考虑了排污坡度，基础应是水平的。

锅炉的横向水平应以锅筒为依据找正。当锅筒内最上一排烟管布置在同一水平线时，可打开锅筒上的人孔，将水平仪放在烟管上部进行测定。另一种方法是打开烟箱，在平封头上找出原制造的水平中心线，用玻璃管水平测定水平线的两端点即可。

安装找平时采用垫铁，每组垫铁的间距以 0.5～1.0 m 为宜，垫铁找平后应用电焊点焊牢固。

4. 平台、栏杆安装

检查随快装锅炉一起附带的梯子平台部分是否缺件及变形，安装时应将螺栓拧紧，梯子上端应焊在锅炉支架上。

想一想

怎样正确使用水平尺？你使用过测平管（软塑料管灌水测水平）吗？分析讨论测平管的正确使用方法。

三、附属设备安装

1. 省煤器的安装

快装锅炉的省煤器一般是整体组装出厂的。安装前要认真检查外壳箱板是否平整、有无碰撞损坏，省煤器肋片管有无损坏，连接弯头的螺栓有无松动，省煤器管法兰四周嵌填的石棉绳是否严密、牢固，不严时必须补填严密。

先吊装省煤器支架，再将省煤器安放在支架上。检查省煤器烟气进口法兰与锅炉烟气出口法兰的标高、距离及螺栓孔是否相符，再调整省煤器支架座以保证安装精度要求。省煤器找正后，按图样要求固定。

如果省煤器在现场组装，组装完应先做水压试验，待水压试验合格后再就位安装。

2. 除渣机的安装

快装锅炉常用除渣机有螺旋除渣机和刮板除渣机，一般是将电动机、减速机、螺旋轴（或链条、刮板）、机壳及渣斗一起组装为整体出厂的。

安装前应先检查零部件是否齐全，外壳是否有凹坑及变形，核对除渣机法兰与炉体法兰螺栓孔位置是否正确，不合适时应进行修正。

带水封结构的除渣机，在设计水位高度时，应保证水封可靠，以防漏风。水封池应考虑排污的可能性。

3. 辅机及附属设备的安装

（1）炉排的变速箱安装

变速箱通常装配好再运到安装现场，并可整体安装。安装时，首先应将变速箱外部锈污清除，然后打开变速箱端盖，检查齿轮、轴承及润滑油脂的情况，发现异常应及时处理，油脂变质或积落污物时应清洗、换油。经检查无误后，按图就位安装。

（2）风机的安装

风机在安装前，必须根据图样和清单，核对现场设备的型号、参数是否相符。对应仔细检查风机各部分的机件，特别是叶轮、主轴和轴承等主要机件，要求其外壳无裂缝、砂眼、碰伤，焊缝处无气孔等，并要按设计文件规定的各部间隙尺寸严格检查，尤其是进风口与叶轮的轴向和径向间隙尺寸。检查机壳本体的垂直度及出、入口角度是否按设计文件规定，壳体内部不应有遗留的杂物和工具等。为防止接合面锈蚀、降低拆卸难度，应在接合面涂润滑油或机械油。

风机全部安装结束后，对底座地脚螺栓进行二次灌浆。经总检查合格后，才能在无荷载的情况下进行分部试运转。

（3）除尘器的安装

安装前应检查除尘器几何尺寸，如排气连接管至斜锥及排气管的高度、小旋风直径，以及进气口、排气口、排灰口法兰直径等，应符合设计文件要求。

支架经自检无误后再吊装除尘器。除尘器位置找正后，其撑脚与支架焊牢、固定，在各点法兰接口处垫以石棉绳或衬垫密封，最后浇灌支架的地脚螺栓。

（4）烟囱的安装

烟囱在吊装前，先在地面上组装好，法兰连接的烟囱要调直，将石棉绳填实密封，螺栓要上全拧紧，要有切实可行的吊装方案，尽量采用汽车吊进行吊装。

烟囱应安装于金属支架或单独的基础上，风机的出口烟道要顺着风机旋转方向倾斜向上，与烟囱相连接。

想一想

如果整装省煤器检查后要进行水压试验，你是否能进行这项操作？如果省煤器某个连接处漏水，怎样维修？

四、分汽缸及管道的安装

1. 分汽缸的安装

分汽缸应按照设计文件规定的位置及支架、标高等尺寸进行安装，无规定时一般靠墙布置。分汽缸的支架应平稳、牢固。

进出口蒸汽、疏水管道及阀门各法兰间应垫以橡胶石棉板，根据需要将支架固定。安装结束后，随同锅炉本体进行水压试验。分汽缸水压试验合格后应保温，保温材料根据设计文件要求而定。

2. 管道的安装

锅炉房蒸汽水平管、凝结水管、排污管均应向介质流动方向倾斜，以利于疏水和排污，坡度应为 3‰。

排污管道由于会受到排污时汽、水的冲击，不得采用螺纹阀门和螺纹管件。管道要进行可靠的固定，排污管道必须引至室外排污井内。当几台锅炉合用定期排污总管时，必须有妥善的安全措施，而且排污总管上不得装有任何阀门。

每台锅炉的进水管上应装止回阀和截止阀，两阀应相连，且截止阀在靠近锅炉的一侧。每台给水泵入口处应装闸阀，出口处应装截止阀和止回阀，止回阀应靠近水泵一侧。水泵的吸入管段必须严密，不得漏气，应尽量减少弯头。

与水泵连接的管道应有牢固的支架，既要防止设备振动传到管道系统，也要防止管路的质量压到设备上。

想一想

根据分汽缸的结构和作用，讨论分汽缸安装的具体工序。

五、燃油（气）锅炉安装

1. 燃油（气）锅炉

燃油（气）锅炉的水循环系统和燃煤锅炉基本一致，只是燃料和燃烧方式不同。燃油（气）锅炉结构如图3-28所示。

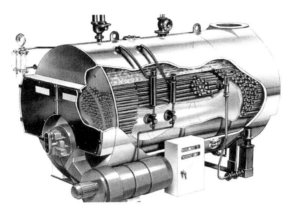

图3-28　燃油（气）锅炉结构

（1）燃油锅炉

燃用燃料油的锅炉称为燃油锅炉。燃油锅炉工作时，具有一定压力和温度的燃料油通过喷嘴被雾化成细小的油滴而喷入炉膛，燃烧所需要的空气则借助调风器送入炉内。经炉内高温气加热，油滴受热变成油气，并与空气混合，达到着火温度时开始着火、燃烧，直至燃尽。

良好的雾化和合理的配风是保证燃油锅炉燃烧迅速、完全的基本条件。因此，油喷嘴和调风器是燃油锅炉的关键设备。

工业燃油锅炉常用的油喷嘴有机械雾化喷嘴、蒸汽雾化喷嘴和低压空气雾化喷嘴等，广泛应用的调风器是平流式调风器。燃油锅炉的燃烧器如图3-29所示。

（2）燃气锅炉

燃气锅炉是燃用气体燃料的锅炉，其结构简单、投资少、易于实现自动化、对环境保护有利，但气源一中断就必须停炉，同时还须有相应的防爆等安全措施。

根据燃气和空气是否在进燃烧室之前进行混合，气体燃料的燃烧方式可以分为扩散燃烧、动力燃烧和本生燃烧三种。扩散燃烧是指燃气和空气事先没有预混合而进入炉膛的燃烧，比较稳定。动力燃烧是指燃气与燃烧所需要的全部空气已完全混合后，再进入炉膛或火道燃烧，燃烧速度快且燃烧完全。本生燃烧是指燃气与燃烧所需要的部分空气量预混合后再燃烧，燃烧速度介于两者之间。

燃烧器是燃气锅炉的重要设备，常见的有自然供风燃烧器、引射式燃烧器和鼓风式燃烧器。燃气锅炉的燃烧器如图3-30所示。

燃油锅炉和燃气锅炉的类型较多，还有气、油两用锅炉。燃油锅炉和燃气锅炉的结构基本相同，其主要区别就是燃烧器。

图 3-29　燃油锅炉的燃烧器

图 3-30　燃气锅炉的燃烧器

2. 燃油（气）锅炉的安装要求

燃油（气）锅炉一般均为整装出厂，随锅炉附带的有燃烧器、自动控制台、水泵、阀门、仪表、烟风道接管等。大部分燃油（气）锅炉随机文件中还包括该锅炉的安装说明书以及安装注意事项。

燃油（气）锅炉的本体、水泵、水管路及阀件等安装要求基本与燃煤锅炉相同，但其输油（气）管路的安装要求比较严格，安装时应遵循输油管道和输气管道的施工验收规范。以下仅对燃油（气）管道安装做一概述。

（1）材料准备

1）材料的规格、材质应符合设计文件要求，燃油管道不允许使用铸铁阀门。

2）阀门安装前应进行水压试验，必要时应解体检修。

3）管道安装前必须清扫。

4）管道垫片应按设计文件要求选用。

（2）配管要求

1）管道及阀件必须要有良好的接地。

2）管道穿墙、楼板应加装套管，套管内不许有管道接口。

3）应按设计文件要求设置伸缩器。

4）油泵宜采用机械密封。

5）管道防腐施工应在水压试验合格后进行。

（3）其他要求

1）燃气锅炉的释放管和排放管不得直接通向大气，应通向储存和处理装置。

2）两台或两台以上的燃油锅炉共用一个烟囱时，每一台锅炉的烟道上均应配备风阀或挡板装置，并应具有操作调节和闭锁功能。

3）地下直埋油罐在埋地前应做气密性试验，试验压力不得小于 0.03 MPa。

检验方法：试验压力下观察 30 min，不渗、不漏、无压降为合格。

想一想

1. 你见过燃油或燃气锅炉吗？如果没有见过，是否可以从家里燃气灶的使用过程，推想出燃气锅炉的工作过程？

2. 燃油锅炉的燃料为油类，油类的黏度大而不容易输送，你是否可以想出一种采用管道输送燃油的方法？

思考练习题

1. 快装锅炉主要安装哪些部件？

2. 快装锅炉安装时，首先要划哪些基准线？

3. 快装锅炉附件及附属设备有哪些？

4. 水泵出口应安装切断阀和止回阀，切断阀和止回阀是否可以安装在任意位置？为什么？

5. 燃油（气）锅炉安装有哪些基本要求？

第五节 锅炉水压试验及试运行

锅炉的汽、水系统及其附属装置组装完毕后必须进行水压试验。

一、水压试验

1. 水压试验的目的和要求

锅炉水压试验的目的是在冷状态下检验锅炉各受压部件的焊口、胀口和金属表面的严密性，检验锅炉各受压部件的机械强度是否足够。

锅炉水压试验应在环境温度高于 5 ℃时进行。寒冷地区冬季允许在低于 5 ℃的环境温度下进行水压试验，但必须使用热水，且水温一般不超过 60 ℃，同时应采取有效的防冻措施。在正常情况下进行水压试验，进水温度应高于周围空气露点温度，一般应保持在 20～30 ℃。水温过低，锅炉水管表面会结露，易与微量渗水等情况混淆，很难区别；水温过高，渗漏出来的水滴会很快蒸发，不易发现渗漏的部位。

水压试验的范围为锅炉上一切受到内压的部件和附属装置，如锅筒、省煤器及过热器、本体管路等。主汽阀、出水阀、排污阀和给水截止阀应与锅炉一起做水压试验，安全阀应单独做水压试验。

2. 水压试验前的检查与准备

（1）检查项目

1）受压部件的安装是否全部完成。

2）对锅筒、联箱等受压元件应进行内部清理和表面检查，其内应没有杂物、焊渣、污垢。

3）通球试验管道（水冷壁管、对流管束）及其他管道应畅通，然后关闭人孔及手孔。

4）检查胀口和焊口的外表面质量是否符合要求，在焊口和胀口处搭脚手架，以便检查。

5）检查各种安全附件的数量、质量及连接情况，检查各部分阀门是否安装齐全，操作灵活。

6）核对受热面系统各处的膨胀间隙和膨胀方向。

7）凡与其他系统连接的管道，应加装堵板临时封闭。如果相邻锅炉仍在运行，应将被检查锅炉的主汽阀、进水阀及排污阀用金属堵板暂时堵死。

8）安全阀处增设盲板，不和锅炉本体一起进行水压试验。

9）安装排水管道和放空阀。

（2）准备工作

1）关闭所有的排污阀、放水阀。

2）连接上水（加热上水时应选择好加热方式并准备就绪）、升压、排水系统，锅炉最上部应装设放空气阀，并将其打开。

3）准备好试验用手压泵或电动加压泵，不允许将锅炉给水泵作为试验用泵。

4）装设的压力表应不少于两只，精度等级应不低于 2.5 级；额定工作压力为 2.5 MPa 的锅炉，精度等级应不低于 1.5 级。压力表经过校验应合格，其表盘量程应为试验压力的 1.5 ~ 3 倍，宜选用 2 倍。水压试验的水源水量要充裕，并应超过锅炉的水容积。

5）水压试验应有一人统一指挥，各部位检查有明确分工，并准备好必要的检查和修理工具，无关人员不得接近。

3. 水压试验

（1）压力规定

锅炉水压试验的压力应符合表 3-9 的规定。

表 3-9 锅炉水压试验的压力

名称	锅筒工作压力 P（MPa）	试验压力（MPa）
锅炉本体 及过热器	<0.59	1.5P，且不小于 0.20
	0.59 ~ 1.18	P+0.29
	>1.18	1.25P
可分式省煤器	1.25P+0.49	

（2）水压试验过程

1）锅炉充水并排尽空气后，关闭放空阀。

2）初步检查无漏水现象时，再缓慢升压（可用试压泵进水管升压，并观察压力表的变化情况，锅炉进水速度要均匀，不宜过快）。当压力升到 0.3 ~ 0.4 MPa 时应稳压，并全面检查一次锅炉，观察是否有漏水现象，必要时可拧紧人孔、手孔和法兰等的螺栓。

3）当水压上升到额定工作压力时，暂停升压，检查锅炉各部分应无漏水或变形等异常现象。然后关闭就地水位计，继续升到试验压力，并保持 5 min，其间压降应不超过 0.05 MPa。最后回降到额定工作压力进行检查，检查期间压力应保持不变。水压试验时，受压元件金属壁和焊缝上应无水珠和水雾，胀口不应有水滴。

4）当水压试验不合格时，锅炉应返修，返修后应重做水压试验。

5）水压试验后，应及时将锅炉内的水全部放尽。当立式过热器内的水不能放尽时，在冰冻期间应采取防冻措施。

6）每次水压试验应有记录，水压试验合格后应办理相应手续。

（3）水压试验注意事项

1）水压试验过程中，当发现有些部件渗漏时，如果压力继续上升，则检查人员应远离渗漏地点；停止升压进行检查时，应先了解渗漏是否有发展，如果渗漏没有发展，方可开始检查。

2）锅炉水压试验压力达到额定试验压力时，不许进行任何检查。

3）锅炉水压试验最好在白天进行。

4）检查中应使用安全灯或手电，不应使用超过 36 V 的行灯。

 想一想

1. 锅炉水压试验的管线（包括给水加热）怎样布置较合理？请画图说明。
2. 锅炉水压试验前的检查项目和准备工作都有哪些内容？

二、烘炉、煮炉

锅炉安装完毕且水压试验合格，即可进行烘炉、煮炉。

1. 烘炉

烘炉的目的是将炉墙中的水分慢慢地烘干，以免在锅炉运行时因炉墙中的水分急剧蒸发而出现裂缝。

（1）烘炉前准备工作

烘炉前应制定烘炉方案，并应具备下列条件。

1）锅炉及其水处理、汽水、排污、输煤、出渣、送风、除尘、照明、循环冷却水等系统均应安装完毕，并试运转合格。

2）炉体砌筑和绝热工程应结束，并经炉体漏风试运转合格。

3）水位表、压力表、测温仪表等烘炉需要的热工和电气仪表均应安装和试验完毕。

4）锅炉给水应符合现行国家标准《工业锅炉水质》（GB/T 1576—2018）的规定。

5）锅筒和联箱上的膨胀指示器应安装完毕，在冷状态下应调整到零。

6）炉墙上的测温点或灰浆取样点应设置完毕，用于测温的热工仪表经过校验合格。

7）应按锅炉安装说明书制定烘炉方法和烘炉升温曲线图。

8）管道、风道、烟道、灰道、阀门及挡板均应标明介质流向、开启方向和开度指示。

9）锅炉内外及各通道应清理完毕。

10）采用火焰法烘炉时，应备好足够的木柴等燃料，用于链条炉排的燃料不应有铁钉等金属杂物。

（2）烘炉方法

烘炉方法视热源情况而定，常用的有火焰法和蒸汽法两种。蒸汽法适用于有水冷壁的各种类型锅炉，是用蒸汽加热炉水进行烘炉的一种方法。工业锅炉烘炉应用最为广泛的是火焰法。此外，个别锅炉采用热风法烘炉。

无论采用何种烘炉方法，烘炉之前，应先打开炉门和烟道门，用自然通风的方法将燃烧室内墙干燥几昼夜，然后再按照制定的烘炉方法烘炉。

（3）烘炉过程

1）火焰法烘炉过程如下。

①烘炉前准备工作完成后，往炉内注入软化水至正常水位，并且在烘炉过程中一直维持这样的水位。

②将木柴（无铁钉）集中到炉排中间，约占炉排面积的一半，点燃木柴。初期宜采用文火烘炉，初期以后逐渐加大火焰，并使火势均匀，以后逐日缓慢加大。

③烘炉过程中，应注意定期转动链条炉排，防止烧坏炉排。

④烘炉过程中，当木柴燃烧温度不能继续提高时，可以加煤燃烧，使温度提高，此时可启动炉排和送风机、引风机，并测量烟气温度，调节燃料的燃烧情况。

⑤烘炉温升应按过热器后（或相对位置）的烟气温度测定。根据炉墙结构不同，其温升应符合下列规定：重型炉墙第一天温升不宜超过 50 ℃，以后每天温升不宜大于 20 ℃，后期烟气温度应不大于 220 ℃。砖砌轻型炉墙温升每天应不大于 80 ℃，后期烟气温度应不大于 160 ℃。耐热浇注料炉墙养护期满后，方可开始烘炉；烘炉温升每小时应不大于 10 ℃，后期烟气温度应不大于 160 ℃，在最高温度范围内的持续时间应不少于 24 h。当炉墙特别潮湿时，应适当减缓升温速度，延长烘炉时间，同时应打开上部检查门，使烘炉过程中产生的水蒸气逸出。

2）蒸汽法烘炉过程如下。

①在水冷壁联箱的排污阀处，接入 0.3～0.4 MPa 的饱和蒸汽，均匀地送入锅炉，用蒸汽不断地加热锅炉内的水，对炉墙进行烘烤。

②蒸汽加热炉水过程中，锅炉要保持正常水位，水温保持在 90 ℃左右，同时开启必要的挡板和炉门，排出湿气，使炉墙各部均能烘干，并要打开烟门、风门，加强自然通风。

③烘炉后期可在炉膛中间加些燃料，适当用火焰法补烘一段时间，确保烘炉质量。

（4）烘炉时间

烘炉时间应根据锅炉类型、砌体湿度和自然通风程度确定，宜为 14～16 天，但整体安装的锅炉宜为 2～4 天。

（5）烘炉合格标准

炉墙在烘炉时不应出现裂纹和变形，同时烘炉满足下列要求之一，应判定为合格。

1）当采用炉墙灰浆试样法时，在燃烧室两侧墙中部、炉排上方 1.5 ~ 2 m 处，或燃烧器上方 1 ~ 1.5 m 处和过热两侧墙中部，取黏土砖、红砖的丁字交叉缝处的灰浆样品各约 50 g，测定其含水率均应小于 2.5%，或者挖出一些炉墙外层砖缝的灰浆，用手指碾成粉末后不能重新捏在一起。

2）当采用测温法时，在燃烧室两侧墙中部、炉排上方 1.5 ~ 2 m 处，或燃烧器上方 1 ~ 1.5 m 处，测定红砖墙外表面向内 100 mm 处的温度应达到 50 ℃，并持续 48 h；或测定过热器两侧墙黏土砖与隔热层接合处的温度应达到 100 ℃，并持续 48 h。

（6）烘炉注意事项

1）烘炉前要尽量延长自然干燥时间，在炉墙砌筑完毕后，打开全部门、孔，定期开启引风机，排出湿气。

2）烘炉达到一定温度后，会有蒸汽产生。另外，为清除锅炉内的浮污，可间断地开启连续排污阀。在烘炉后期，应每隔一定时间打开定期排污阀排污，因排污使水位下降，应及时给锅炉加水，一般每小时一次，先进水至高水位，然后进行排污，使水位保持正常位置。

3）烘炉过程中，应定期转动链条炉排，定期清除炉排下的灰渣，以免烧坏炉排，并经常检查炉墙的膨胀情况，当出现裂纹或变形迹象时，应减慢升温速度，并查明原因，采取相应措施。

4）烘炉一旦开始，就不要中断。烘炉过程应按实际温升情况，绘制实际温升曲线图，作为完工的技术资料存档。

2. 煮炉

煮炉的目的是除去锅炉受热元件及其水循环系统内积存的污物、铁锈及安装过程中残留的油脂，确保锅炉内部清洁，保证锅炉安全运行和获得品质优良的蒸汽，并使锅炉能得到较高的热效率。

煮炉最好在烘炉的后期，以缩短烘炉和煮炉的时间，节约燃料。当炉墙红砖灰浆的含水率降至 10% 时，或当烘炉合格标准第二款所示温度达到要求时，即可进入煮炉阶段。

（1）煮炉药品

煮炉所用药品及药量应符合锅炉设备技术文件的规定，无规定时，应按表 3-10 的配方加药。

表 3-10　　　　　　　　　　　　煮炉时的加药配方

药品名称	加药量（kg/m³ 水）	
	铁锈较薄	铁锈较厚
氢氧化钠（NaOH）	2 ~ 3	3 ~ 4
磷酸三钠（Na$_3$PO$_4$·12H$_2$O）	2 ~ 3	2 ~ 3

注：1. 表内药量按 100% 的纯度计算。

2. 无磷酸三钠时，可用磷酸钠代替，用量为磷酸三钠的 1.5 倍。

3. 单独使用碳酸钠煮炉时，每立方米水中加 6 kg 碳酸钠。

药品应溶解成溶液加入炉内，配制和加药时，应采取安全措施。加药时，炉水应在低水位。煮炉时，药液不得进入过热器内。锅炉各处的水位计应隔开，只保留玻璃水位计，用于控制水位。

（2）煮炉过程

1）加入药液和锅炉升火后，逐渐升高锅炉压力。升压前，应打开过热器排污阀，压力升到0.4 MPa，保持12 h，在此期间，将锅炉的手孔、人孔、法兰等处拧紧，用力要均匀。

2）煮炉期间，适当调整锅炉水位，适当进水，但不能过量。煮炉12～20 h后，锅炉可少量排污。

3）煮炉期间，应定时从锅炉和水冷壁下联箱取样分析，当锅炉水碱度低于45 mol/L时，应补充加药。

4）煮炉时间一般为2～3天，煮炉的最后24 h宜使压力保持在额定工作压力的75%左右。当在较低的压力下煮炉时，应适当地延长煮炉时间。

5）煮炉后期对水取样并进行分析，炉水碱度稳定24 h后，煮炉即可结束，然后开始洗炉，这时要不断地排污、给水，降低炉水碱度。排污、给水不宜过快，要保持炉内压力。当炉水碱度已降到正常标准时，再保持1～2 h，洗炉即可结束，然后熄火，并不断排污、给水，降低温度。排水时要打开放空阀，排水不宜过快。

6）煮炉完毕，应清除锅筒、联箱内沉积物，冲洗阀门，检查排污阀有无堵塞。

对于新锅炉，由于出厂到安装时间较短，因此，在碱性溶液煮炉后，无须停炉察看内部情况即可试运行工作。如果是放置和安装时间较长的新锅炉，或者使用过又重新安装的旧锅炉，要打开锅炉内部，检查并洗净锅筒和联箱内的水垢、锈皮和沉渣。

（3）煮炉合格标准

1）锅筒和联箱内壁无油垢。

2）擦去附着物后金属表面无锈斑。

想一想

实际生产中怎样烘炉和煮炉。

三、严密性试验及试运行

烘炉、煮炉合格后，即可进行锅炉的严密性试验及试运行，这是锅炉安装的最后一个阶段。

1. 严密性试验及试运行的内容和意义

锅炉严密性试验的目的是在正常运行条件和额定负荷下，检验锅炉安装和制造质量，具体而言，就是在正常运行条件下考验锅炉本体所有部件的强度和严密性，检验所有附属设备的运行情况，特别是传动机械在运行时有无振动和轴承过热现象。

锅炉试运行包括锅炉的启动、在额定蒸汽参数和负荷下连续运行48 h（整体出厂锅炉宜为4～24 h），以及锅炉的停炉。如果在此期间没有发生缺陷和不正常情况，锅炉就可正式投入运行。

锅炉在试运行时，应进行调整试验，目的是调整燃烧室的燃烧工况，检查安装质量以及有无漏风、漏水现象。

调整试验的内容包括风机及管道性能试验、炉膛及烟道和风道漏风试验、安全阀校验及热效率试验。通过调整试验，可以获得锅炉在最佳运行方式下的技术经济特性。

2. 严密性试验及试运行的步骤及要求

（1）点火前的检查与准备

点火前的检查与准备包括燃烧系统和汽、水系统两个方面。

1）燃烧系统。检查炉内应无杂物，人孔门及着火门应关闭，防爆门应动作灵活；检查烟、风道上的挡板及传动机构，经调试动作应灵活，开度指示应正确并与实际相符；检查挡板的位置应处于启动状态，如送风机、引风机出口挡板应开启，进口调节挡板应关闭；转动机械设备经检查和试运转合格，运煤除灰系统应正常。

2）汽、水系统。检查管道，不需要的堵板应拆除，给水系统、蒸汽系统、疏水系统及排污系统等的阀门开关应灵活，其开关位置应处于启动状态。

（2）进水

锅炉进水一般应是软化水，可由锅炉给水泵进入，也可将进水管接于水冷壁下联箱放水总管上，由下联箱进入。锅炉的进水温度不宜过高，以防止锅筒、联箱等因受热不均而产生过大的热应力，使这些部件弯曲、变形，甚至使焊口产生裂纹而漏水。锅炉进水速度应缓慢，一般锅炉进水持续时间为 1~1.5 h，冬季的进水时间应较夏季长。锅炉进水的水位不应超过正常水位线。

进水完毕，将锅炉给水阀门关闭，校对水位并检查。如果发现水位下降，则说明有漏水的地方，应检查排污阀、放水阀等是否关紧；反之，如果发现水位上升，则可能是给水阀未关紧，应检查并关紧。

（3）点火与升压

锅炉在点火前，应先启动引风机，调整其挡板开度，维持一定的炉膛负压，使锅炉烟道加强通风 5~10 min，驱除残留在炉内和烟道中的杂物，随后再启动送风机，调整总风压使其维持在点火时所需风压，同时注意风机启动电流的大小及维持时间。

锅炉点火后，要注意以不能使锅炉整体产生很大的温度差、不应出现局部过热为原则确定升火时间。对水容量较大、水循环差的重型炉墙锅炉，升火时间应适当长些。有两个锅筒的锅炉，升火时可在下锅筒适当放水，上面补充给水，以减少上下之间的温差。锅炉水温应逐渐上升，当蒸汽从空气阀中冒出时，即关闭空气阀，此时可适当加强通风和火力，准备升压。

升压是指从锅炉点火到气压升至额定工作压力的过程。升压过程相当于进行锅炉的严密性试验，目的是检验锅炉各连接部位的严密性。升压操作过程如下。

1）当锅炉升压至 0.3~0.4 MPa 时，对锅炉范围内的人孔、手孔、法兰和其他连接螺栓进行一次热状态的紧固。当气压升至额定工作压力的三分之二时，应进行暖管工作，防止送汽时发生水击事故。

2）继续升压至额定工作压力，检查人孔、手孔、阀门、法兰和垫片处的密封情况是否良好，锅筒、联箱、管路和支架的膨胀是否正常，锅筒各部是否有被卡住现象，水冷壁和其他管道间是否有摩擦现象产生。

3）蒸汽锅炉的过热器应采用蒸汽吹洗。吹洗时，锅炉压力宜保持在额定工作压力的 75%，同时应保持适当的流量，吹洗时间应不小于 15 min。

（4）暖管

从锅炉主汽阀到蒸汽总管（或分汽缸）的一段管道，在未通入蒸汽前温度较低，如果不预先暖管，突然将温度和压力均较高的大量蒸汽冲进该管道，就会使管道和附件产生很大的热应力，甚至在管道中发生水击。因此，蒸汽管道在投用之前必须暖管。

暖管的操作程序如下。

1）开启管道上的疏水阀，排出全部凝结水，直至正式供汽时再关闭。

2）缓慢开启主汽阀或主汽阀上的旁通阀半圈，待管道充分预热后再全开。如果管道发生振动或水击，应立即关闭主汽阀，同时加强疏水。待振动消除后，再慢慢开启主汽阀，继续暖管。暖管时，应注意管道及其支架的膨胀情况，如果有异常声响等现象，应停止暖管，及时排除故障。

3）慢慢开启分汽缸进气阀，使管道气压与分汽缸气压相等，并排出分汽缸内的凝结水。

4）各蒸汽阀门缓慢开启至全开后，应回转半圈，防止阀门受热膨胀后被卡住，不能灵活开关。

（5）通汽与并汽

1）通汽。锅炉房内如果仅有一台锅炉运行，将锅炉内的蒸汽输入蒸汽总管或分汽缸的过程称为通汽。锅炉的通汽有两种方法：一是自冷炉开始时即将主汽阀开启，使锅炉与管道同时升压；二是在锅炉升压时将主汽阀关闭，直至接近额定工作压力时再开启主汽阀暖管，待管道中压力与锅炉压力相同时再开大主汽阀通汽。

通汽后应检查疏水阀、旁通阀以及其他阀门的开闭状态是否正确，观察压力表，调整燃烧状况，观察给水设备的运行状态，观察水位，检查联锁装置等控制仪表。

2）并汽。如果锅炉房有几台锅炉同时运行，蒸汽总管内已有其他锅炉输入蒸汽，再将新锅炉的蒸汽合并到蒸汽总管的过程称为并汽。

开启蒸汽总管和主汽管上的疏水阀门，排出凝结水，当锅炉气压低于运行系统的气压 0.05 ~ 0.1 MPa 时，即可开始并汽。

并汽时应缓慢开启主汽阀的旁通阀进行暖管，待听不到汽流声时，再逐渐开大主汽阀，然后关闭旁通阀以及蒸汽总管和主汽管上的疏水阀。

并汽时要保证气压和水位正常。并汽后，开启省煤器主烟道挡板，关闭旁通烟道，使省煤器正常运行。一切正常后可按照设计文件要求逐渐提高蒸汽压力、温度和流量，直至达到额定参数和负荷，然后在满负荷下运行。

3. 安全阀的调整定压

（1）安全阀的定压标准

1）蒸汽锅炉安全阀的定压标准。蒸汽锅炉安全阀的始启压力应符合表3–11的规定。锅炉上必须有一个安全阀按表中较低的始启压力调整。对有过热器的锅炉，按较低压力整定的安全阀必须是过热器上的安全阀，过热器上的安全阀应先开启。

始启压力低的安全阀称为控制安全阀，始启压力高的安全阀称为工作安全阀。

表 3–11　　　　　　　　　　　　蒸汽锅炉安全阀的始启压力

额定蒸汽压力（MPa）	安全阀的始启压力（MPa）
<1.27	工作压力 +0.02
	工作压力 +0.04
1.27 ~ 2.5	1.04 倍的工作压力
	1.06 倍的工作压力
省煤器	1.1 倍的工作压力

注：1. 表中的工作压力是指安全阀装设地点的工作压力。

2. 省煤器上的安全阀应在蒸汽严密性试验前进行调整。

安全阀调整后，应检验其始启压力、起座压力及回座压力。在整定压力下，安全阀应无泄漏和冲击现象。安全阀经调整试验合格后，应做标记。

2）热水锅炉安全阀的定压标准

①起座压力较低的安全阀的整定压力应为工作压力的 1.12 倍，且应不小于工作压力加 0.07 MPa。

②起座压力较高的安全阀的整定压力应为工作压力的 1.14 倍，且应不小于工作压力加 0.1 MPa。

热水锅炉上必须有一个安全阀的整定压力按较低压力进行设置。

（2）定压方法

1）在定压之前，先估算安全阀的调压情况。例如，对弹簧安全阀，可用压力试验弹簧压紧力与长度的变化关系；对杠杆式安全阀，按照力矩平衡原理计算重锤离支点的大概距离，从而做到心中有数，争取一次调压成功。

2）对弹簧式安全阀，要先拆下提升手柄和顶盖，用扳手慢慢拧动调整螺钉，调紧弹簧为加压，调松弹簧为减压。当弹簧调整到安全阀能在规定的始启压力下自动排气时，就可以拧紧紧固螺钉。

3）对杠杆式安全阀，要先松动重锤的固定螺钉，再慢慢地移动重锤，移远重锤为加压，移近重锤为减压。当重锤移动到安全阀能在规定的开启压力下自动排气时，就可拧紧重锤的固定螺钉。

定压顺序一般是先调整锅筒上开启压力较高的安全阀，而将开启压力较低的安全阀暂时调到较高的开启压力，待开启压力较高的安全阀检验完毕，再对开启压力较低的安全阀进行降压调整。

定压工作结束后，应在额定工作压力下再做一次自动排气试验。

安全阀调试工作结束，锅炉在额定负荷下连续运行 48 h（整体出厂锅炉宜为 4~24 h），并保持规定的工作参数。如果无异常现象，锅炉即可正式投入运行。

 想一想

管道通汽前为什么要暖管？

 **思考练习题**

1. 锅炉水压试验的目的和要求各是什么？
2. 用于锅炉水压试验的压力表有何要求？
3. 烘炉的目的是什么？
4. 煮炉的目的是什么？
5. 锅炉严密性试验及试运行的内容和意义是什么？
6. 什么是锅炉的升压？
7. 锅炉安全阀怎样定压？
8. 简述锅炉严密性试验及试运行的工序要求和具体操作过程。

第四章　制冷设备与管道安装

学习目标

1. 掌握空调系统常用制冷设备安装工艺的技术要点及规范要求。
2. 掌握制冷管道安装工艺的技术要点及规范要求。
3. 掌握制冷系统试运行及维护管理的基本知识。

当天然冷源不能满足人们生产、生活的需要时，则要采用人工的方法制取冷量，以弥补天然冷源的局限性。人工制冷是通过比较复杂的制冷设备和技术，安装完成制冷系统，满足不同使用对象对低温环境的需求的一种制冷方式。

制冷设备中使用的工作物质称为制冷剂或制冷工质。人工制冷的方法很多，常见的有利用液体汽化的吸热效应实现制冷的蒸汽制冷法、利用气体膨胀产生的冷效应实现制冷的气体制冷法和利用半导体的热电效应实现制冷的热电制冷法三种。

目前，制冷空调技术中主要采用的是蒸汽制冷法，其中又以蒸汽压缩式制冷应用最为广泛。蒸汽压缩式制冷是利用液态工质汽化时从被冷却物中吸收热量实现制冷的。其基本工作原理是：制冷剂在压缩机、冷凝器、节流膨胀阀和蒸发器等主要设备中完成压缩、蒸发吸热、节流膨胀和冷凝放热四个热力过程，如图4-1所示。

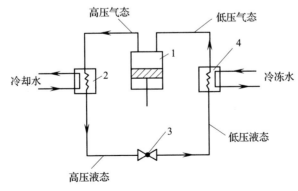

图4-1　蒸汽压缩式制冷基本工作原理

1—压缩机　2—冷凝器　3—节流膨胀阀　4—蒸发器

制冷系统为空调末端设备提供需要的冷量，是空调系统的冷源。制冷设备及管道安装质量的好坏对空调系统有直接影响，安装时应严格按照国家现行施工规范及产品说明书的技术要求施工。

空调工程中采用的制冷设备通常分为整体式、组装式和散装式三种。小型制冷设备多数都装配成整体式；组装式制冷设备一般以压缩机组为一组，蒸发系统为一组，它们之间用管道连接；散装式制冷设备多属大、中型制冷设备，它的四大部件（压缩机、冷凝器、节流膨胀阀和蒸发器）及各种辅助设备都是散件供给，安装工作量大，技术要求高。

所谓制冷管道，是指管道内工作介质为制冷剂的管道，而输送冷冻水的管道称为冷冻水管道或冷媒水管道，连接冷凝器循环水的管道一般称为冷却水管道。制冷管道与冷冻水管道或冷却水管道有着本质区别，其安装工艺和技术要求较高。

第一节 制冷设备安装与管道配置

一、制冷设备安装

1. 制冷设备安装的规定和要求

（1）制冷设备安装一般由多工种配合施工，安装前应对制冷设备及其附属设备进行检查。

（2）制冷设备和制冷附属设备的型号、规格、性能及技术参数等必须符合设计文件要求。设备机组的外表应无损伤，密封应良好，随机附件和配件应齐全。

（3）与制冷机组配套的蒸汽、燃油、燃气供应系统和蓄冷系统的安装，还应符合设计文件、有关消防规范与产品技术文件的规定。

（4）制冷设备和制冷附属设备的型号、规格和技术参数必须符合设计文件要求，并具有产品合格证书、产品性能检验报告。

（5）设备的混凝土基础必须进行质量交接验收，合格后方可安装。

（6）制冷设备搬运和吊装时，必须符合产品说明书的有关规定，并应做好设备的保护工作，防止因搬运或吊装造成设备损伤。

（7）设备安装的位置、标高和管口方向必须符合设计文件要求。用地脚螺栓固定的制冷设备或制冷附属设备，其垫铁的放置位置应正确、接触紧密；螺栓必须拧紧，并有防松动措施。

（8）制冷设备及制冷附属设备安装位置、标高的允许偏差和检验方法应符合表 4-1 的规定。

（9）整体安装的制冷机组，其机身纵、横向水平度的允许偏差为 1/1 000，并应符合设备技术文件的规定。

表 4-1　　　　　　　　制冷设备及制冷附属设备安装的允许偏差和检验方法

项次	项目	允许偏差（mm）	检验方法
1	平面位移	10	经纬仪或拉线和尺量检查
2	标高	±10	水准仪或经纬仪、拉线和尺量检查

（10）制冷附属设备安装的水平度或垂直度的允许偏差为 1/1 000，并应符合设备技术文件的规定。

（11）采用隔振措施的制冷设备或制冷附属设备，其隔振器安装位置应正确；各个隔振器的压缩量应均匀一致，偏差应不大于 2 mm。

（12）设置弹簧隔振的制冷机组，应设有防止机组运行时水平位移的定位装置。

2. 压缩机安装

制冷设备安装工作一般是先将基础混凝土平面检查验收并处理好，再依据图样在基础上划出制冷设备安装基准线（或称基础放线），如图 4-2 所示。基础划线结束后，修正地脚螺栓孔洞，同时准备好垫铁和必要的吊装工具，并确定合理的吊装方法。

吊装就位后，按安装要求用水平仪、经纬仪等仪器初步找平找正，要求基础与设备底座支撑面均匀接触。找平后用水泥砂浆进行二次灌浆，达到规定强度后再精调。

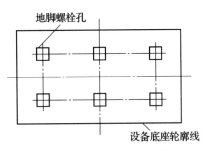

图 4-2　在基础上划出制冷设备安装基准线

3. 冷凝器安装

冷凝器下面通常有钢筋混凝土集水池，兼作基础用。安装卧式冷凝器时，应向集油器或放油口的一端略微倾斜，以利于排油，封头盖上的放汽阀、放水阀用管道接至地漏。

安装立式冷凝器时必须保持垂直，上部溢水槽挡板不得有偏斜或扭曲现象；吊装时应注意连接管口的方位，操作平台应牢固。

冷凝器与储液器之间有一定的高差要求，安装时应严格遵守设计文件要求，不得任意更改冷凝器的安装高度。

4. 蒸发器安装

直立管式蒸发器和双头螺旋管式蒸发器的蒸发管组均放在一个长方形的金属水箱内，搬运水箱时要采取防止变形的有效措施。水箱底与基础之间要设隔热层，通常是在基础上放枕木（枕木尺寸应能保证绝热施工，并做防腐处理），在枕木上铺绝热材料。待水箱找平后，将蒸发管装入，要保证蒸发管组垂直并略倾斜于放油端。各蒸发管组之间的距离要相等。电动搅拌器不得有过紧、过松或卡住现象。

卧式蒸发器安装时，在基础上要放垫木并做防腐处理。如无出厂试验记录，应按设计文件要求进行气压试验。蒸发器系统试压合格后，其外壳和水箱外壳都应进行绝热处理。

5. 储液器安装

根据使用的具体情况，储液器可以不用地脚螺栓而直接放在支座上。安装储液器时应注意其与冷凝器的相对高度。

想一想

1. 安装蒸发器时，为什么设备基础与蒸发器之间要放枕木？
2. 讨论制冷机组的安装流程。

二、制冷系统管道配置

1. 氟利昂制冷系统管道配置

氟利昂能与润滑油相互溶解，因此必须保证制冷剂从每台压缩机带出的润滑油经过冷凝器、蒸发器等一系列设备和管道后，能全部回到压缩机曲轴箱中，防止压缩机失油。

（1）吸气管的配置

1）为了使润滑油能从蒸发器流向压缩机，吸气管应有不小于 0.01 的坡度，坡向压缩机，如图 4-3a 所示。当蒸发器位置高于压缩机时，蒸发器的回气管应先向上弯曲至蒸发器的最高点，再向下通至压缩机，以防止停机时液态制冷剂流入压缩机，如图 4-3b 所示。

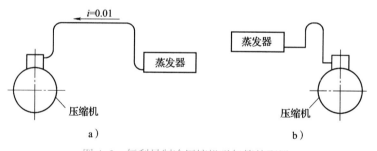

图 4-3　氟利昂制冷压缩机吸气管的配置

2）当压缩机并联运行时，回到每台压缩机的润滑油不一定相等，必须在曲轴箱上装均压管和油平衡管，使回油较多的压缩机的油通过平衡管流入回油较少的压缩机。为防止润滑油进入未工作的并联的压缩机，应按照图 4-4 所示布置吸气管。

3）多组蒸发器的回气管接至同一根吸气管时，应根据蒸发器与压缩机的相对位置采取不同的配管方式，如图 4-5 所示。

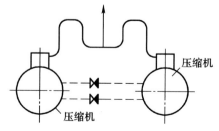

图 4-4　氟利昂制冷压缩机
并联的吸气管配置

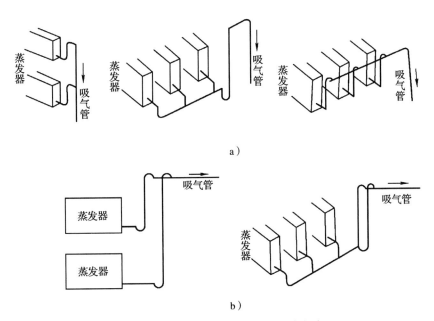

a)

b)

图 4-5 多组蒸发器中回气管的连接方式

a）蒸发器高于压缩机组 b）蒸发器低于压缩机组

（2）排气管的配置

1）排气管应有 0.01 的坡度，坡向油水分离器或冷凝器，这是为了防止停机时润滑油或冷凝的制冷剂液体流回压缩机。

2）为防止液态制冷剂和润滑油流回压缩机，当不设油水分离器时，若压缩机的位置低于冷凝器，则排气管道应设计成 U 形弯管，如图 4-6 所示。

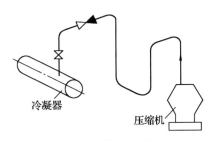

图 4-6 排气管配置

（3）冷凝器至储液器的管道配置

1）直通式储液器的管道配置如图 4-7 所示。配置时，考虑到储液器内有气体逆向流入冷凝器时，冷凝器内的液态制冷剂仍可流入储液器，应按流速小于 0.5 m/s 确定其直径。管道的水平段应有不小于 0.01 的坡度，坡向储液器。储液器应低于冷凝器，其进液角阀与冷凝器出液口应有不小于 200 mm 的高差。

2）波动式储液器的管道配置如图 4-8 所示。除平衡管的连接方式与直通式储液器一致外，由冷凝器底部引来的液态制冷剂从储液器底部进出，也可以不进入储液器而直接到达膨胀阀，故储液器可以起到调节制冷剂循环量的作用。冷凝器与波动式储液器的高差应大于 300 mm。

（4）冷凝器或储液器至蒸发器之间的管道配置

1）为防止在制冷系统停止运行时，液体制冷剂继续流向蒸发器，当蒸发器的位置低于冷凝器或储液器时，液体制冷剂管要布置成有倒 U 形液封，其高度应不小于 2 m，如图 4-9 所示。如果在液体制冷剂管道上装有电磁阀，可以不设倒 U 形液封。

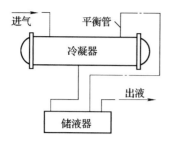

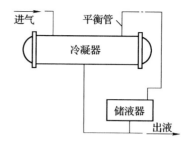

图 4-7　直通式储液器的管道配置　　　　　图 4-8　波动式储液器的管道配置

2）为便于润滑油回流，在压力下降允许的情况下，可以串联钢排管式蒸发器，排管间接管一般采用上进下出的形式。

3）为了防止可能形成的闪发气体全部进入最高处的蒸发器，当多台不同高度的蒸发器位于冷凝器或储液器上面时，应按图 4-10 所示方式配置管道。

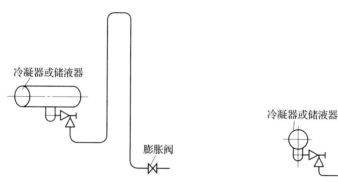

图 4-9　蒸发器位置低于冷凝器或　　　　　图 4-10　不同高度蒸发器供液管的配置
　　　　储液器时的管道配置方式

2. 氨制冷系统管道配置

与氟利昂不同，氨在润滑油中几乎是不溶解的。在氨制冷系统中，应设置油水分离器，并在可能集油的设备底部安装放油阀。氨制冷系统中应有放油装置，这是由于润滑油的密度大于氨的密度，进入制冷系统的润滑油会积存在制冷设备底部。

（1）排气管的配置

1）并联压缩机的排气管上宜装设止回阀，以防止一台压缩机工作时，在停止运行的压缩机出口处积存较多的冷凝液氨和润滑油，重新启动时造成液击事故。

2）压缩机的排气管道应有不小于 0.01 的坡度，坡向油水分离器，以防止润滑油和冷凝氨液流回压缩机而造成液击事故。

（2）吸气管的配置

为了防止吸气干管中的氨液吸入压缩机，应将吸气支管从吸气干管顶部或侧面接出。为了防止氨液滴返回压缩机造成液击事故，压缩机的吸气管应有不小于 0.01 的坡度，坡向蒸发器。

（3）冷凝器至储液器的连接管

1）采用卧式冷凝器时，若冷凝器与储液器之间的管道不长，且又未设平衡管时，管道内液氨的流速应小于 0.5 m/s。由冷凝器出口至储液器进口阀门应有不小于 300 mm 的高度差，如图 4-11 所示。

2）当冷凝器至储液器连接管的液氨流速大于 0.5 m/s 时，冷凝器与储液器之间应设平衡管，如图 4-12 所示。

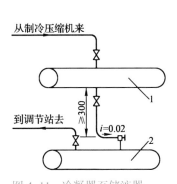

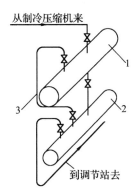

图 4-11　冷凝器至储液器
管道连接
1—卧式冷凝器　2—储液器

图 4-12　冷凝器至储液器间平衡管连接
1—卧式冷凝器　2—储液器　3—平衡管

3）采用立式冷凝器时，其出液管与储液器进液阀之间的最小高差为 300 mm，如图 4-13 所示。

4）多台立式冷凝器与多台储液器之间平衡管的连接方式如图 4-14 所示。

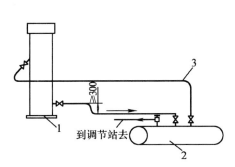

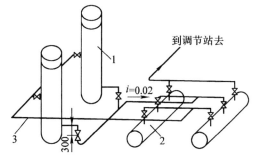

图 4-13　立式冷凝器至储液器管道连接
1—立式冷凝器　2—储液器　3—平衡管

图 4-14　多台立式冷凝器与多台储液器之间
平衡管的连接方式
1—立式冷凝器　2—储液器　3—平衡管

5）冷凝器与储液器的上述各种连接方法中，凡水平管段，均应有不小于 0.02 的坡度，坡向储液器。

（4）储液器至蒸发器的连接管

储液器可直接经节流机构接至蒸发器。当节流机构采用浮球阀时，在正常运行情况下，其接管应考虑到液氨能通过过滤器、浮球阀进入蒸发器，而在清洗过滤器或检修浮球阀时，液氨能由旁通管经手动节流阀降压后进入蒸发器。

（5）安全阀管路

制冷系统中的冷凝器、储液器和管壳卧式蒸发器等设备上，应设置安全阀及压力表。如果在安全管上装设阀门，必须装在安全阀之前，且呈开启状态，并加上铅封。安全管的管径应不小于安全阀的公称直径。当几个安全阀共用一根安全管时，安全阀总管的截面积应不小于各安全阀支管截面积的总和，并将安全阀管路接至室外。

（6）排油管路

制冷系统中常混有润滑油，因为润滑油的密度大于氨液的密度，所以积聚在冷凝器、储液器和蒸发器等设备中的润滑油均应由其底部管道排出。

为防止制冷剂损失，在氨制冷系统中，一般情况下均应经由集油器处放油。为了防止液态制冷剂排出，排油管直径要比设备底部的排油管直径大。

所有可能积存润滑油的制冷设备底部都应有放油接头和放油阀，并接至集油器。

1. 简述制冷设备安装前检查的内容。
2. 制冷设备安装的基本要求是什么？
3. 简述氨、氟利昂制冷系统管道配置的要求。
4. 制冷系统安全阀管路配置有何要求？
5. 画出氨制冷系统压缩机进、出管配置示意图，要求有坡度和坡向。

第二节 制冷管道安装

制冷管道内的介质是制冷剂，由于制冷剂性质的特殊性，制冷管道安装除应符合一般管道的安装要求外，还应保证严密和洁净。

制冷系统内充满制冷剂，制冷剂有较强的渗透能力，特别是溴化锂水溶液在有空气存在的条件下，对金属有强烈的腐蚀性，所以制冷管道安装后应保证严密。

制冷系统管道内若有杂质，系统运行时会将杂质带入压缩机的汽缸内，从而造成"拉缸"事故，损坏压缩机，堵塞调节阀，使调节阀失去调节作用，所以制冷管道安装后应保证洁净。

一、管道材料与连接方式

1. 氨制冷系统管道材料与连接方式

（1）管道材料及附件

对于氨制冷系统，工作温度高于 -40 ℃时，采用 10 号、20 号优质碳素钢无缝钢管；工作温度低于 -40 ℃时，采用经过热处理的无缝钢管或低合金钢管，不得采用铜管或其他有色金属管（磷青铜除外）。因为铜和氨作用后会对铜造成腐蚀，使管道发生泄漏。

氨制冷管道使用的各种阀门、仪表等均为特制专用产品，不得用其他产品代替。

（2）连接方式

为了保证严密性，管道连接以焊接为主，与设备、阀门连接时采用法兰连接或螺纹连接。管道采用法兰连接时，使用公称压力大于或等于 2.5 MPa 的凸凹面平焊法兰，垫片使用耐油的石棉橡胶板，安装前用冷冻油浸湿并加石墨粉。管道采用螺纹连接时，应使用氧化铅与甘油调制成的密封填料，严禁使用白厚漆和麻丝、铅油。

2. 氟利昂制冷系统管道材料与连接方式

（1）管道材料及附件

氟利昂制冷系统管道常用紫铜管或无缝钢管，当管径小于 20 mm 时，采用紫铜管；当管径大于 20 mm 时，为了节约有色金属，一般采用无缝钢管。

（2）连接方式

氟利昂制冷系统管道连接方式主要是焊接，与设备、阀门连接采用法兰连接或螺纹连接。为了防止过厚管壁扩口发生裂纹，铜管连接可采用专用接头或焊接：当管径小于 22 mm 时，宜采用承插或套管焊接，承口应迎介质流向安装；当管径大于或等于 22 mm 时，宜采用对口焊接。

制冷系统中，输送乙二醇溶液的管道不得使用内镀锌管道及配件。燃气系统管道与机组的连接不得使用非金属软管。

 想一想

观察室内空调器铜管的连接方式，并讨论铜管的扩口方法。

二、制冷管道安装步骤

制冷管道与其他管道不同，安装时应严格按照施工规范进行，以保证制冷系统运行的安全性和可靠性。

1. 安装前的准备工作

（1）材料检查

1）制冷系统管道、管件和阀门的型号、材质及工作压力等必须符合设计文件要求，并应具有出厂合格证、质量证明书。

2）法兰、螺纹等处采用的密封材料应与管内介质的性能相适应。

3）氨制冷系统管道、附件、阀门及填料不得采用铜或铜合金材料（磷青铜除外），管内不得镀锌。

（2）材料清洗

制冷系统对洁净性要求很高，用于制冷系统的管道、管件的内外壁应清洁、干燥。

1）氨制冷系统采用钢管时，钢管内杂物可用人工、机械方法清除。钢管管径较大时使用钢丝刷在管道内壁往复拖拉数十次，直至将管内污物及铁锈等彻底清除，然后用空气吹净。对于小直径的氨用管道、弯头、弯管，可用干净的回丝浸以四氯化碳液体，擦洗管道内壁。也可先灌以四氯化碳液体，10～15 min 后倒出，再将管道吹干后封存备用。

2）采用紫铜管时，可用四氯化碳溶液充灌清洗。如果管内残留氧化皮等污物，可先用 20% 的硫酸溶液清洗，再用冷水冲净，然后用 3%～5% 的碳酸钠溶液中和，最后用冷水冲洗、吹干并封存备用。

（3）管件制作

1）制冷管道弯管的弯曲半径应不小于 3.5D（D 为管道直径），其最大外径与最小外径之差应不大于 0.08D，且不应使用焊接弯管及皱褶弯管；制冷剂管道分支管按介质流向弯成 90° 弧度与主管连接，不宜使用弯曲半径小于 1.5D 的压制弯管。

2）制冷系统管道在煨弯时，最好不采用充砂法。如果必须充砂煨弯，煨弯后应采取措施将弯管内的砂子清理干净。

对于铜管，先用压缩空气吹扫，再用 15%～20% 的氢氟酸灌入煨管内，浸泡 3 h 左右，砂粒即被腐蚀，接着用 3%～5% 的碳酸钠溶液中和，然后用干净的热水冲洗、烘干、吹净。

对于钢管，可向管内灌入 5% 的硫酸溶液，浸泡 1.5～2 h，再用 10% 的碳酸钠溶液中和，然后用清水洗净、烘干，最后用 15%～20% 的亚硝酸钠溶液钝化处理。

3）制冷管道的三通与其他管道制作有所不同，要求支管弯制成弧形，再与主管连接，如图 4-15a 所示；当支管与干管直径相同且小于 50 mm 时，则应将干管局部扩大一号，再按上述要求焊接，如图 4-15b 所示；当管道变径时，应采用同心异径管焊接，如图 4-15c 所示。

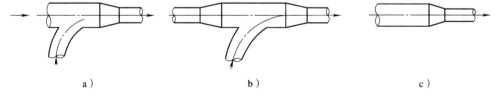

a）　　　　　　　　b）　　　　　　　　c）

图 4-15　制冷管道的三通与变径

2. 管道连接

（1）管道安装要横平竖直，液体管道不应有局部向上凸起的管段，气体管道不应有局部向下凹陷的管段（特殊回油管除外），以免管道内产生"气囊"和"液囊"。

（2）从液体干管引出支管时，必须从干管底部或侧面接出；气体支管引出时，必须从干管顶部或侧面接出；有两根以上的支管从干管引出时，连接部位应错开，间距应不小于两倍支管直径，且不小于 200 mm。

（3）制冷管道连接时要有正确的坡度，其坡度与坡向应符合设计文件要求。当设计文件无规定时，应符合表 4-2 的规定。

表 4-2　　　　　　　　　　　　　　制冷管道坡度、坡向

管道名称	坡向	坡度
压缩机吸气水平管（氟）	压缩机	≥ 10/1 000
压缩机吸气水平管（氨）	蒸发器	≥ 3/1 000
压缩机排气水平管	油分离器	≥ 10/1 000
冷凝器水平供液管	储液器	（1～3）/1 000
油分离器至冷凝器水平管	油分离器	（3～5）/1 000

（4）管道焊接材料的品种、规格、性能应符合设计文件要求。管道对接焊口的组对和坡口形式等应符合焊接连接中的相关规定；对口的平直度为 1/1 000，全长不大于 10 mm。管道的固定焊口应远离设备，且不宜与设备接口中心线重合。管道对接焊缝与支、吊架的距离应大于 50 mm。管道焊缝表面应清理干净，并进行外观质量检查。

（5）氨系统的管道焊缝应进行射线照相检验，抽检率为 10%，以质量不低于Ⅲ级为合格。在不宜进行射线照相检验操作的场合，可用超声波检验代替，以质量不低于Ⅱ级为合格。

（6）螺纹连接前，应先用煤油或汽油清洗螺纹，除去油腻和污垢，然后擦干，再把填料涂抹在螺纹上拧紧。注意勿将填料拧入管内，防止填料干枯后缩小管道流通断面。

填料常用 100 g 的氧化铅和 70 mL 的甘油进行配制。填料使用时要现场配制，配制量不宜过多，且应现用现配，防止干枯失效。

（7）无缝钢管管径与焊接钢管不同，往往不能直接加工螺纹。当需要采用螺纹连接时，可用一段加厚焊接钢管或内外径和壁厚与焊接钢管相似的无缝钢管，一端与无缝钢管焊接，另一端加工螺纹与带螺纹的设备连接。

（8）法兰连接时，法兰采用凸凹式密封面，法兰垫片采用 2～3 mm 的中压石棉板，安装时在垫片两面涂上石墨与全损耗系统用油调制成的密封填料。为了便于维修时拆卸法兰螺栓，可在螺栓上涂抹石墨和全损耗系统用油的调和料。

铜及铜合金管道连接采用翻边活套法兰、焊环活套法兰连接。

（9）铜管下料切割时，切口应平整，不得有毛刺、凹凸等缺陷，切口允许倾斜偏差为管径的 1%，管口翻边后应保持同心，不得有开裂及皱褶，并应有良好的密封面。

（10）采用承插钎焊焊接连接的铜管，其承插口的插接深度应符合表 4-3 的规定，承插的扩口方向应迎介质流向。当采用套接钎焊焊接连接时，其承插口的插接深度应不小于承插连接的规定。采用对接焊接时，组对管道的内壁应齐平，错边量不大于 0.1 倍壁厚，且不大于 1 mm。

表 4-3　　　　　　　　承插式焊接的铜管承插口的插接深度　　　　　　　　mm

铜管公称直径	≤ 15	20	25	32	40	50	65
承插口的插接深度	9～12	12～15	15～18	17～21	21～24	24～26	26～30

（11）紫铜管的螺纹连接分全接头连接和半接头连接两种：全接头螺纹连接即配件两端均以螺纹连接；半接头螺纹连接即配件一端为焊接，另一端为螺纹连接。紫铜管的螺纹连接首先要将管口胀成喇叭口形，然后将配件的外螺纹与内螺纹接好拧紧，注意喇叭口不能有裂缝。紫铜管的螺纹连接及螺纹连接配件如图 4-16 所示。

图 4-16　紫铜管的螺纹连接及螺纹连接配件

3. 阀门、仪表安装

（1）制冷管道阀门安装前应进行强度和严密性试验。强度试验压力为阀门公称压力的 1.5 倍，时间不得少于 5 min；严密性试验压力为阀门公称压力的 1.1 倍，持续时间 30 s 不漏为合格。试验合格后应保持阀体内干燥。如果阀门进、出口封闭破损或阀体锈蚀，还应解体清洗。

（2）阀门位置、方向和高度应符合设计文件要求，水平管道上阀门的手柄不应朝下，垂直管道上阀门的手柄应朝向便于操作的方向。

（3）自控阀门安装的位置应符合设计文件要求。电磁阀、调节阀、热力膨胀阀、升降式单向阀等的阀头均应向上；热力膨胀阀的安装位置应高于感温包，感温包应装在蒸发器末端的回气管上，与管道接触良好，绑扎紧密。

（4）安全阀应垂直安装在便于检修的位置，排气管的出口应朝向安全地带，排液管应装在泄水管上，安装后应按设计文件要求调试好。

（5）在氟利昂制冷系统中，热力膨胀阀应垂直安装，不能倾斜，更不能倒立安装。感温包应装在蒸发器末端的回气管上，距压缩机吸气口的距离应在 1.5 m 以上，并与管道一起保温，以减少环境温度对感温包的影响。

如图 4-17 所示，当水平吸气管直径小于 25 mm 时，感温包可以扎在吸气管的顶部；当水平吸气管直径大于 25 mm 时，感温包可以扎在吸气管的下侧 45° 处或者侧面中心点。

感温包绝不允许贴附在水平吸气管的底部，否则会因积油等原因而使感温包的传感效果不正确。图 4-18 所示是热力膨胀阀安装位置不正确示例。

在需要提高感温包反应速度的场合，应使用标准的感温包，放在单独的套管内，把套管安置在吸气管里，或者直接将感温包放在吸气管内。但由于它的安装、检查都不方便，一般很少采用这种方法。

热力膨胀阀感温包包扎安装方法如图 4-19 所示。首先将包扎感温包的吸气管段上的氧化皮消除干净，以露出金属本色为宜，并涂上一层铝漆作保护层，以减少腐蚀。然后用两块厚度为 0.5 mm 的铜片将吸气管和感温包紧紧包扎，并用螺钉拧紧，以增强传热效果，如图 4-19b 所示。如果吸气管的管径较小，也可用一块较宽的金属片固定，如图 4-19a 所示。

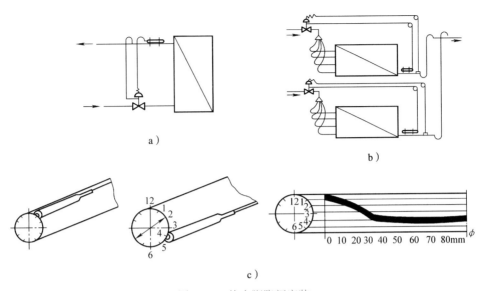

图 4-17　热力膨胀阀安装

a）单蒸发系统　　b）多蒸发系统　　c）不同管径回气管感温包安装位置

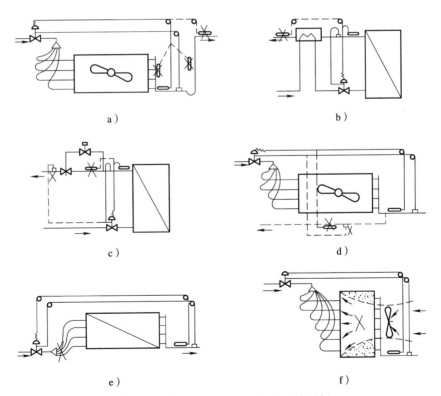

图 4-18　热力膨胀阀安装位置不正确示例

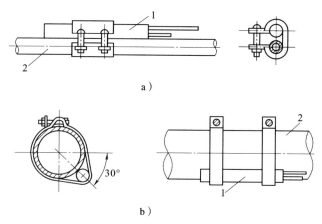

图 4-19　热力膨胀阀感温包包扎安装法

a）用一块金属片固定　b）用两块金属片固定

1—感温包　2—吸气管

（6）氨浮球阀前应设置液体过滤器，以免污物堵塞阀孔；同时应设置旁通管，旁通管上应安装手动调节阀，以便检修浮球阀时使用。浮球阀的安装高度应确保其水平中心线与所控制设备的液面相平。

4. 制冷管道安装的其他要求

（1）铜管管道支、吊架的形式、位置、间距及管道安装标高应符合设计文件要求，连接压缩机的吸、排气管道应设单独支架；管径不大于 20 mm 的铜管道，应在阀门处设置支架；管道上下平行敷设时，吸气管应在下方。

（2）固定在建筑结构上的管道支、吊架，不得影响结构的安全。管道穿越墙体或楼板处应设钢制套管，管道的法兰、焊缝和管路附件等不应埋于墙内或不便检修的地方，管道接口不得置于套管内。

（3）排气管穿过墙壁处应加保护套管，其间宜留 10 mm 的间隙，间隙内不应填充材料。钢制套管应与墙体饰面或楼板底部平齐，上部应高出楼层地面 20～50 mm，并不得将套管作为管道支撑。保温管道与套管四周间隙应使用不燃烧绝热材料填塞紧密。

（4）有绝热层的管道与支架之间要衬垫木，其厚度应不小于绝热层的厚度。设备和管道绝热保温材料、保温范围及绝热层厚度应符合设计文件的规定。

 思考练习题

1. 制冷管道的材料及附件有哪些要求？其连接方式是什么？

2. 制冷管道安装前，应怎样清洗管材？

3. 简述制冷管道安装的要求。

4. 热力膨胀阀应安装在制冷管道的什么位置？怎样安装？

第三节 制冷系统试验和试运转

制冷系统试验和试运转通常包括单体试运转、系统试验和系统试运转三部分。压缩机为单体安装的制冷装置，通常应进行单体试运转、系统试验和系统试运转；压缩机为分体组装或整体组装的制冷装置，若出厂时已充注规定压力的氮气，且机组内压力无变化时，可只进行系统试验中的真空试验、充注制冷剂及系统试运转；压缩机为整体组装的制冷装置，若出厂时已充注制冷剂，且机内压力无变化时，可只进行系统试运转。

一、制冷系统试验

制冷系统试验包括系统吹扫、压力试验、真空试验和充制冷剂检漏试验四部分。

1. 系统吹扫

制冷系统是一个洁净、干燥而又严密的封闭式循环系统，对清洁程度的要求较高，不许有任何杂质存在。制冷系统按要求安装完毕，必须进行吹扫工作。

小型制冷系统吹扫前，首先断开压缩机与制冷系统其他部件的连接口，然后使吹扫介质顺原制冷剂方向吹扫除压缩机以外的整个制冷系统；较大型制冷系统可分段进行吹扫，但注意排污口应设置在各清污段的最低点。

吹扫时，所有阀门（除安全阀）应处于开启状态，如果系统中装有电磁阀，则吹扫时应设法使电磁阀开启。氨制冷系统吹扫介质为干燥空气，氟利昂制冷系统吹扫介质为干燥氮气。如果采用压缩机本身的压缩空气吹扫，压缩机的排气温度不应超过其允许的最高温度，否则必须继续吹扫。

吹扫前，可在相关部件中加入适量清洗剂（如三氯乙烯、硫酸或氢氟酸等），待油污溶解后再吹扫。

制冷系统的吹扫排污应采用压力为 0.5 ~ 0.6 MPa（表压）的干燥空气或氮气，以浅色布擦拭检查 5 min，无污物为合格。系统吹扫干净后，应将系统中阀门的阀芯拆下清洗干净，并重新组装。

2. 压力试验

制冷系统安装清洗、吹扫合格后，才能对全系统进行压力试验，检查整个系统的严密性。

（1）氨制冷系统用压缩空气作为试验介质，氟利昂制冷系统用压缩空气或瓶装压缩氮气作为试验介质。试验压力应符合设计和设备技术文件的规定，当设计和设备技术文件无规定时，应符合表 4-4 的规定。

（2）当高、低压系统区分有困难时，在检漏阶段，高压部分应按高压系统的试验压力进行试验；保压时，可按低压系统的试验压力进行试验。

（3）当系统达到规定的试验压力后，在试验压力下，用肥皂水或其他发泡剂刷抹在管道焊缝、法兰等连接处进行系统检漏，应无泄漏。

表 4-4　　　　　　　　　　制冷系统气密性试验压力（绝对压力）

制冷剂	高压系统试验压力（MPa）	低压系统试验压力（MPa）
R717、R502	2.0	1.8
R22	2.5（高冷凝压力） 2.0（低冷凝压力）	1.8
R12	1.6（高冷凝压力） 1.2（低冷凝压力）	1.2
R11	0.3	0.3

系统保压时，应充气至规定的试验压力，在 6 h 以后开始记录压力表读数，经 24 h 以后再检查压力表读数，其压力降应按下列公式计算，并应不大于试验压力的 1%；当压力降超过以上规定时，应查明原因消除泄漏，并重新试验，直至合格。

$$\Delta P = P_1 - \frac{273+t_1}{273+t_2} P_2$$

式中　　ΔP——压力降，MPa；

　　　　P_1——开始时系统中的压力（绝对压力），MPa；

　　　　P_2——结束时系统中的压力（绝对压力），MPa；

　　　　t_1——开始时系统中气体的温度，℃；

　　　　t_2——结束时系统中气体的温度，℃。

（4）制冷系统压力试验注意事项

1）如果条件允许，可以将系统的显示仪表安装到位，利用系统自身压力表进行压力试验的检验。这不仅方便压力试验，也便于日常操作、调整和检修。

2）若发现系统泄漏，但检漏困难时，可将压缩机、冷凝器和蒸发器等各管、部件分开进行压力试验，缩小检漏范围。

3）压力试验中的压力气源宜采用先经过干燥过滤、再经压缩机压缩后的空气，但试验结束后必须对系统进行严格的真空处理。

4）小型制冷系统的压力试验必须用干燥氮气进行。

3. 真空试验

为了检查制冷系统在真空条件下的严密性，压力试验合格后还应进行真空试验。制冷系统的真空试验应符合设计文件的规定。

真空试验是让制冷系统处在适当真空下一定的时间，通过真空压力表的读数变化情况判断空气是否渗入系统，以检验系统的密封性能。蒸发压力接近或低于大气压力的制冷系统必须进行这项试验。真空试验通常有以下两种方法。

（1）使用外部真空泵进行真空试验

这种方法一般适用于小型制冷系统，图 4-20 所示为使用外部真空泵对制冷系统进行真空试验。

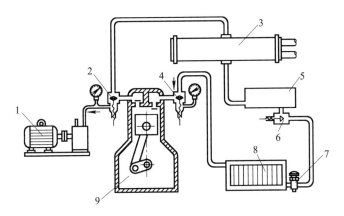

图 4-20　使用外部真空泵对制冷系统进行真空试验

1—真空泵　2—排气截止阀　3—冷凝器　4—吸气截止阀　5—储液器

6—出液阀　7—膨胀阀　8—蒸发器　9—压缩机（不运转）

使用真空泵抽真空时应注意以下几点：

1）制冷系统至真空泵的连接件及管道都不能有任何泄漏隐患，自身应具有良好的密封性能。

2）为防止空气回流，在切断真空泵电源前，应先关紧接口阀门。

3）抽真空时，若发现长时间达不到相应的真空度要求，应停机检查各个环节及真空泵是否有间隙，待故障排除后再抽真空。

（2）利用系统中的压缩机进行自抽真空试验

这种方法一般适用于较大的制冷系统，如图 4-21 所示。

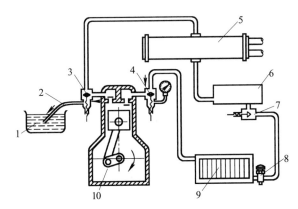

图 4-21　利用系统中的压缩机进行自抽真空试验

1—油杯　2—排气管　3—排气截止阀　4—吸气截止阀　5—冷凝器

6—储液器　7—出液阀　8—膨胀阀　9—蒸发器　10—压缩机

系统自抽真空操作时应注意以下几点：

1）吸气截止阀不要开得太大，否则可能会因来不及排气而打坏压缩机排气阀片。

2）各阀门的阀杆压盖应旋紧，以防阀杆填料渗漏。

3）若有连续或间断的气泡冒出，往往是由于轴封摩擦面不密合而出现渗漏造成的，这时可继续运转 1～2 h，让其磨合一段时间。

4）若排气口总有气泡冒出，则系统必须重新做气密性检查。

制冷系统真空试验时，系统剩余压力为 0.002 7～0.004 MPa 或更低，保持 18 h，系统内压力没有回升为合格。为了确保精确，试验时最好采用"U"形水银压差计检查。

4. 充制冷剂检漏试验

制冷剂具有较强的渗透性，系统虽然经过压力试验及真空试验，但并不能保证充制冷剂时不渗漏，因此，在正式充制冷剂前必须做一次充制冷剂检漏试验。

（1）检漏试验

真空试验合格后，对氨制冷系统，应利用系统的真空度向系统充灌少量的氨。当系统内的压力升至 0.1～0.2 MPa（表压）时，应停止充氨，对系统进行全面检查。

氨制冷系统充氨后，可用肥皂水或酚酞试纸浸水后对系统各焊口、法兰、盘根等接口处进行检查。查漏用的肥皂水可用肥皂粉调制，并可在其中加几滴甘油，使泡沫不易破裂，也可用适当稀释的洗洁精代替。酚酞试纸接触氨会呈粉红色，将渗漏处做上标记。修理前一定要将漏氨处局部系统抽空放尽，通大气后方可进行维修，并要注意室内氨气的浓度。

氟利昂制冷系统可在 0.1～0.2 MPa（表压）压力下，使用卤素捡漏灯、电子卤素检漏仪及烧红的铜丝检漏。卤素捡漏灯内酒精燃烧时的红色火焰遇到氟利昂时变为绿色，绿色越深说明渗漏越严重。烧红的铜丝接触到氟利昂 –12 蒸汽时变为青绿色。

充液检漏试验合格后，即可对设备或管道保温，同时开始充注制冷剂。

（2）卤素检漏灯

卤素检漏灯是一种常见的小型氟利昂制冷系统检漏仪器，它是以酒精（或丁烷等）为燃料的喷灯。当酒精点燃后，其火焰的颜色会随其相混合的制冷剂量的多少而改变，利用火焰颜色的变化可判断制冷剂是否泄漏及泄漏的程度。泄漏程度与相应火焰颜色的对应关系为：微漏为微绿，少量泄漏为浅绿，较大量泄漏为深绿，大量泄漏为紫绿。

卤素检漏灯的外形如图 4–22 所示，它一般由灯罩、灯套、吸入软管、调节阀、燃料包、黄铜烧杯、底盖等零件组成。灯罩上开有通风孔和观察孔，是观察燃烧火焰的窗口；灯套起着让酒精的高压气体高速流动并产生吸入负压的作用，喷嘴装在灯套的中央，上端有一铜网，其侧面开有旁通孔，作连接吸入软管之用；吸入软管的另一端为检漏的探头；黄铜烧杯安装在调节阀与燃料包之间，注入乙醇（或甲醇），点燃加热可令燃料包内的物质升压汽化，从喷嘴中心的小孔喷出、燃烧；燃料包除作燃料储存室外，也作握持手柄用；底盖起充注燃料塞子的作用，并可作为卤素检漏灯的支撑底座。

使用卤素检漏灯时先将底盖旋下，注满乙醇（或甲醇）后将底盖旋紧，然后将灯竖立放直，再将乙醇加入黄铜烧杯内并点燃，待其将要烧完时微开调节阀，喷嘴喷出的乙醇继续燃烧。喷嘴上部有一旁通孔与软管相接，由于气体高速喷出，喷射区压力低于大气压，旁通孔就有吸气的能力。检漏时，使软管的管口在制冷系统的检查部位慢慢移动。有渗漏时，氟利昂蒸气即经软管吸入，这时火焰呈绿色，随氟利昂蒸气浓度变化而变化。

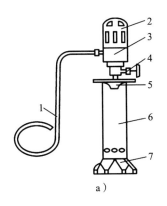
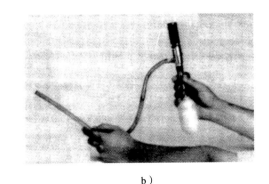

a）　　　　　　　　　　　　　　　b）

图 4-22　卤素检漏灯

a）结构简图　b）检漏示意图

1—吸入软管　2—灯罩　3—灯套　4—调节阀　5—黄铜烧杯　6—燃料包　7—底盖

使用卤素检漏灯时应注意以下几点：

1）只要检查出氟利昂漏点，就要赶快把检漏灯移走，以免产生"光气"，对人体造成危害。

2）燃料不纯将造成卤素检漏灯喷嘴堵塞、熄火。发生这种现象时，应用专用的通针疏通喷嘴。酒精纯度应大于 99%。

3）应经常检查调节阀，防止燃料从阀芯泄漏燃烧。

4）卤素检漏灯用完熄火时，不要将阀门关得太紧，防止灯体冷却收缩，导致阀门开裂。

（3）电子卤素检漏仪

电子卤素检漏仪是一种检测制冷系统有无氟利昂和 R134a 泄漏的检漏仪器，具有体积小、灵敏度高、使用方便、便于携带的特点，在制冷系统和制冷设备维修行业中得到广泛应用。其外形如图 4-23 所示。

电子卤素检漏仪是根据六氟化硫等负电性物质对负电晕放电有抑制作用这一原理制成的。当氟利昂气体进入具有特殊结构的电晕放电探头时，就会改变放电特性，使电晕电流变化，经仪器内的电子电路将电晕电流的变化放大变换后以光信号和声信号的方式表达出来。

1）电子卤素检漏仪的使用方法

①将电池装入电池盒内，接通电源，把开关拨到"氟利昂"挡，会听到匀速的"滴、滴、滴"声音；如要检测 R134a，便拨到"R134a"挡。

②将传感器探头靠近制冷系统的被检验部位（探头距离被测点 3~5 mm），慢慢移动（一般以 50 mm/s 以下的速度）。当接近泄漏源时，泄漏气体被吸入探头，"滴、滴、滴"的声音频率会加快，同时，指示灯也开始闪亮，被测气体氟利昂浓度越大，发出的声频越高，闪亮的指示灯数量越多，据此就可知道氟利昂的泄漏处。

图 4-23　电子卤素检漏仪

1—传感器探头　2—连接软管

2）电子卤素检漏仪使用注意事项

①要保持清洁，避免油污、灰尘、水污染探头。若探头的保护罩已被污染，可小心拆下电池，旋下保护罩，用航空汽油清洗、吹干后再照原样装好。

②制冷剂浓度太高时，也会污染探头，使灵敏度降低，所以发现大量泄漏时就要关机，不要让电子卤素检漏仪继续工作。

③使用电子卤素检漏仪时，要防止撞击传感器的探头，更不要随意拆卸，以免扭坏探头。

④电子卤素检漏仪在使用过程中工作不正常，如发出啸叫，应检查电池电压是否太低，探头是否已被污染或损坏。

（4）氨制冷系统检漏

对于氨制冷系统，除用嗅觉判断是否泄漏外，也可用泡沫检漏或用化学方法检漏。例如，采用湿石蕊试纸检漏，遇氨后试纸颜色由红变蓝，采用酚酞试纸检漏，遇氨后试纸颜色变为粉色，颜色越深说明渗漏越严重。用酚酞试纸检漏时，应将检漏处的肥皂液擦干净，因酚酞试纸遇肥皂液后也会变粉红，造成错误判断。

 想一想

关于制冷系统的检漏，你还有什么方法？

二、制冷系统的试运转

制冷系统试验完毕且合格后，就要充注制冷剂，进行试运转。

1. 制冷系统充注氨

充注氨应在系统试验合格且保温后进行，充注前先将系统抽成真空。操作者要戴上防毒面具、橡胶手套，并准备急救药品。充注氨现场严禁吸烟和进行电、气焊作业。

氨制冷设备充注氨操作如图4-24所示。氨瓶称量后出口向下成30°角倒置于瓶架上，开始时将连接管活接头松开，开启瓶阀，顶出管内空气，然后上紧接头，氨液靠氨瓶与系统内压力差而冲入。当系统内压力升至0.1~0.2 MPa（表压）时，应全面检查，无异常情况后，再继续充注制冷剂。当氨瓶底部出现白霜时，表示瓶内氨液已用完，关闭瓶阀及进液阀，用相同的方法换瓶再充注。换下空瓶过秤，算出充氨量。当系统内液氨压力达到0.4 MPa时，关闭出液阀，切断高、低压系统，开启冷却水，启动压缩机，使系统氨气冷凝成液氨，储在储液器中。制冷剂充入总量应符合设计或设备技术文件的规定。最后检查各设备中的液氨量，调整各阀门，使系统正常运行。

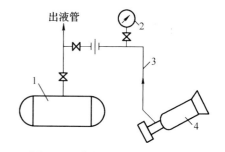

图4-24　氨制冷设备充注氨操作

1—储液器　2—压力表　3—临时连接管　4—氨瓶

2. 制冷系统充注氟利昂

制冷系统充注氟利昂有两种方法：一种是从低压端充注（见图4-25），另一种是从高压端充注（见图4-26）。

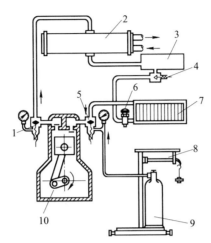

图4-25　从制冷系统低压端定量充注氟利昂制冷剂

1—排气截止阀　2—冷凝器　3—储液器　4—出液阀　5—吸气截止阀　6—膨胀阀
7—蒸发器　8—磅秤　9—氟利昂钢瓶　10—压缩机

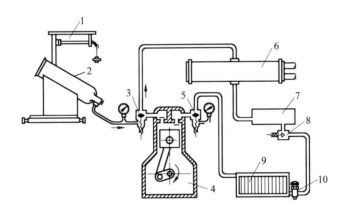

图4-26　从制冷系统高压端定量充注氟利昂制冷剂

1—磅秤　2—氟利昂钢瓶　3—排气截止阀　4—压缩机（不运转）　5—吸气截止阀
6—冷凝器　7—储液器　8—出液阀　9—蒸发器　10—膨胀阀

氟利昂制冷系统经抽真空试验合格后第一次充灌氟利昂时，从压缩机排气阀旁通孔充灌。氟利昂是利用钢瓶与管路系统中的压力差与高度差自行灌入系统的，优点是快而且比较安全。使用这种灌注方法时，不得启动压缩机。

当系统内氟利昂数量不够，需要补充加入时，一般采用低压端充灌法。这种方法是从压缩机吸气截止阀旁通孔充灌，当加入量足够时，立即关闭钢瓶阀，同时关闭吸气截止阀旁通孔，拆除连接管，充灌工作完毕。

充注氟利昂的操作方法与充注氨基本相同，但应注意氟利昂钢瓶不能开得过大，防止发生冲击现象。

3. 制冷系统负荷试运转与调试

制冷系统充注完制冷剂后，经过检查确认没有任何问题，就可以进行制冷系统的试运转。试运转时，管道工、电工、钳工等相应工种人员和技术人员应相互配合，随时观察制冷系统的运行参数及运行状态，分析并解决出现的故障，直至一切正常。

制冷系统负荷试运转与调试的目的是全面检查、测定制冷工艺管道设备的安装质量及制冷效果，并达到制冷工艺设计的要求。

制冷系统负荷试运转的条件是：压缩机单机运转正常，制冷设备和系统经过吹洗、试压、真空试验、系统充注制冷剂检漏、管道和设备刷油、保温以及全系统试漏合格。

（1）压缩机的运转与调试

1）开车前首先检查压缩机安全装置是否齐全、完善，然后检查各运转部分是否有障碍物，如有则必须排除。

2）全面检查高、低压管路系统的有关阀门，除放油阀和排液阀应关闭外，其他阀门均应打开。

3）打开有关供水阀门向冷凝器和压缩机冷却水套供水。

4）启动压缩机空负荷运转，应由钳工和电工配合。

5）压缩机运转正常后，先迅速打开压缩机的排气阀，然后慢慢地打开压缩机的吸气阀，如果发现有异常现象，应立即停车，找出原因处理后再启动压缩机。

6）根据设计文件要求调整压缩机吸气温度和排气温度，如果吸、排气温度不正常，应调整节流阀的开启度。吸、排气温度过低时，应关小节流阀，否则应开大节流阀。

7）活塞式制冷压缩机气缸套的冷却水进口水温应不大于 35 ℃，出口水温应不大于 45 ℃。压缩机的最高排气温度：R717 为 150 ℃，R22 为 145 ℃。

8）螺杆式制冷压缩机组启动前应先加润滑油，油温不得低于 25 ℃，油压应高于排气压力 0.15～0.3 MPa，精滤油器前后压差应不高于 0.1 MPa；冷却水温度应不大于 32 ℃。压缩机吸气压力不宜低于 0.05 MPa（表压），排气压力应不高于 1.6 MPa（表压）。压缩机的最高排气温度（R22、R717）不大于 105 ℃，冷却油温为 30～65 ℃。

9）离心式制冷压缩机组首先启动油箱电加热，将油温加热至 50～55 ℃，按要求供给冷却水和载冷剂，然后启动油泵、调解润滑系统，使供油正常。按设备技术文件的规定启动抽气回收装置，排出系统中的空气。启动压缩机应逐步开启导向叶片，快速通过喘振区，使压缩机正常工作。油箱的油温宜为 50～65 ℃，油冷却器出口的油温宜为 35～55 ℃。制冷剂为 R11 的机组滤油器和油箱内的油压差应大于 0.1 MPa。

（2）冷凝器的运转与调试

1）冷凝器运转前，首先应根据压缩机的制冷能力和冷凝器的热负荷，确定投入运转的冷凝器数量。

2）冷凝器运转前，首先要检查管路及各阀门的开启状态，冷凝器运转时，其出入水管路，以及进气、出液、安全阀门等必须全部打开，放油阀和放空阀应关闭。

3）冷凝器运转时，冷却水不可间断。

4）冷凝器运转时，要经常检查有关阀门的开启度，保证冷凝器的正常运转。

5）冷凝器需定期放油和放空气。

（3）蒸发器的运转与调整

1）蒸发器运转前应先启动搅拌器（氨气制冷系统），缓慢开启蒸发器回气阀，然后相应开启供液阀，调整其供液量。

2）开启冷冻水进出口阀门，启动冷冻水泵。

3）蒸发器正常工作时，各蒸发排管表面应布满均匀的干霜，不得有不结霜或结霜不均匀现象。

4）蒸发器放油宜每半月一次，放油时应关闭进液阀和出气阀。

（4）储液器的运转与调整

1）储液器运转前，应关严放油阀和放气阀，打开压力表、液位计、安全阀及平衡管的阀门，然后打开进液阀和出液阀。

2）储液器正常工作时，储液量应为 30%~80%，并且输出和输入的液体量应平衡，液面不应有忽高忽低的波动现象。

3）储液器内压力一般不超过 1.5 MPa，且应和冷凝压力相一致。

4）储液器放油时，要切断其与工作系统的联系，即关闭进液阀、出液阀和平衡管上的阀门。

（5）制冷系统试运转应注意的问题

1）制冷系统带制冷剂试运转应不少于 8 h。

2）制冷系统试运转正常后，停机时必须先停制冷机、油泵（离心式、螺杆式制冷机在主机停车后尚需继续供油 2 min，方可停止油泵），再停冷冻水泵、冷却水泵。

3）试运转结束后应拆检和清理滤油器、滤网、干燥剂，必要时更换润滑油，拆检完毕后将有关装置调到准备启动状态。

4）全部试运转和调试结束后，整理并填写有关记录。

4. 制冷系统试运转的故障及排除方法

制冷系统试运转时常发生的故障有压缩机吸气温度过高或过低、压缩机排气温度过高或过低、冷却温度降不下来、蒸发器排管不结霜及制冷系统渗漏等，原因及排除方法见表 4-5。

表 4-5 制冷系统试运转常见故障的原因及排除方法

故障	原因分析	排除方法
压缩机吸气 温度过高	1. 制冷剂过少 2. 系统中制冷剂数量不足 3. 压缩机吸气管保温不好	1. 适当开大节流阀 2. 添加适量的制冷剂 3. 增加保温层的厚度
压缩机吸气 温度过低	1. 节流阀开启过大 2. 系统内制冷剂数量过多	1. 减少节流阀开启度 2. 减少系统内制冷剂

续表

故障	原因分析	排除方法
压缩机排气温度过高	1. 吸气温度过高引起排气温度过高 2. 压缩机冷却水套水量不足 3. 制冷系统内混有大量空气 4. 冷凝器冷却能力不足	1. 开大节流阀或适当添加制冷剂 2. 增加冷却水量 3. 及时排出系统内空气 4. 改变冷却情况或加大换热容积
压缩机排气温度过低	1. 节流阀开启过大 2. 系统内制冷剂数量过多	1. 减少节流阀开启度 2. 减少系统内制冷剂
冷却温度降不下来	1. 节流阀开启过小，进入蒸发器制冷剂不足 2. 节流阀开启过大 3. 节流阀未打开或有堵塞 4. 系统制冷剂量少于排管的蒸发量 5. 蒸发排管表面霜层很厚，排管内有较厚的油层，降低了传热效率	1. 适当开大节流阀 2. 适当关小节流阀 3. 开大节流阀或清除节流阀堵塞 4. 向系统中加入适量的制冷剂 5. 除去排管表面的霜层或排放排管内的积油
蒸发器排管不结霜	1. 节流阀开启过小或系统中制冷剂过少 2. 蒸发排管进液管道布置不合理，使各排管进液分配不匀 3. 蒸发排管中某部分管路堵塞或管道连接方式有误	1. 开大节流阀或增大制冷剂量 2. 重新调整蒸发排管的各进液管，使之合理 3. 消除堵塞使管路畅通或重新连接管路
制冷系统渗漏	1. 氨制冷系统渗漏 2. 氟利昂制冷系统渗漏 3. 高压或低压系统检出渗漏	1. 用肥皂水或酚酞试纸检漏 2. 用卤素检漏灯或烧红的铜丝检漏 3. 停止压缩机运转，将渗漏部位制冷剂抽净。修理管道，排除渗漏

5. 制冷系统检修抽液方法

（1）低压系统检修抽液方法

先关闭储液器的出液阀，启动压缩机并开动冷凝器冷却水，将低压系统内制冷剂抽入高压部分并经冷凝器液化进入储液器内。当低压系统压力为零时，可认为制冷剂已全部被抽入储液器。

（2）高压系统检修抽液方法

将储液器（瓶）的出口与压缩机上的排气阀连接，关闭压缩机的排气阀，打开吸气阀，不断用水冷却储液瓶，打开储液瓶阀门，启动压缩机，将高、低压系统内制冷剂全部抽入瓶内。由于钢瓶不断冷却，制冷剂气体液化并储存在瓶内，当系统压力为零时，即刻停车，并关闭储液瓶的阀门。

 思考练习题

1. 制冷系统试验包括哪几部分内容?

2. 氨制冷系统和氟利昂制冷系统对试压介质各有什么要求?

3. 什么是真空试验?其目的是什么?

4. 制冷系统为什么要进行充注制冷剂检漏试验?试验一般有哪些方法?

5. 氨制冷系统怎样充注氨液?

6. 氟利昂制冷系统怎样充注氟利昂?

7. 简述制冷系统试运转中常见故障的原因及排除方法。

8. 根据制冷系统的运行特性,分析说明制冷系统的压缩机、冷冻水泵(蒸发器循环水泵)、冷却水泵(冷凝器循环水泵)的开机和停机顺序。

第五章

空调系统安装

空调是空气调节的简称，简而言之，空调就是对自然空气的处理调节，使其满足人们生产和生活的需要。房间空调器是一种较简单的空调系统，如图5-1所示。

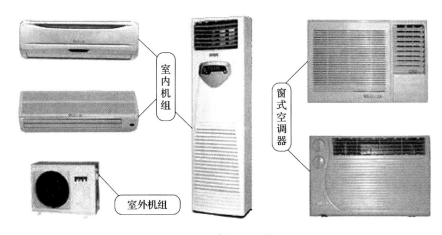

室内机组

室外机组

窗式空调器

图 5-1　房间空调器

空气调节技术的形成是在20世纪初，它随着工业发展和科学技术水平的提高日趋完善。现在，以热力学、传热学和流体力学为主要理论基础，综合建筑、机械、电工和电子等工程学科的成果，形成了一个独立的现代空气调节技术学科分支，专门研究和解决各类工作、生活、生产和科学实验所要求的内部空气环境问题。

空气调节的任务是"使空气达到所要求的状态"或"使空气处于正常状态"。例如，在某一特定空间（或房间）内，对空气温度、湿度、流动速度及清洁度进行人工调节，以满足人体舒适和工艺生产过程的要求。现代技术发展有时还要求对空气的压力、成分、气味及噪声等进行调节与控制。

一定空间内的空气环境一般要受到两方面的干扰：一是来自空间内部生产过程、设备及人体等所产生的热、湿和其他有害物的干扰；二是来自空间外部气候变化、太阳辐射及外部空气中有害物的干扰。

空气调节的技术手段主要是：采用换气的方法保证内部环境的空气新鲜，采用热、湿交换的方法保证内部环境的温、湿度，采用净化的方法保证空气的清洁度。因此，一定空间的空气调节不是封闭的空气再造过程，而主要是置换和热质交换过程。

不同空调房间有不同的空气参数，通常用温度基数、湿度基数和空调精度表示。

空调房间室内温度基数、湿度基数是指在空调区域内所需保持的空气基准温度和基准相对湿度。

空调精度是指空调房间内实测温度、相对湿度允许偏离其基数的最大差值，即空调参数的波动范围。温度波动范围在 1 ℃以上的空调系统，称为一般精度空调系统，可以通过手动进行控制。温度波动范围小于 1 ℃的空调系统，称为高精度空调系统，采用自动控制。

根据使用对象不同，空调可分为舒适性空调和工艺性空调。

舒适性空调的目的是为人们提供良好的工作条件或舒适的生产环境，以利于提高人们的工作效率，保障人们的身体健康。实践证明，人体感到舒适的环境条件如下：夏季温度为 24~28 ℃，相对湿度 40%~65%，空气流速应不大于 0.3 m/s；冬季温度为 18~22 ℃，相对湿度 40%~60%，空气流速应不大于 0.2 m/s。

舒适性空调不仅广泛应用于公共建筑中，如展览馆、影剧院、图书馆、博物馆、宾馆、医院、商场、写字楼等，还应用于家庭、汽车、火车等空间。

工艺性空调的作用是满足生产、科研等工艺过程所要求的工艺参数。如果这些参数得不到满足，生产和科研就无法进行，产品质量就无法保证。不同工业部门的生产工艺不同，对空调的要求也不同。

工艺性空调应用相当广泛，如机械工业、纺织工业、印刷工业、胶片工业、食品工业、制药工业，以及产品性能试验和科学研究实验等。有的工业部门要求较高，如电子工业、仪表工业、精密机械工业、合成纤维工业及某些工厂和科研单位需要的控制室、计量室、检验室、计算机房等，要求室内空气温度波动范围在 ±1 ℃以内，湿度波动范围在 ±5% 以内。

此外，像制药工业和医院的手术室，不但对空气的温度和湿度有一定的要求，而且对空气的含尘浓度有严格的要求。对空气含尘浓度有严格要求的空调称为洁净式空调。

本章对空气调节技术进行一般性的介绍，主要讲述建筑工程常用小型空调系统的配管要求和安装要点，以及空调机组运行管理的相关知识。

想一想

1. 房间空调器一般安装在房间的什么位置？

2. 房间空调器的室内机组相当于制冷系统的蒸发器，室外机组相当于制冷系统的冷凝器，为什么要将室内机组和室外机组分开？室内机组和室外机组是否可以同时安装在室内？

第一节 空气调节基本知识

一、湿空气

创造满足人类生产、生活和科学实验要求的空气环境是空气调节的任务。湿空气既是空气环境的主体，又是空气调节的对象，因此，熟悉湿空气的特性是掌握空气调节的基础。

1. 湿空气的成分

自然界中的空气是干空气和水蒸气的混合物，这种混合物称为湿空气，也就是常说的空气。干空气的成分主要是氮、氧及其他微量元素，多数成分比较稳定，少数随季节变化而有所波动，但从总体上可将干空气作为一种稳定的混合物看待。

为统一干空气的热工性质，便于热工计算，一般将海平面高度的清洁干空气成分作为标准成分。目前推荐的干空气标准成分见表 5-1。

表 5-1　　　　　　　　　　目前推荐的干空气标准成分

成分气体（分子式）	质量分数	体积分数
氮气（N_2）	0.755 5	0.781 3
氧气（O_2）	0.231	0.209 0
二氧化碳（CO_2）	0.000 5	0.000 3
其他稀有气体	0.013 0	0.009 4

由于大气的波动、混合，地面上干空气的组成比例很稳定，在计算中可把它看作均匀的混合气体。湿空气中的水蒸气含量常随气温的变化而变化。水蒸气的含量虽少，但它对湿空气的状态变化影响却很大。空气的干燥或潮湿就是由水蒸气含量的多少及其温度的高低决定的，研究空气调节首先要研究湿空气的性质。

2. 湿空气的状态参数

空调设备的选用、管理和使用过程往往涉及湿空气的状态参数及其状态变化等问题，因此，要了解和掌握有关湿空气的性质及其计算。

在空气调节中，除密度、压力、温度、比容、焓和熵外，还经常用到含湿量、相对湿度、露点温度和湿球温度等湿空气特有的状态参数。

（1）密度

在标准条件下（压力为 101 325 Pa，温度为 293 K，即 20 ℃），干空气的密度为 1.205 kg/m³，而湿空气的密度取决于空气中水蒸气分压的大小。由于水蒸气的分压相对于干空气的分压而言数值较小，因此，湿空气的密度比干空气小，在实际计算时可近似取 1.2 kg/m³。

（2）压力

湿空气的总压力一般就是指当时当地的大气压力，可用气压计测出。大气压力的数值随海拔高度及气候的变化而有所变化，一般在 ±5% 范围内波动。

湿空气由干空气和水蒸气混合组成，因此，湿空气的总压力是干空气的分压力 p_d 和水蒸气的分压力 p_z 之和，即：

$$p=p_d+p_z$$

湿空气中所含水蒸气量越多，水蒸气的分压力就越大，因此，水蒸气分压力 p_z 的大小可反映湿空气中所含水蒸气量的多少。

分压力的概念可用图 5-2 说明，设湿空气的温度为 t，所占空间容积为 V，其总压力为 p。设想如果把湿空气的水蒸气去掉，让温度仍为 t 的干空气单独处于容积为 V 的容器中，此时容器中的压力就是干空气的分压力 p_d。同理，如果把湿空气中的干空气去除，让温度为 t 的水蒸气单独处于容积为 V 的容器中，此时容器中的压力就是水蒸气的分压力 p_z。

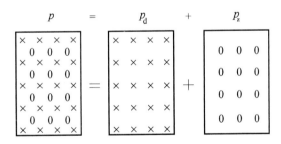

图 5-2 湿空气压力组成示意图

从日常生活经验和分子运动论可知，在一定温度条件下，水蒸气在空气中的含量越多，空气就越潮湿，水蒸气的分压力也越大，如果空气中水蒸气的含量超过某一限量时，空气中就有水珠析出。

上述现象说明，在一定温度条件下，湿空气中容纳水蒸气的数量是有限度的，即湿空气中水蒸气的分压力有一个极限值，当大气中从水蒸发为气的分子数目与从空气中水蒸气凝结为水的分子数目相等时，大气中容纳的水蒸气总数达到了最大限度，这时，湿空气处于饱和状态，也称为饱和空气，此时对应的水蒸气分压力称为该温度时的饱和分压力。

湿空气的饱和分压力以 p_{zB} 表示，它取决于温度，即为该温度下的饱和压力。

（3）湿度

湿度表示湿空气中含有水蒸气量的多少，一般有三种表示方法。

1）绝对湿度。1 m³湿空气中含有水蒸气的质量称为空气的绝对湿度，单位为 kg/m³，以 γ_z 表示。绝对湿度在数值上等于处于该温度和分压力下的水蒸气的密度。

绝对湿度只能说明湿空气在某一温度条件下实际所含水蒸气的质量，不能准确地说明湿空气的干、湿程度，即不能反映湿空气偏离饱和状态的程度和吸湿能力的大小。

例如，当湿空气温度为 20 ℃，绝对湿度为 0.017 22 kg/m³ 时，则水蒸气的含量已经达到最大值，也就是饱和空气了。但是，如果空气的温度是 30 ℃，则水蒸气含量为 0.017 22 kg/m³ 的空气还是比较干燥的，这时空气还有相当强的吸收水分的能力，因为 30 ℃饱和空气中水蒸气的最大含量为 0.030 2 kg/m³。可见，绝对湿度相同而温度不同的两种空气，其干湿程度是不同的。

2）相对湿度。绝对湿度不能直接反映湿空气的干湿程度，因此，在空气调节中还经常采用相对湿度这一参数。

相对湿度可以表明湿空气接近饱和状态的程度，也就是湿空气的干燥程度。

相对湿度是指湿空气的实际绝对湿度（γ_z）与同温度下的饱和湿空气绝对湿度（γ_B）的比值，一般用百分比表示，符号以 φ 表示。

$$\varphi = \frac{湿空气的实际绝对湿度}{同温度下饱和湿空气的绝对湿度} \times 100\% = \frac{\gamma_z}{\gamma_B} \times 100\%$$

由于相对湿度反映了湿空气中所含水蒸气的含量接近饱和的程度，故也称饱和度。显然，φ 值小，表明空气干燥，吸收水分能力强；φ 值大，表明空气潮湿，吸收水分能力弱。$\varphi=0$ 时，空气为干空气；$\varphi=100\%$ 时，空气为饱和湿空气。

所以，不论空气的温度如何，由 φ 值的大小就可直接看出湿空气的干湿程度，从而判断是否需要对空气进行加湿或去湿处理。

【例 5-1】已知 20 ℃饱和空气绝对湿度 γ_B=0.017 22 kg/m³，而实际的绝对湿度 γ_z=0.013 3 kg/m³ 时，空气的相对湿度是多少？又知 30 ℃饱和空气绝对湿度 γ_B=0.030 2 kg/m³，当实际的绝对湿度 γ_z=0.015 3 kg/m³ 时，空气的相对湿度又是多少？这两种空气哪一种较为干燥？

解：由相对湿度的定义式

$$\varphi = \frac{\gamma_z}{\gamma_B} \times 100\%$$

可得：20 ℃时，$\varphi = \frac{0.013\ 3}{0.017\ 22} \times 100\% = 77.2\%$；30 ℃时，$\varphi = \frac{0.015\ 3}{0.030\ 2} \times 100\% = 50.7\%$。

根据 φ 的数值可知，t=30 ℃、γ_z=0.015 3 kg/m³ 的空气的绝对湿度虽然较前一温度空气（20 ℃）高，但却较为干燥。

在工程计算中可以把湿空气当作理想气体看待，根据热力学知识还可推导出相对湿度与水蒸气分压力的关系式：

$$\varphi = \frac{p_z}{p_{zB}} \times 100\%$$

式中　p_z——湿空气中水蒸气的分压力；

　　　p_{zB}——同温度下饱和水蒸气的压力。

显然，相对湿度越小，湿空气越不饱和，干燥程度越高，吸收水蒸气的能力（即吸湿能力）也越大；反之，相对湿度越大，湿空气越接近饱和，就越潮湿，吸湿能力就越小。

当 $\varphi = 100\%$ 时，空气中的水蒸气已达饱和，就完全没有吸湿能力了。从人体的舒适感觉看，夏季空调室内的相对湿度应控制在 40%～65%，冬季空调室内相对湿度应控制在 40%～60%。

3）含湿量。湿空气的含湿量是指 1 kg 干空气中所含水蒸气的质量，用 d 表示，单位是 g/kg 干空气（或 kg/kg 干空气）。

在空气调节中，含湿量 d 用来反映对空气进行加湿或去湿处理过程中水蒸气量的增减情况。之所以用 1 kg 干空气作为衡量标准，是因为空气中水蒸气含量经常变化，但干空气的成分一般是不变的。

用含湿量作为参数的特点与绝对湿度一样，当湿空气中水蒸气含量一定时，d 的值不随空气温度的变化而变化。

秋天的早晨，室外花草树木叶子上常有一些水珠，通常称为露水。冬天的玻璃窗、夏天盛冷饮水的杯子外壁，以及空调器蒸发器的表面，也常会出现一层凝结水，这些现象说明，接触这些冷表面的空气，当温度下降到低于湿空气中水蒸气分压力所对应的饱和温度时，其含湿量超过了低温度下的饱和值。因为温度低的湿空气，其饱和温度也低，此时的含湿量未变，因而湿空气中多余的部分水蒸气就冷凝成水珠。

在空调工程中，对湿空气进行加湿或去湿时，干空气量不变，而含湿量做相应的改变，故含湿量的增减能说明是加湿还是去湿。

（4）比焓

空气的比焓（简称为焓）是指 1 kg 干空气的焓和与它相对应的水蒸气的焓的总和，用 h 表示，单位是 kJ/kg。

在空气调节中，空气的压力变化一般很小，可近似认为是定压过程，因此可直接用空气的焓值变化度量空气的热量变化。显然，焓是湿空气的一个重要参数。

（5）温度

湿空气的温度可用干球温度、湿球温度和露点温度来表示。

1）干球温度。平常用温度计所测得的空气温度就是干球温度，可用 t 表示。由于水蒸气均匀地分布在干空气中，所以，干球温度既是干空气的温度又是水蒸气的温度。

2）湿球温度。测量空气的温度，最常用的是水银温度计。如用两支相同类型的温度计，将一支温度计的温包用湿润的脱脂纱布包起来，如图 5-3 所示，将纱布下端浸在蒸馏水中，使纱布经常处于湿润状态。在环境条件稳定的情况下，将发现两支温度计的读数不同，包着湿纱布的一支读数较低。

这是因为一般空气的相对湿度都小于100%，即其含水蒸气未达到饱和状态，具有一定的吸水能力。相对湿度低，吸收水分就要蒸发，而水分与周围空气之间形成温差，即湿纱布上的水分温度下降，这样，周围空气与感温球之间逐步形成较大的温差，周围补给感温球的热量也逐渐增大。当两者温差达到一定值时，就达到了一个失热与得热的平衡状态，于是温度不再下降。这个温度就是湿球温度，以t_s表示。

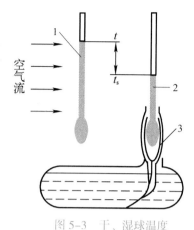

图5-3　干、湿球温度

1—干球温度计　2—湿球温度计　3—湿纱布

湿空气吸收水蒸气的能力取决于相对湿度的大小。空气的相对湿度越小，吸收水蒸气的能力越强，水分蒸发越快，湿球温度越低。因此，可以用干球温度、湿球温度确定湿空气的相对湿度，即用干球温度和湿球温度的差值衡量空气的相对湿度大小。

3）露点温度。湿空气容纳水蒸气的限度与温度有关，温度越高，空气能容纳的水蒸气量也越大。因此，若保持空气中水蒸气的含量d不变，而降低空气的温度，将使空气逐渐接近饱和。当温度降低到某一数值时，空气就将达到饱和状态，这时，若让空气继续冷却，便会有部分水蒸气凝结为露滴从湿空气中析出。这与给定的含湿量d相对应，湿空气达到饱和时的温度称为露点温度，用t_l表示。通俗地讲，露点温度就是空气开始结露的温度。

露点温度与含湿量有着一一对应的关系。这就是说，一个露点温度对应一个含湿量；反之，一个含湿量对应一个露点温度。因此，露点温度与含湿量不能同时作为湿空气的两个独立参数。

从上面的分析可知，空气达到露点温度时，它就处于饱和状态。因此，与露点温度对应的空气相对湿度$\varphi=100\%$。

 想一想

1. 解释夏季自来水管表面有露水的原因，说明如何防止这种现象发生。
2. 天气预报中有一个空气相对湿度数值，你认为相对湿度有什么作用？

二、湿空气的焓-湿图及应用

在空气调节中，经常需要确定湿空气的状态和变化过程。湿空气的各状态之间都有一定的函数关系，虽然可以利用各种计算公式进行计算，还可以查已经计算好的湿空气性质表，但这样比较烦琐。为此，工程上利用湿空气各状态参数之间的函数关系，绘制出了湿空气的焓-湿图。

1. 焓－湿（h-d）图的构成

湿空气的焓－湿图是以焓 h 为纵坐标、含湿量 d 为横坐标，在一定大气压 p 下绘制的。为使图面开阔、线条清晰，将两坐标轴之间的夹角定为135°，如图5-4所示。不同大气压下有不同的焓－湿图，使用时应注意选用与当地大气压相适应的焓－湿图。焓－湿图中，除坐标轴外，还有温度 t 和相对湿度 φ 两组等值线、水蒸气分压力 p_z 及表示空气状态过程的热湿比 ε 线。

（1）等含湿量（ d ）线

它是一系列与纵坐标平行的直线，从纵轴为 $d=0$ 的等含湿量线开始， d 值自左向右逐渐增加。

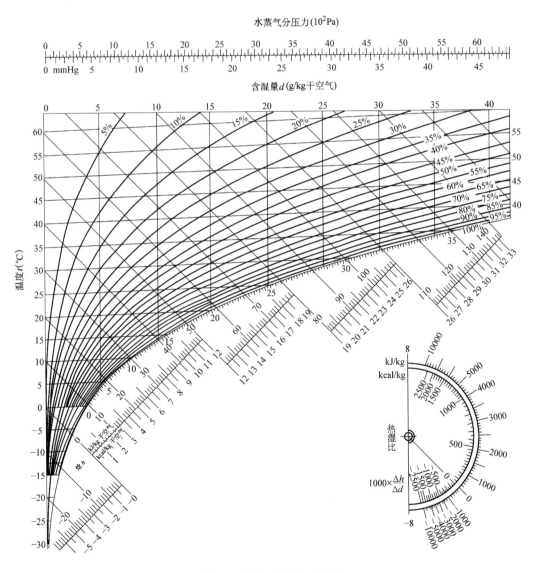

图5-4　湿空气的焓－湿图

（2）等焓（h）线

为了使焓－湿图的图面清晰，便于计算使用，等焓线为一系列与纵坐标成135°夹角的线。通过含湿量 $d=0$ 及温度 $t=0$ ℃交点的等焓线，焓值 $h=0$，向上的等焓线为正值，向下的等焓线为负值，自下而上焓值逐渐增加。

（3）等温（t）线

它是一系列形似平行而实际不平行的直线，$t=0$ ℃以上的等温线为正值，$t=0$ ℃以下的等温线为负值，且自下而上温度值逐渐增加。

（4）等相对湿度（φ）线

它是一系列向上凸的曲线。当 $d=0$ 时，$\varphi=0\%$，即 $\varphi=0\%$ 的等相对湿度线与纵坐标轴重合。自左向右，φ 值随 d 值增加而增加，$\varphi=100\%$ 的等相对湿度线称为饱和曲线。饱和曲线将焓－湿图分为两部分：上部表示未饱和空气，饱和曲线上各点是饱和空气；下部表示过饱和空气。过饱和区的水蒸气已凝结成雾状，故又称为"雾区"。

（5）水蒸气分压力（p_z）线

通过理论分析可知，当大气压为定值时，湿空气中水蒸气分压力和含湿量具有一定的函数关系，即水蒸气分压力 p_z 仅取决于含湿量 d。因此，可在 d 轴上方设一水平线，在 d 值上标出对应的 p_z 值。

（6）热湿比（ε）线

在空气调节过程中，被处理空气常常由一个状态变为另一个状态，为了表示变化过程进行的方向与特性，在图上还标有热湿比（ε）线。

所谓热湿比，是指空气在变化过程中，其热量变化量与含湿量变化量的比值。

$$\varepsilon = \frac{h_2 - h_1}{d_2 - d_1} \times 1\,000$$

式中　h_1、h_2——空气状态变化前、后的焓，kJ/kg；

　　　d_1、d_2——空气状态变化前、后的含湿量，g/kg 干空气；

　　　ε——热湿比，kJ/kg。

2. 焓－湿图的应用

焓－湿图不仅可以用来确定空气的状态参数、露点温度、湿球温度，还可以表明空气的状态在热湿变换作用下的变换过程，以及分析空调设备的运行工况。

（1）确定空气的状态及其参数

在焓－湿图上的每个点都代表了湿空气的一个状态，只要已知湿空气的 h、d、t、φ 中任意两个独立的参数，即可利用焓－湿图确定其他参数。

【例5-2】如图5-5所示，在 101.325 kPa 的大气压（即一个标准大气压）下，空气的温

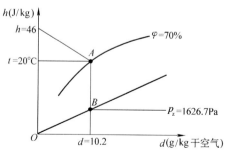

图 5-5　空气状态参数的确定

度 $t=20\ ℃$、相对湿度 $\varphi=70\%$，求空气的 h、d、p_z。

解：首先根据 $t=20\ ℃$、$\varphi=70\%$ 的交点，确定空气的状态点 A。过 A 点分别沿等焓线、等含湿量线查出 $h=46\ kJ/kg$、$d=10.2\ g/kg$ 干空气。

p_z 值的查法是：从 A 点沿等含湿量线向下做垂线，与 p_z-d 变换线交于一点 B，再由 B 点沿水平方向的水蒸气分压力线查出 $p_z=1\ 626.7\ Pa$。

（2）确定空气的露点温度 t_1

湿空气的露点温度是指在含湿量 d 不变的情况下把空气降温到饱和状态，即空气的相对湿度 $\varphi=100\%$ 所对应的温度。在一定大气压下，露点温度的高低只与空气中含湿量有关，水蒸气含量越多，露点温度越高，故露点温度也是反映空气中水蒸气含量的一个物理量。

【例 5-3】如图 5-6 所示，在 101 325 Pa 的大气压下，空气的温度 $t=32\ ℃$、相对湿度 $\varphi=40\%$，求空气的露点温度 t_1。

解：首先根据 $t=32\ ℃$、$\varphi=40\%$ 在焓-湿图上求出空气的状态点 A。

过 A 点沿等含湿量线向下与 $\varphi=100\%$ 相交于 L 点，L 点所对应的温度即为 A 点状态空气的露点温度，$t_L=17\ ℃$。

由图 5-6 可以看出，含湿量 d 相等的任何状态的空气，都会拥有相同的露点温度，即"等湿有同露点"。

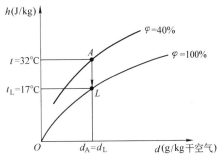

图 5-6 露点温度的确定

（3）确定湿球温度 t_s

湿球温度的形成过程是：纱布上的水分不断蒸发（见图 5-3），使湿球表面形成一层很薄的饱和空气层，这层饱和空气的温度近似等于湿球温度。这时，空气传给水的热量又全部由水蒸气返回空气中，所以湿球温度的形成可以认为是一个等焓过程。

因此，湿球温度 t_s 的求法是：从空气的状态点沿等焓线下行，与 $\varphi=100\%$ 的交点所对应的温度就是湿球温度 t_s。

【例 5-4】如图 5-7 所示，在 101 325 Pa 的大气压下，空气的温度 $t=33.5\ ℃$、相对湿度 $\varphi=40\%$，求空气的湿球温度 t_s。

解：首先根据 $t=33.5\ ℃$、$\varphi=40\%$，在焓-湿图上求出空气的状态点 A。

过 A 点沿等焓线下行与 $\varphi=100\%$ 相交于 S 点，S 点所对应的温度就是状态点 A 的湿球温度，即 $t_s=22.8\ ℃$。

由图 5-7 可知，如果空气的 $\varphi=100\%$，那么干、湿球温度计都处于饱和空气的环境中，湿纱布上的水分不再蒸发，此时空气的干球温度和湿球温度是相等的。

由此可见，干、湿球温度计读数的差异反映

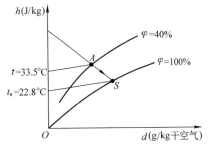

图 5-7 湿球温度 t_s 的确定

了空气湿度的大小。即干、湿球温度计的读数越接近，空气的湿度越大；反之，空气的湿度越小。

（4）表示空气的状态变化过程

为了满足空调房间的需要，工程上要对空气进行各种处理。空气处理的热力计算也可使用焓－湿图进行。

空气的变化过程在焓－湿图上可用空气变化前后状态点的连线表示，任何一个变化过程都有其一定的热湿比值。

根据 ε 的定义可知，ε 就是空气变化前后状态点连线的斜率，它反映了过程线的倾斜角度，故又称角系数。斜率与起始位置无关，因此起始状态不同的空气，只要斜率相同，其变化过程线必定互相平行。根据这一特性，在实际使用时，只需在焓－湿图右下方找到所需的 ε 线，然后将其平移到空气状态点，就可绘出该空气的状态变化过程。

在空调工程中，典型的空气处理过程是对空气进行加热、冷却、加湿和去湿处理，空气处理的四种典型过程变化如图5-8所示。

1）加热过程。冬季为了提高房间温度，常用加热器对空气进行加热。加热过程空气的含湿量不会改变（$d_1=d_0$），但焓增加（$h_1>h_0$），相对湿度减小。根据热湿比 ε 定义计算式可知，此过程的热湿比 $\varepsilon=+\infty$，其过程如图5-8中0—1线所示。

2）冷却过程。夏季为了降低房间温度，可以在房间设置冷却器。当空气冷却器的表面温度高于被处理空气的露点温度，其冷却表面没有凝结水现象时，空气处理过程中的含湿量不变（故称干式冷却）（$d_1=d_0$），它是一个降温、减焓（$h_1<h_0$）、相对湿度升高的过程。根据热湿比 ε 定义计算式可知，此过程的热湿比 $\varepsilon=-\infty$，其过程如图5-8中0—2线所示。

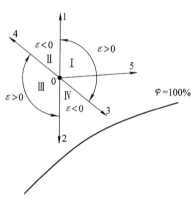

图5-8　空气状态变化的几种
典型处理工程

3）加湿过程。当生产车间需要加湿时，可以采用直接喷雾方式提高空气的相对湿度。喷雾时，雾滴蒸发吸收周围空气的热量，空气的温度下降（即显热减少），但雾滴蒸发成蒸汽后，扩散到空气中（即空气的潜热增加）。对空气来说，焓值几乎不变，含湿量增加，所以此过程是一个近似的等焓（$h_1=h_0$）、加湿（$d_1>d_0$）过程。根据热湿比 ε 定义计算式可知，此过程的热湿比 $\varepsilon=0$，其过程如图5-8中0—3线所示。

4）去湿过程。当房间需要去湿时，可以通过固体吸湿剂（如硅胶、分子筛、氯化钙等）处理空气。空气中的水蒸气被吸湿剂吸附，含湿量降低。同时放出的凝聚热又重新返回空气中，故吸附前后可近似认为空气的焓值不变，所以此过程是一个等焓（$h_1=h_0$）、减湿（$d_1<d_0$）过程。根据热湿比 ε 定义计算式可知，此过程的热湿比 $\varepsilon=0$，其过程如图5-8中0—4线所示。

从图5-8可看出，代表这四个过程的 $\varepsilon=\pm\infty$ 及 $\varepsilon=0$ 两条线将焓－湿图分成了四个象限，它们的变化特点见表5-2。

表 5-2　　　　　　　　　　　　焓 – 湿图四个象限空气状态变化的特点

象限	过程名称	热湿比	状态变化
I	加热加湿	$\varepsilon>0$	增焓加湿升温
II	加热去湿	$\varepsilon<0$	增焓去湿升温
III	冷却去湿	$\varepsilon>0$	减焓去湿降温
IV	冷却加湿	$\varepsilon<0$	减焓加湿降温

上述四种典型的空气状态变化过程是湿空气状态变化的四个基本过程。另外，空气的处理过程还有等温加湿过程和不同状态空气的混合过程。

 想一想

水的饱和温度与湿空气中水蒸气的分压力有关系吗？为什么？

三、空调负荷计算概述

空调的目的是让房间内的温度和湿度保持在一定参数范围内，为此，需要确定一个送风参数，才能使房间达到要求的空气状态。

对于建筑物本身来说，客观上总存在着一些干扰因素，造成空调房间内的温度和湿度发生变化。空调系统的作用就是要平衡这些因素，使房间内的温度和湿度维持在要求的参数范围内。

1. 空调负荷的概念

空调技术中，把在某一时刻为保持房间内一定的温湿条件需要向房间内提供的冷量或热量称为空调系统的冷负荷及热负荷；为维持房间内的相对湿度参数所需要增加或除去的湿量，称为空调系统的湿负荷。

空调技术中，把某一时刻进入房间内的总热流量（热流量用 Q 表示，单位是 W）和含湿量，称为该时刻空调房间的得热量（单位是 W）和得湿量（单位是 g/h）。

广义地讲，空调负荷计算中的冷负荷由三大部分组成。

第一部分是室内负荷。可分为外界负荷和内部负荷。外界负荷是通过围护结构的传热形成的冷负荷。内部负荷是照明、室内发热设备及人体产生的热量所形成的负荷。

第二部分是新风负荷。为了满足空调房间的卫生要求，必须向空调房间输送一定量的新鲜空气，冷却室外新鲜空气所消耗的冷量称为新风负荷。

第三部分是系统负荷。包括风道系统和水道系统中的各种得热，如风管受热和漏风、风机发热、再热负荷、水管受热、水泵受热，以及采用蓄冷装置系统中的蓄冷槽传热损失等。

第一部分是空调热、湿负荷的主要方面，即以室外气象参数和室内要求的空气环境条件为依据，计算空调房间的余热量和余湿量，作为确定空调系统风量、空气处理方法和空调装置容量的原始依据。

空调房间热、湿负荷的大小对空调系统的规模和运行情况有着决定性的影响。因此，为了设计一个空调系统，首先要做的工作是计算其热、湿负荷。

在空调系统的运行管理中，确定空调系统送风量或送风状态参数的依据是空调房间的热、湿负荷数值。

空调系统通过向空调房间内送入一定量的空气，带走房间内的热、湿负荷，从而实现控制房间内空气的温度和湿度的目的。

依据《民用建筑供暖通风与空气调节设计规范》（GB 50736—2012），空调冬季热负荷按采暖系统热负荷的计算方法计算，但室外计算温度应按冬季空调室外计算温度。需要说明的是，冬季耗热量主要是作为预热、二次加热等设备的选择依据，而空调房间用的送风量和空调主要设备一般是按夏季余热量、余湿量确定的。

2. 空调房间负荷的理论计算方法

空调系统根据其服务对象不同，有着不同的设计标准。对干舒适性空调系统，只确定室内温度和相对湿度的设计标准，一般不提出空气调节精度的要求。对于工艺性空调系统，除要提出室内温度和相对湿度的设计标准外，还要提出系统的空调精度要求。

空调负荷是在一定的参数条件下进行计算的。空调房间内的热、湿负荷是由诸多因素构成的。

（1）空调房间热负荷的构成因素

1）通过房间的建筑围护结构传入室内的热流量。

2）透过房间的外窗进入室内的太阳辐射热流量。

3）房间内照明设备的散热量。

4）房间内人体的散热量。

5）房间内工艺设备、器具或其他热源的散热量。

6）室外空气渗入房间时的热流量。

7）伴随各种散热过程产生的潜热量等。

（2）空调房间湿负荷的构成因素

1）房间内人体的散湿量。

2）房间内各种设备、器具的散湿量。

3）各种潮湿物表面或液体表面的散湿量。

4）各种物料或食品的散湿量。

5）渗透空气带入室内的散湿量。

6）化学反应过程的散湿量。

（3）空调房间负荷的理论计算方法

从空调房间热、湿负荷的构成因素可以看出，计算空调房间的热、湿负荷，主要是计算空调房间构成因素的散热量和散湿量，具体计算可参阅有关手册，这里不做叙述。

3. 空调房间负荷的估算方法

空调系统的负荷在实际工作中有时因各种因素的限制不具备详细计算条件，可根据空调负荷概算指标法粗略估算。

（1）夏季冷负荷的估算方法

1）简单计算法。空调房间的冷负荷由外围结构传热、太阳辐射热、空气渗透热、室内人员散热、室内照明设备散热、室内其他电气设备负荷及新风量带来的空调系统工程负荷等构成。

估算时，以围护结构和室内人员的负荷为基础，把整个建筑物看成一个大空间，按各面朝向计算其负荷。室内人员散热量按人均116.3 W计算，最后将各项数值的和乘以新风负荷系数（1.5），即为估算结果。

$$Q=（Q_w+116.3×n）×1.5$$

式中　Q——空调系统的总负荷，W；

　　　Q_w——围护结构引起的总冷负荷，W；

　　　n——室内人数。

2）指标系数计算法。以旅馆的冷负荷指标（70～95 W/m^2）为基础，对其他建筑则乘以修正系数β。

办公楼　　β=1.2

商　店　　β=0.8（只有营业厅有空调系统）

　　　　　β=1.5（全部建筑空间都有空调系统）

体育馆　　β=3.0（比赛场馆面积）

　　　　　β=1.5（总建筑面积）

影剧院　　β=1.2（电影厅有空调系统）

　　　　　β=1.5～1.6（大剧院）

医　院　　β=0.8～1.0

大会堂　　β=2～2.5

图书馆　　β=0.5

3）单位面积估算法。采用单位面积估算法时，将空调负荷单位面积指标乘以建筑物内的空调面积，得出制冷系统总负荷的估算值。表5-3所示为一些建筑物与房间的冷负荷指标，供计算时参考。

表5-3　　　　　　　　　　　　一些建筑物与房间的冷负荷指标

建筑类型与房间类别		冷负荷指标（W/m^2）	建筑类型与房间类别		冷负荷指标（W/m^2）
酒店	客房	80～110	商场营业厅		150～250
	酒吧、咖啡厅	100～150	影剧院	观众席	180～350
	西餐厅	160～200		休息厅	300～400
	中餐厅、宴会厅	180～350		化妆室	90～120

建筑类型与房间类别		冷负荷指标（W/m²）	建筑类型与房间类别		冷负荷指标（W/m²）
酒店	中庭、接待处	90 ~ 120	体育馆	比赛馆	180 ~ 350
	商店、小卖部	100 ~ 160		观众休息室	300 ~ 400
	小会议室	200 ~ 300		贵宾室	100 ~ 120
	大会议室	180 ~ 280	陈列室		130 ~ 200
	理发室、美容室	120 ~ 180	会议厅、报告厅		150 ~ 200
	健身房	100 ~ 200	图书室		75 ~ 100
	室内游泳池	200 ~ 350	实验室、办公室		90 ~ 140
	舞厅	250 ~ 350	公寓、住宅		80 ~ 90
	办公室	90 ~ 120			
医院	高级病房	80 ~ 110	餐馆		200 ~ 350
	一般手术室	100 ~ 150			
	洁净手术室	300 ~ 500			
	X 光室、CT 室、B 超室	120 ~ 150			

（2）供暖热负荷的估算方法

1）窗墙比公式估算法。已知空调房间的外墙面积、窗墙面积比及建筑面积，供暖供热负荷指标可按下式进行估算：

$$q = \frac{1.163 \times (6a + 1.5) F_1}{F}(t_n - t_w)$$

式中　q——建筑物供暖供热负荷指标，W/m²；

　　　1.163——墙体传热系数，W/（m²·℃）；

　　　a——外窗面积与外墙面积之比；

　　　F_1——外墙总面积（包括窗），m²；

　　　F——总建筑面积，m²；

　　　t_n——室内供暖设计温度，℃；

　　　t_w——室外供暖设计温度，℃。

上述指标已包括管道损失，可用它直接作为热负荷数值，不必再加系数。

2）单位面积热负荷指标估算法。当只知道总建筑面积时，其供暖热负荷指标可参考表 5-4。

表 5-4   一些建筑的热负荷指标

建筑类型	热负荷指标（W/m²）	建筑类型	热负荷指标（W/m²）
住宅	46～70	商店	64～87
办公楼、学校	58～80	单层建筑	80～140
医院、幼儿园	64～80	食堂、餐厅	110～140
旅馆	58～70	影剧院	93～116
图书馆	46～70	体育馆	116～163

一般来说，总建筑面积大、外围护结构隔热性能好、窗户面积小时，采用较小的指标；总建筑面积小、外围护结构隔热性能差、窗户面积大时，采用较大的指标。

 想一想

试为住宅楼内 15 m² 的房间选择一个功率较为合适的空调器。

1. 什么是空气调节？它的作用是什么？

2. 什么是干空气？什么是湿空气？

3. 空气的干球温度和湿球温度有什么区别？什么是空气的露点温度？

4. 湿空气的焓-湿图由哪几条等参数线组成（画图表示）？

5. 已知大气压力为 101.325 Pa，温度为 30 ℃，相对湿度为 50%，利用湿空气的焓-湿图求湿空气的含湿量、水蒸气分压力以及露点温度。

6. 空调房间热湿负荷有什么作用？

7. 某综合楼内各房间面积为：餐厅 1 000 m²，办公室 1 600 m²，舞厅和音乐厅 500 m²，会议室 400 m²，商场 500 m²，客房 4 000 m²。试估算该综合楼空调的总冷负荷。

第二节 空气调节系统形式

空气调节系统一般由空气处理装置、空气输送管道和空气分配装置组成，根据需要，它能组成许多不同形式的系统。在工程上，一般从建筑物用途和性质、热湿负荷特性、温湿度调节和控制要求、空调机房面积和位置、初投资和运行管理费用等诸多因素考虑，选定合适的空调系统。

一、空调系统的分类

1. 按空气处理设备的设置情况分类

空调系统按空气处理设备的设置情况不同，分为集中式空调系统、半集中式空调系统和全分散式空调系统。

（1）集中式空调系统

将冷（热）源设备集中设置，空气处理设备集中或相对集中设置，空调房间内设有末端处理设备或风口，这种空调系统称为集中式空调系统，其组成如图5-9所示。

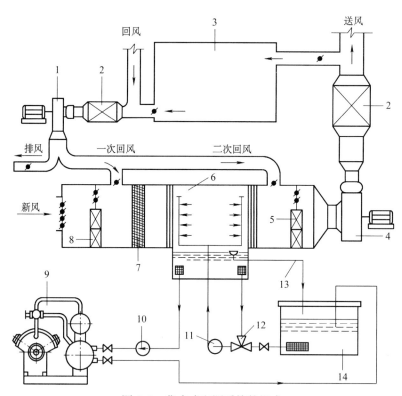

图5-9 集中式空调系统的组成

1—回风机 2—消声器 3—空调房间 4—送风机
5—再热器 6—喷水室 7—空气过滤器 8—预热器 9—冷水机组
10—冷冻水泵 11—喷水泵 12—三通阀 13—溢水管 14—冷水箱

集中式空调系统的特点是将所有的空气处理设备（如加热器、冷却器、过滤器、加湿器等）以及通风机、水泵等都设在一个集中的空调机房内，处理后的空气经风道输送到各空调房间。这种空调系统处理空气量大，需要集中的冷源和热源，运行可靠，便于管理和维修，但机房面积较大。

（2）半集中式空调系统

半集中式空调系统又称为混合式空调系统。它建立在集中式空调系统的基础上，先将一部分空气进行集中处理后，再由风管送入各房间，各房间的空气处理装置（诱导器或风机盘管）进行二次处理后再送入空调区域（房间）内，从而使各空调区域（房间）根据各自不同的具体情况，获得较为理想的空气处理效果。诱导器系统、风机盘管系统等均属此类。

（3）全分散式空调系统

将冷（热）源设备、空气处理设备和空气输送装置都集中或部分集中在一个空调机组内，组成整体式和分体式等空调机组，根据需要布置在各个不同的空调房间内，这种系统称为全分散式空调系统。它具有使用灵活、安装方便、节省风道的特点。

在工程上把空调机组安装在空调房间的邻室，使用少量风道与空调房间相连的系统也称为局部空调系统。

2. 按负担室内负荷所用的介质分类

空调系统按负担室内负荷所用的介质不同，分为全空气空调系统、全水空调系统、空气–水空调系统和制冷剂直接蒸发式空调系统，如图5-10所示。

（1）全空气空调系统

全空气空调系统是指空调房间内的余热、余湿全部由处理的空气负担的空调系统，如图5-10a所示。由于空气的比热容较小，全空气空调系统需要较多的空气才能达到消除余热、余湿的目的。因此，这种系统要求有较大断面的风道，占用建筑空间较多。

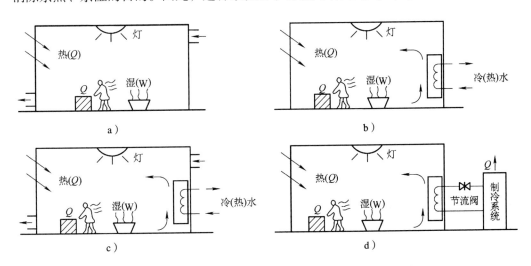

图5-10　按负担室内负荷所用介质的种类分类的空调系统

a）全空气空调系统　b）全水空调系统

c）空气–水空调系统　d）制冷剂直接蒸发式空调系统

（2）全水空调系统

全水空调系统是指空调房间内的余热和余湿负荷全部由冷水或热水负担的空调系统，如图 5-10b 所示。由于水的比热容比空气大得多，在相同负荷情况下只需要较少的水量，因此输送管道占用的空间较少。但是，由于这种系统靠水消除空调房间的余热、余湿，解决不了通风换气问题，室内空气品质较差，因此用得较少。

（3）空气 - 水空调系统

空气 - 水空调系统是指空调房间内的余热、余湿负荷由空气和水共同负担的空调系统，如图 5-10c 所示。根据设在房间内的末端设备形式不同，空气 - 水空调系统可分为三种。

1）空气 - 水风机盘管系统。它是指在房间内设置风机盘管的空气 - 水空调系统。

2）空气 - 水诱导器系统。它是指在房间内设置诱导器（带有盘管）的空气 - 水空调系统。

3）空气 - 水辐射板系统。它是指在房间内设置辐射板（供冷或采暖）的空气 - 水空调系统。

空气 - 水空调系统的优点是既可解决全空气系统的风道占用建筑空间较多的矛盾，又可向空调房间提供一定的新风换气，改善空调房间的卫生要求。

（4）制冷剂直接蒸发式空调系统

制冷剂直接蒸发式空调系统是指空调房间的热、湿负荷直接由制冷剂蒸发负担的空调系统，如图 5-10d 所示。局部式空调系统和集中式空调系统中的直接蒸发式表冷器就属于此类。制冷机组蒸发器中的制冷剂直接与被处理的空气进行热交换，达到控制室内空气温度和湿度的目的。这种空调系统常用于分散安装的局部空调机组。

3. 按处理的空气来源分类

空调系统按处理的空气来源不同，分为封闭式空调系统（全循环空调系统）、直流式空调系统（全新风空调系统）和混合式空调系统（新、回风混合空调系统）三种形式，如图 5-11 所示。

（1）封闭式空调系统

封闭式空调系统又称为全循环空调系统，该系统在运行过程中全部采用循环风的调节方式，如图 5-11a 所示。封闭式空调系统不设新风口和回风口，冷热消耗最省，但卫生效果很差，只用于人员很少进入或不进入、只需要保障设备安全运行而进行空气调节的特殊场所。

（2）直流式空调系统

直流式空调系统又称为全新风空调系统，是指在运行过程中全部采用室外新风作为风源，经处理达到送风参数后再送入空调房间内，吸收室内的热湿负荷后又全部排掉，不将室内空气作为回风使用的空调系统，如图 5-11b 所示。直流式空调系统多用于产生有毒或有害气体的场所以及放射性实验室。

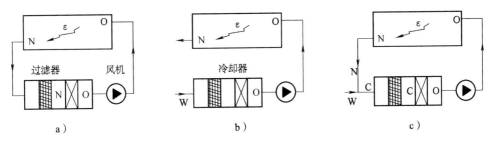

图 5-11　按处理的空气来源不同分类的空调系统

a）封闭式空调系统　b）直流式空调系统　c）混合式空调系统

N—室内空气　W—室外空气　C—混合空气　O—冷却后空气状态

（3）混合式空调系统

混合式空调系统也称为新、回风混合空调系统，如图 5-11c 所示。该系统将风源分为两部分：一部分是来自室外的新风，另一部分是取自室内的循环空气。在工程技术上常根据使用回风的情况，将该系统分为一次回风系统和二次回风系统。

1）一次回风系统。一次回风系统是将来自室外的新风和室内的循环空气按一定比例在空气热湿处理装置之前混合，经过处理后再送入空调房间内的系统。

2）二次回风系统。二次回风系统是将待处理空气分为两大部分，其中一部分经一次回风装置处理后，与另一部分没有经过处理的室内循环空气（二次回风）混合，然后送入空调房间内的系统。

 想一想

1. 自然空气中有哪些悬浮微粒？有什么方法将它们除去？
2. 采用什么方法可以使空气的温度和湿度发生变化？
3. 家用分体式空调器属于哪种空调系统？

二、风机盘管空调系统

风机盘管空调系统应用广泛，它是在空调房间内设置风机盘管（FP）机组（又称末端装置），再加上经集中处理后的新风送入房间，由两者结合运行的一种半集中式空调系统。图 5-12 所示为风机盘管机组在空调系统出风口的安装。

1. 风机盘管机组的结构

风机盘管机组由风机、盘管、空气过滤器、室温调节装置和箱体等部件构成，如图 5-13 所示。

（1）风机

风机有离心式和轴流式两种形式，风量为 250～2 500 m^3/h。风机叶轮材料有镀锌钢板、铝板或工程塑料等，其中以使用金属材料做叶轮的占多数。

风机一般采用单相电容运转式电动机，调节电动机的输入电压可以改变风机的转速，使其具有高、中、低三挡风量，实现风量调节的目的。

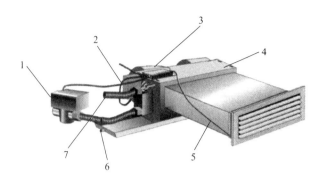

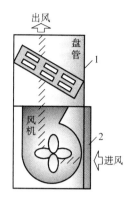

图 5-12　风机盘管机组在空调系统出风口的安装
1—电动阀　2—电源线　3—电控盒　4—风机盘管机组
5—风口控制线　6—凝结水管　7—进出水连接软管

图 5-13　风机盘管机组
1—箱体　2—过滤器

（2）盘管

盘管实际就是一个传热性能较好的热交换器，一般采用紫铜管，用铝片做其肋片。紫铜管外径一般为 10 mm，壁厚为 0.5 mm 左右；肋片厚度为 0.15 ~ 0.2 mm，片距为 2 ~ 2.3 mm。盘管采用胀接工艺制造，这样能保证紫铜管与铝片之间的紧密接触，提高盘管的导热性能。盘管有二排、三排和四排等类型。

（3）空气过滤器

空气过滤器一般采用粗孔泡沫塑料、金属编织物、纤维编织物或尼龙编织物制作。

风机盘管机组的一般容量范围为：风量 0.007 ~ 0.236 m³/s（250 ~ 853 m³/h），冷量 2.3 ~ 7 kW，风机电动机功率 30 ~ 100 W，水量 0.14 ~ 0.22 L/s（500 ~ 800 L/h），盘管水压损失 10 ~ 35 kPa。随着风机盘管式空调系统的广泛应用，其容量有增大的趋势。

2. 风机盘管机组的分类及规格型号

（1）分类

风机盘管机组的类型较多，见表 5-5。

表 5-5　　　　　　　　　　　　风机盘管机组的分类

分类方法	类型
按结构形式	卧式（W）、立式（L）、立柱式（LZ）、低矮式（LD）、卡式（K）、壁挂式（B）
按安装形式	明装（M）、暗装（A）
按进水方位	左式：面对机组出风口，供、回水管在左侧，代号为 Z 右式：面对机组出风口，供、回水管在右侧，代号为 Y
按盘管特征	单盘管机组：机组内有 1 个盘管，冷、热兼用，代号略 双盘管机组：机组内有 2 个盘管，分别供冷和供热，代号为 ZH
按出口静压	低静压型：在额定风量时出口静压为 0 或 12 Pa 的机组，代号略 高静压型：在额定风量时出口静压不小于 30 Pa 的机组，代号为 G30、G50

（2）规格型号

风机盘管机组规格型号表示方法如下。

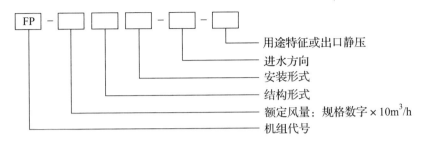

风机盘管机组规格型号举例：

FP-68LM-Z-ZH 表示额定风量为 680 m³/h 的立式明装、左进水、低静压、双盘管机组。

FP-51WA-Y-G30 表示额定风量为 510 m³/h 的卧式暗装、右进水、高静压 30 Pa 单盘管机组。

FP-85K-Z 表示额定风量为 850 m³/h 的卡式、左进水、低静压、单盘管机组。

我国对风机盘管机组已有质量检验标准，图 5-14 所示为几种风机盘管机组。

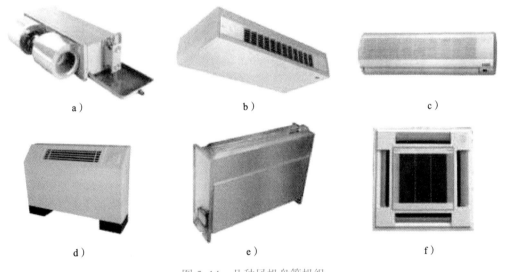

图 5-14　几种风机盘管机组

a）卧式暗装型　b）卧式明装型　c）壁挂型
d）立式明装型　e）立式暗装型　f）卡式型

3. 风机盘管机组的特点

（1）各空调房间的风机盘管机组可分别进行调节，不影响其他房间，有利于节省运行费用。

（2）风机盘管机组在中、低挡风速运行时，噪声较低。

（3）风机盘管机组布置灵活，既可以和新风系统联合使用，也可以单独使用。同一空调系统中的各个房间可使用不同形式的风机盘管机组。

（4）风机盘管机组安装在空调房间内，就地回风，除需要安装新风管外，不需要其他风管，节省费用。

（5）风机盘管机组选型方便、体积小、质量轻、使用简单、布置和安装都方便，是目前广泛使用的空调系统的末端装置。

（6）根据季节变化和房间朝向，可对空调系统进行分区控制。可单独配置温度控制器，实现对室温的自动控制。

（7）风机盘管机组需要集中的冷、热源和供水系统以及新风系统。

（8）风机的静压较小，不能使用高性能的空气过滤器。所以，使用风机盘管机组的空调房间，空气洁净程度不高。

（9）风机盘管机组分散布置在各空调房间内，给维护修理工作带来不便。若风机盘管机组或供水管道的保温层处理不好，会产生凝露滴水现象。

4. 风机盘管机组的新风供给方式

风机盘管机组的新风供给方式如图 5-15 所示。

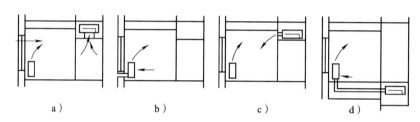

图 5-15　风机盘管机组的新风供给方式
a）室内渗入新风　b）新风从外墙洞口引入
c）独立新风系统（上部送入）　d）独立新风系统（送入风机盘管）

（1）室内渗入新风

室内渗入新风如图 5-15a 所示。风机盘管机组处理的只是空调房间内的循环空气，此系统的初投资和运行费用都比较低，但空气卫生要求难以保证。受自然渗风影响，空气的温、湿度不够均匀。

（2）新风从外墙洞口引入

新风从外墙洞口引入如图 5-15b 所示。风机盘管机组靠外墙安装，在外墙上开一适当的洞口，用风管和风机盘管机组连接，从室外侧直接引入新风。新风口做成可调节的形式，冬、夏季按最小新风量运行，春、秋过渡季节加大新风量的供给。这种方式虽然能保证新风量，但室内空气参数的稳定性将受外界空气负荷的影响，还会增大室内空气的污染和噪声。

（3）独立新风系统

采用这种方式时，来自室外的新风经过处理后，通过送风管道送入各个空调房间，使新风也负担一部分空调负荷，如图 5-15c 和图 5-15d 所示。

采用独立新风系统时，多数做法是将风机盘管机组的出风口和新风系统的出风口并列，如图 5-15c 所示，使新风与风机盘管机组的循环风先混合，然后送入空调房间内。

图 5-15d 的做法是将处理后的新风先送入风机盘管机组内部，使新风和风机盘管机组的回风混合后再经过盘管，此时新风与回风混合的效果比机外混合的效果要好，是一种比较理想的空气处理方式。

风机盘管机组采用独立的新风供给系统，在气候适宜的季节，新风系统直接向空调房间送风，可以提高整个空调系统运行的经济性和灵活性。我国近来新建的风机盘管空调系统大都采用独立的新风供给方案。

5. 风机盘管机组的水路系统

风机盘管机组的水路系统有双水管系统、三水管系统和四水管系统三种形式，随着季节的变化，盘管可以供应热水或冷水，满足空调房间的要求。

（1）双水管系统

它是指采用一根水管供水、一根水管回水的水路系统，夏季供冷水，冬季供热水。此系统结构简单、投资少，但系统供冷水、供热水的转换比较麻烦。此系统可按建筑物房间朝向进行分区控制，通过区域热交换器调节，向不同区域提供不同温度的水，分别满足各区域对温度的需求。在一个区域中由制冷转为加热或由加热转为制冷，可以采取手动转换或者自动转换的方式。

（2）三水管系统

它是指用一根水管供冷水、一根水管供热水、一根水管作公用回水管的水路系统。这种系统在每个风机盘管机组进口处设置一个自动控制三通阀，根据空调房间的室温需要，由安装在室内的温度控制器控制供冷水还是供热水（不同时进入），连接方法如图 5-16 所示。系统全年内部可以使用冷水或热水，能满足各空调房间对空气温度的调节要求。但由于冷、热水共用一根管道，系统存在冷、热水混合的能量损失问题（热量和冷量均有损失）。

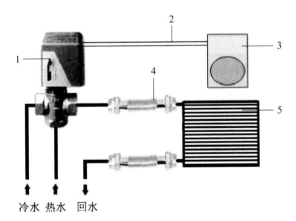

图 5-16　三水管系统和风机盘管机组的连接方式

1—三通调节阀　2—信号线　3—温控器　4—连接软管　5—风机盘管机组

（3）四水管系统

它是指采用冷水一管供水、一管回水，热水一管供水、一管回水的水路系统。四水管系统有两种供水方式：一种是向同一组风机盘管机组的盘管供水，根据空调房间的需要，决定是向盘管内供冷水还是热水；另一种是将风机盘管机组中的盘管分为两组，冷水盘管为一组，热水盘管为一组，根据空调房间的需要，提供冷水或热水。

采用四水管系统可以全年使用冷水和热水，从而可以灵活地对空调房间的温度进行调节，同时又避免类似三水管系统的能量损失，使风机盘管机组的控制更加灵活，设备的运行费用更低。但是，四水管系统的初投资较大，管道占用的建筑空间较大。

风机盘管空调系统的水系统一般采用双水管系统，在进水管上通常安装二通电磁调节阀进行控制调节。对于需要全年运行的风机盘管空调系统，其水系统可选用四水管系统。

风机盘管空调系统用于高层建筑时，其水路系统应采用全封闭式的循环系统，并设置膨胀水箱和排气装置。夏季制冷运行时，冷水的入口温度一般为 7 ~ 10 ℃，冷水温升一般取 5 ℃左右；冬季供暖运行时，热水的入口温度一般为 50 ~ 60 ℃。对于双水管系统，其循环水和补水一般应采用经水质处理后的水。

6. 风机盘管机组的安装

风机盘管机组安装的基本操作工艺流程为：施工准备→风机盘管机组检查→风机盘管机组安装→配管连接→质量检验。

（1）施工准备

1）建筑结构工程施工完毕，屋顶做完防水层，室内墙面、地面抹完。

2）安装位置尺寸符合设计文件要求，空调系统干管安装完毕，接往风机盘管机组的支管预留管口位置和标高符合要求。

3）风机盘管机组的主、副材料已运抵现场，安装所需工具已准备齐全，且有安装前检测用的场地、水源、电源。

4）风机盘管机组运至现场后要采取措施，妥善保管，码放整齐，应有防雨、防雪措施。

（2）风机盘管机组检查

1）安装风机盘管机组所使用的主料和辅料规格、型号应符合设计文件要求，并具有出厂合格证。

2）风机盘管机组的结构形式、安装形式、出口方向、进水位置应符合设计安装要求。

3）风机盘管机组应有装箱单、设备说明书、产品质量合格证书与产品性能检测报告等随机文件。

4）风机盘管机组开箱后，应检查每台电动机壳体及表面交换器有无损伤、锈蚀等缺陷。

5）每台风机盘管机组应进行通电试验检查，机械部分不得摩擦，电气部分不得漏电。

6）风机盘管机组应逐台进行水压试验，试验强度应为工作压力的 1.5 倍，定压后观察 2 min，压力不得下降，且不渗不漏。冬季寒冷天气施工时，风机盘管机组水压试验后必须随即将水排放干净，以防冻坏设备。

（3）风机盘管机组安装

1）风机盘管机组安装施工要随运随装，与其他工种交叉作业时要注意成品保护，防止碰坏。

2）卧式吊装风机盘管机组时，吊架安装应平整牢固，位置正确，吊杆不应自由摆动，吊杆与托盘相连处应用双螺母紧固找平找正。

3）暗装的卧式风机盘管、吊顶应留有活动检查门，方便整体拆卸和维修。

4）立式暗装风机盘管完成后要配合安装保护罩。屋面喷浆前应采取防护措施，保护已安装好的设备，保证清洁。

5）风机盘管机组凝结水盘的坡度一般不小于 0.01。

（4）配管连接

1）应严格按照施工图纸要求的配管方式，进行管道与风机盘管机组的连接。卧式暗装风机盘管机组配管如图 5-17 所示。

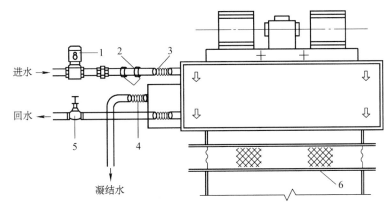

图 5-17　卧式暗装风机盘管机组配管
1—电动阀　2—过滤器　3—金属软管
4—塑料软管　5—控制阀　6—风管

2）供、回水阀及水过滤器应靠近风机盘管机组安装。

3）冷、热媒水管与风机盘管机组连接宜采用金属波纹软管，接管应平直。紧固时应用扳手卡住六方接头，以防损坏铜管。

4）凝结水管宜软性连接，软管长度一般不大于 300 mm。材质宜用透明胶管，并用喉箍紧固，严禁渗漏，坡度应正确，凝结水应畅通地流到指定位置。

5）风机盘管机组同冷、热媒水管连接前，应在管道系统中冲洗排污，且入水口加 Y 形过滤器，以防堵塞热交换器。

（5）质量检验

1）风机盘管机组安装必须平稳、牢固。

2）风机盘管机组与进、出水管的连接严禁渗漏，凝结水管的坡度必须符合排水要求，与风管、风口连接应严密可靠。

风机盘管机组试运行前，应冲洗排污，以防堵塞，同时清理凝结水盘内杂物，保证凝结水畅通。

想一想

风机盘管机组和散热器都是供暖末端设备，二者有什么不同？

三、诱导式空调系统

在空调送风支管末段装有诱导器的半集中式空调系统称为诱导式空调系统。

1. 诱导器

诱导器的结构原理如图 5-18 所示。它由外壳、换热器（盘管）、喷嘴、静压箱和与一次风连接用的风管等部件组成。

诱导器工作时，经过集中处理的一次风首先进入诱导器的静压箱，然后通过静压箱上的喷嘴以很高的速度（20～30 m/s）喷出。喷出气流的引射作用在诱导器内部造成负压区，室内空气（又称二次风）被吸入诱导器内部，与一次风混合，被送入空调房间内。诱导器内部的换热器可通入冷水或热水，用以冷却或加热二次风，空调房间的负荷由空气和水共同承担。

诱导器工作时吸入的二次风量与供给的一次风量的比值称为诱导比，用 n 表示，是评价诱导器的主要性能指标之一。

$$n = \frac{G_2}{G_1}$$

式中　n——诱导比，一般在 2.5～5 之间；

　　　G_1——诱导器喷嘴送出的一次风量，kg/h；

　　　G_2——诱导器吸入室内的二次风量，kg/h。

诱导器有多种类型，图 5-19 所示为其中的一种诱导器。

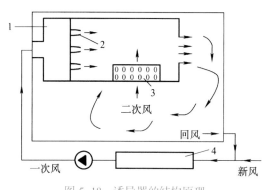

图 5-18　诱导器的结构原理
1—静压箱　2—喷嘴　3—换热器　4—空气处理装置

图 5-19　诱导器
1—进风口　2—凝结水管

2. 诱导式空调系统的工作过程

夏季，在诱导器二次盘管内通以冷冻水对二次风进行冷却，称为二次冷却处理，其冷冻水称为二次冷却水。空调房间内的大部分显热负荷由二次冷却水承担。一次风只承担剩余的显热和全部的潜热负荷，一次风的风量可相应减少，因此可适当缩小送风管的尺寸。

根据冷却盘表面有无凝露现象，二次冷却装置分为干式冷却（二次风等湿冷却）装置和湿式冷却（二次风减湿冷却）装置。干式冷却要求运行过程中将盘管表面温度控制在二次风的露点温度以上，使空气处理过程中在冷却盘管表面无凝露现象。湿式冷却则要求运行过程中将盘管表面温度控制在二次风的露点温度以下，使空气在冷却盘管表面出现凝露现象，达到给室内循环空气去湿的目的。一般情况下，诱导式空调系统均为湿式冷却系统，其盘管内冷却水的水温为 10～14 ℃。

冬季，在诱导器二次盘管内通以热水加热二次风，称为二次加热处理，该热水称为二次加热水。一般情况下，冬季供暖时，加热盘管内热水的温度为 70～80 ℃。

二次盘管水系统供水方式可分为双水管（一供一回）、三水管（一管供冷水、一管供热水、一管供回水）和四水管（冷、热水各自有独立的供、回水管）等。

3. 诱导式空调系统的特点

（1）将一次风作为新风送入空调房间，一般可以满足对空气的卫生要求；其二次风通过诱导器在室内循环，因此系统不用回风道，从而消除了各空调房间的相互干扰。

（2）一次风采用高速送风的方式，其送风风道的面积为普通全空气系统的1/3，从而节省了建筑空间，旧建筑物加装空调系统时很适宜采用。

（3）冬季不使用一次风时，将盘管内通入热水就成了自然对流的散热器。诱导式空调系统的二次风只能采取粗过滤方式，否则将影响其诱导比，因而不适合洁净度要求高的房间。

（4）风速较大，有一定的噪声，不适合噪声标准要求严格的房间。所以，诱导式空调系统现在已较少采用，而大多被风机盘管空调系统等代替。

4. 诱导器的安装

诱导器安装除应按风机盘管安装工艺要求外，还应注意以下事项。

（1）诱导器安装前必须逐台进行质量检查，各连接部分不能松动、变形和破裂，喷嘴不能脱落、堵塞，诱导器的静压箱封头处缝隙密封材料不能有裂痕和脱落，一次风调节阀必须灵活可靠，并调到全开位置。

（2）诱导器经检查合格后按设计文件要求的型号就位安装，喷嘴型号应正确。

（3）暗装卧式诱导器应由支、吊架固定，并便于拆卸和维修。

（4）诱导器与一次风管连接处应严密，防止漏风。

（5）诱导器水管接头方向和回风面朝向应符合设计文件要求。为利于回风，立式双面回风诱导器靠墙一面应留 50 mm 以上空间，卧式双面回风诱导器靠楼板一面应留有足够空间。

 想一想

讨论怎样安装诱导器。

四、净化空调系统

净化空调系统是指用于洁净空间的空气调节、空气净化系统。空气净化技术是指去除空气中的污染物质，控制房间或空间内空气达到洁净要求的技术（也称为空气洁净技术）。空气中的悬浮微粒除对人体健康不利外，还会影响室内清洁和产品质量，影响空调设备的处理效果。现代科学与工业生产技术对空气的洁净度提出了严格的要求，以保证生产过程和产品质量的高精度、高纯度及高成品率，同时对保证人体健康也具有重要意义。

1. 空气中悬浮微粒的种类

空气中（大气和空调房间内空气）悬浮微粒有多种污染成分，根据它们的性质不同，可分为以下几种。

（1）粉尘

粉尘是指悬浮在空气中的固体微粒，它们在空气中依靠重力沉降，粒径一般小于 $100\,\mu m$。

（2）烟气

烟气是由升华、蒸馏等反应过程产生的蒸汽凝结之后生成的固体粒子，粒径一般小于 $1\,\mu m$。

（3）烟尘

烟尘是燃料不完全燃烧所产生的粒子，是部分燃烧所产生的固态、液态及气态粒子的混合物，粒径一般小于 $1\,\mu m$。

（4）雾

雾由蒸汽凝结而产生，其粒径通常为 $15\sim35\,\mu m$。

（5）有机粒子

最常见的有机粒子是细菌（粒径 $0.2\sim0.5\,\mu m$）、花粉（粒径 $5\sim150\,\mu m$）、真菌孢子（粒径 $1\sim20\,\mu m$）及病毒孢子（粒径远小于 $1\,\mu m$）。

（6）非微粒性污染物

非微粒性污染物包括常温、常压下的水蒸气以及永久性有害气体。水蒸气可以冷却到它的露点温度之下而被清除。这种方式对有害气体则行不通，因而清除有害气体比较棘手。

2. 空气含尘浓度的表示方法

空气含尘浓度是指单位体积空气中所含的灰尘量。根据室内空气净化的要求不同，空气含尘浓度可采用下面三种参数表示。

（1）质量浓度

它是指单位体积空气中含有的灰尘质量，单位为 kg/m^3。

（2）计数浓度

它是指单位体积空气中含有的灰尘颗粒数，单位为粒 $/m^3$ 或粒 $/L$。

（3）粒径颗粒浓度

它是指单位体积空气中所含的某一粒径范围的灰尘颗粒数，单位为粒 $/m^3$ 或粒 $/L$。

一般室内空气允许含尘标准采用质量浓度，而洁净室的洁净标准（洁净度）则采用计数浓度（每升空气中粒径大于或等于某一数值的尘粒总数）。

3. 室内空气的净化要求和标准

根据人们生产、生活的要求不同，通常将室内空气净化分为三类。

（1）一般净化

只要求一般净化处理，保持空气清洁即可，对室内含尘浓度无确定控制指标要求。大多数以调节温度和湿度为主的民用与工业建筑空调均属此类。

（2）中等净化

对室内空气中悬浮微粒的质量浓度有一定的要求，例如，某大型公共建筑物要求空气中悬浮微粒的质量浓度不得大于 0.15 mg/m³（推荐值）。

（3）超净净化

对室内空气中悬浮微粒的大小和数量均有严格要求。表 5-6 所示为我国现行国家标准规定的空气洁净度等级悬浮粒子浓度极限。

表 5-6　　我国现行国家标准规定的空气洁净度等级悬浮粒子浓度极限

空气洁净度等级（N）	大于或等于要求粒径的最大浓度极限（个/m³）					
	0.1 μm	0.2 μm	0.3 μm	0.5 μm	1.0 μm	5.0 μm
1	10	2	—	—	—	—
2	100	24	10	4	—	—
3	1 000	237	102	35	8	—
4	10 000	2 370	1 020	352	83	—
5	100 000	23 700	10 200	3 520	832	29
6	1 000 000	237 000	102 000	35 200	8 320	293
7	—	—	—	352 000	83 200	2 930
8	—	—	—	3 520 000	832 000	29 300
9	—	—	—	35 200 000	8 320 000	293 000

4. 净化空调系统的形式

净化空调系统是以空气净化处理为主要功能的空调系统，目的是使空调房间的空气洁净度达到一定级别要求。它与普通空调系统相比，既有一定的共性，又有一定的特殊要求。净化空调系统的基本形式有以下几种。

（1）全室净化系统

全室净化系统可以使整个房间具有相同的洁净度，适用于工艺设备尺寸较大、数量很多，且室内要求相同洁净度的场所。全室净化系统如图 5-20 所示。

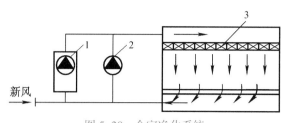

图 5-20　全室净化系统

1—空调机　2—循环风机　3—高效过滤器

（2）局部净化系统

局部净化系统可以在一般空调环境中使局部区域具有一定洁净度，适用于生产批量较小或利用原厂房进行技术改善的场所。局部净化的几种方式如图 5-21 所示。

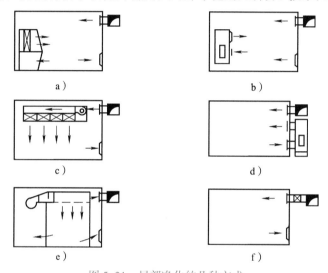

图 5-21　局部净化的几种方式

a）室内设置洁净工作台　b）室内设置空气自净器
c）室内设置层流罩装配式洁净小室　d）走廊或套间设置空气自净器
e）现场加工洁净小室　f）送风口装设高效过滤风机机组

（3）洁净隧道

洁净隧道是指以两条层流工艺区和中间的紊流操作活动区组成的隧道形洁净环境。洁净隧道是全室净化系统与局部净化系统的典型，是应用比较广泛的净化方式。棚式洁净隧道如图 5-22 所示。

5. 洁净室

洁净室是指具有一定的洁净度、湿度、气体流速要求的房间。洁净室内空气中的尘粒个数不得超过空气洁净度等级标准所规定的数值。洁净室按气流流动方式不同，可分为层流式洁净室和紊流式洁净室两种类型。

图 5-22　棚式洁净隧道

（1）层流式洁净室

图 5-23 所示为垂直层流式洁净室的基本结构，其顶棚布满高效过滤器，气流

通过过滤器后以均匀的风速充满整个洁净室断面。从出风口到回风口，气流断面的流线平行，流速均匀，没有涡流，像活塞一样把室内任何一处随时产生的尘粒迅速推向下风侧，然后排走。

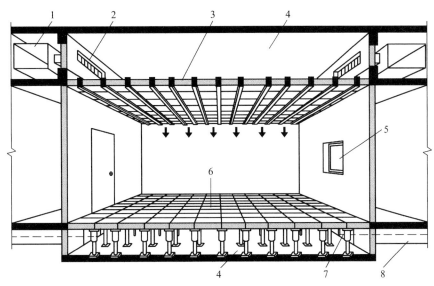

图 5-23　垂直层流式洁净室的基本结构

1—送风管　2—送风口中效过滤器　3—高效过滤器

4—送风静压空间（箱）　5—传递窗　6—地面回风格栅　7—回风口　8—回风管

水平层流式洁净室的基本结构与垂直层流式洁净室相似，如图5-24所示，其送风侧墙上布满高效过滤器。由于水平层流式洁净室的气流方向与尘粒的重力沉降方向不一致，所以室内断面风速要求大于垂直层流式洁净室，避免出现尘粒向下沉降的现象。

层流式洁净室构造复杂，施工麻烦，投资和运行费用较高，只有在必要时才采用。

（2）紊流式洁净室

紊流式洁净室的基本结构如图5-25所示，其顶棚上装置有高效过滤器，气流通过带扩散板（或无扩散板）的高效过滤器送风口和局部孔板出风口，自上而下地吹出。其流向与尘粒的重力沉降方向一致，使室内的尘粒均匀扩散而被"稀释"，并经回风口流出排走，以达到室内洁净度的要求。在洁净度要求不高的场合，也可用上侧送风、下侧回风的方式。

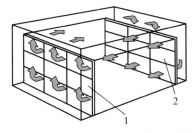

图 5-24　水平层流式洁净室的基本结构

1—侧面回风口　2—高效过滤器

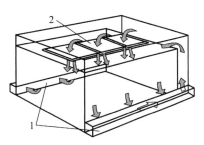

图 5-25　紊流式洁净室的基本结构

1—回风口　2—高效过滤器

由于受到送风口形式和布置的限制，紊流式洁净室的室内换气次数不如层流式洁净室多，同时室内还会出现涡流，因此室内工作区的洁净度标准较低。

紊流式洁净室结构简单，施工方便，投资和运行费用较小，所以应用比较广泛。

并用型洁净室是在紊流式洁净室内增设一台局部净化设备（紊流式带洁净工作台），以便在工作台范围内达到更高的洁净度。它克服了紊流式洁净室净化标准低的缺点，同时又保持了造价较低的优点。

6. 空气吹淋室（风淋室）

为了减少洁净室的尘源，工作人员在进入洁净室前，先经过空气吹淋室，利用高速洁净气流吹除身上的灰尘。空气吹淋室也起到了闸室的作用，防止未被净化的空气进入洁净室。空气吹淋室分为单人式吹淋室和多人式吹淋室。前者一次只能吹淋一个人，后者可两人同时吹淋。如果把后者连接起来，就可供多人同时使用，成为通廊式吹淋室。

7. 局部净化设备

洁净室一般适用于大面积的空气净化，个别区域的空气净化可以采用局部净化设备。局部净化设备是在一定区域内形成洁净空气的装置。局部净化设备有洁净工作台、空气自净器、净化空调机组和净化干燥箱等。

 想一想

自然空气中有哪些悬浮微粒？有什么方法可以将它们除去？

五、局部空调机组

局部空调机组实际上是一个小型空调系统（属制冷剂直接蒸发式空调系统），它将空气处理各设备（包括空气冷凝器、加热器、加湿器、过滤器）与通风机、制冷设备机组组合成一个整体，具有结构紧凑、安装方便、使用灵活的特点，所以在空调工程中得以广泛应用。图 5-26 所示为一种局部空调机组，图 5-27 是它在建筑物中的应用。

1. 局部空调机组的类型

（1）按机组的整体性分类

1）整体式：将空气处理部分、制冷部分和电控系统的控制部分等安装在一个罩壳中形成一个整体。它结构紧凑，操作灵活，制冷量一般在 50 kW 以下。

2）分体式：将蒸发器和室内风机作为室内机组，把制冷系统中蒸发器之外的部分置于室外，称为室外机组。新的产品还可以用一台室外机组与多台室内机组相匹配。由于传感器、配管技术和机电一体化的发展，分体式机组的形式多种多样。

（2）按制冷设备冷凝器的冷却方式分类

1）风冷式：容量较小的机组，其冷凝器大都采用风冷却。风冷式机组不受水源条件限制，在任何地区都可使用。它不需要冷却塔和冷却水泵，给使用维修带来了很大

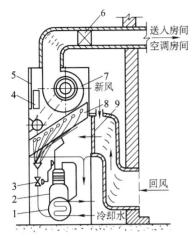

图 5-26 一种局部空调机组

1—冷凝器 2—制冷机 3—膨胀阀
4—电加湿器 5—自动控制屏 6—电加热器
7—通风机 8—蒸发器 9—空气过滤器

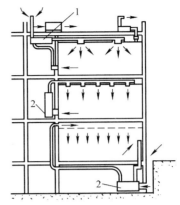

图 5-27 局部空调机组在建筑物中的应用

1—风冷空调机组 2—水冷空调机组

的方便。风冷式机组在水源紧张的地区和家用小型空调机上使用都很普遍。

2）水冷式：容量较大的机组，其冷凝器一般都用水冷却。水冷式机组一般用于水源充足的地区，为节约用水，大多数使用循环水。

（3）按使用功能分类

1）单冷型：又称为冷风机，它仅用于夏季降温。

2）冷热两用型：按产热方式不同又分为电热型和热泵型两种。电热型的空调机组冬季是依靠电加热器供热的，而热泵型空调机组冬季仍由制冷机工作，借助四通阀的转换，使制冷剂逆向循环，制冷系统中的蒸发器（夏季降温用）变为热泵的冷凝器向室内供热。

（4）按空调机组安装位置分类

1）窗式：其制冷量在 7 kW 以下，风量在 0.33 m³/s（1 200 m³/h）以下，属小型空调机，一般安装在窗台上，蒸发器朝向室内，冷凝器朝向室外。

2）立柜式：其制冷量在 7 kW 以上，风量在 5.55 m³/s（20 000 m³/h）以下，容积较大。立柜式空调机组通常采用落地式安装，机组可以设在房间外面，小型立柜式空调机组也可以直接安装在房间内。

局部空调机组的形式较多，图 5-1 所示的房间空调器就是几种局部空调机组。

随着生产规模的发展，各国空调机组的产量都极大，除了工业建筑外，民用建筑的使用也日益普遍。局部空调机组的功能已向专业化发展，以适应各种特殊需要，如全新风机组、低温机组、净化机组、计算机室专用机组等。

2. 空调机组的性能和应用

（1）空调机组的能效比

能效比就是指空调的能耗与效用的比值，分为制冷能效比（EER）和制热能效比

（COP）。一般情况下，空调机组的能效比指的是制冷能效比（EER）。

能效比是评价空调机组的一种能耗指标，其定义式为：

$$EER = \frac{机组名义工况下制冷量（W）}{整机的功率消耗（W）} \quad 或 \quad COP = \frac{机组名义工况下制热量（W）}{整机的功率消耗（W）}$$

机组名义工况（又称额定工况）下制冷量是指国家标准规定的进风湿球温度、风冷冷凝器进口空气的干球温度等检验工况下测得的制冷量，随着产品质量和性能的提高，目前 EER 值为 2.5 ~ 3.0。

（2）空调机组的应用方式

1）单台机组独立使用：一个空调房间使用一台空调机组属于这种情况。现在生产的小型分体式空调器、穿墙式空调器及窗式空调器均可使用，使用窗式空调器时要注意与建筑外观的配合。

2）多台机组独立使用：对于较大的空调房间（如餐厅、会议室、车间等），一台机组容量不够时，或者从备用机调节角度出发，可以选用两台或数台机组。但是在这种情况下，每台机组仍是独立工作的。这种方式可以连接风道，也可不连接风道。连接风道的机组应有足够的机外余压，以满足送风量和气流组织的要求。

想一想

讨论你见过的空调机组的形式及运行特点。

1. 空调系统是怎样分类的？空调系统的形式有几种？

2. 以图 5-9 为例，说明集中式空调系统的组成和基本工作过程。

3. 风机盘管空调系统由哪些设备及部件组成？说明各组成部件的作用。

4. 风机盘管空调系统有哪几种新风供给方式？各有什么特点？

5. 风机盘管有哪几种水系统？各有什么特点？

6. 诱导器的工作原理是什么？

7. 诱导器盘管供水温度有什么要求？

8. 空气净化分为哪几类？

9. 熟悉净化空调系统的几种形式。

10. 什么是空气洁净室？

11. 熟悉空气洁净室的基本构造和工作过程。

12. 什么是局部空调机组？

13. 什么是空调机组的能效比？它具有什么实际意义？

第三节　空气处理设备及安装

为了使空调房间送风的温度、湿度、洁净度等参数达到使用要求，空调系统中必须有相应的空气处理设备，通过各种处理方法（如对空气的加热或冷却、加湿或减湿），满足所要求的送风状态。

一、喷水室

空调工程中，用喷淋水处理空气得到广泛应用，尤其是对于大型的生产性空调。它的特点是：喷水室中水和空气直接接触，热湿交换率高，空气被洗涤净化，只要适当改变水温，就能对空气进行加热、加湿或降温、减湿处理。

喷水室处理空气是用喷嘴将不同温度的水喷成雾状水滴，使空气与水之间产生强烈的热、湿交换，从而达到一定的处理效果。

喷水室的基本构造如图 5-28 所示，主要由喷嘴、排管、挡水板、水池、滤水器、管路系统及外壳组成。

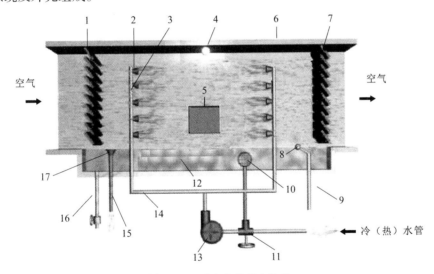

图 5-28　喷水室的基本构造

1—前挡水板　2—喷嘴　3—排管　4—防水灯　5—检查门
6—外壳　7—后挡水板　8—浮球阀　9—补水管　10—滤水器
11—三通阀　12—水池　13—水泵　14—供水管　15—溢水管　16—泄水管　17—溢水器

喷水室处理水过程：空调系统中被处理的空气经过导流板（或前挡水板）均匀地进入喷水室，与排管上喷嘴喷出的水滴直接接触进行热湿交换，然后经过后挡水板过滤掉夹在空气中的水滴后，被风机送入空调房间。喷嘴均匀地布置在排管上，排管通常设置 1～3 排，与空气进行热、湿交换后的水滴落到喷水室底部的水池中，其中一部分排掉，另一部分再循环与冷（热）水混合使用，或全部循环使用。为了方便观察和检修，喷水室上部装有防水灯，侧壁上装有检查门。

喷水室的形式按气流方向不同分为卧式和立式，按喷水级数不同分为单级和双级，按喷水室中空气流速不同分为低速（风速为 2~3 m/s）和高速（风速为 3.5~6.5 m/s），按风机置于喷水室的前后位置不同分为吸入式和压入式。

卧式喷水室适用于需要处理大量空气的场合，空气处理量小时常采用立式喷水室。立式喷水室的特点是占地面积小，空气自上而下与水接触，热湿交换效率更高。双级喷水室相当于两个单级喷水室串联，只在夏季冷却空气时使用，第一级常使用循环水对空气预冷，第二级用冷冻水对空气再冷却，使空气得到较大的焓降，相对湿度达 95%~98%，节约了冷冻水的用量。吸入式喷水室中为负压，当敞开密封门时水滴不会溅出，水流流动比较平稳，但电动机容易受潮。压入式喷水室中为正压，未经处理的空气不会经喷水室门缝吸入，电动机不易受潮，但检查门容易漏水。

1. 导流板

导流板又称整流器，一般用作前挡水板，如图 5-29 所示。导流板安装在喷水室入口，其作用是使空气均匀地进入喷水室，减少空气中的涡流，提高空气与水之间的热湿交换效率。

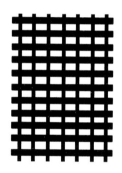

图 5-29　导流板

2. 挡水板

挡水板分前挡水板和后挡水板。通常所说的挡水板是指后挡水板，其作用是将空气中悬浮的水滴分离掉。

挡水板由多块直立的折板组成，如图 5-30 所示。挡水板一般用高强度的薄塑料板或玻璃钢制成，板间距离 20~50 mm。

当携带着水滴的空气经过挡水板曲折通道时，不断改变方向，水滴由于惯性作用，就会不断与挡水板表面发生碰撞而聚集在板面并形成水膜，然后沿挡水板流入水池。但挡水板并不能把空气中的全部水滴挡住，部分水滴随空气穿过挡水板，称为挡水板的过水量。

挡水板的过水量与空气流速、挡水板折数、折角大小、板间距离等有关，挡水板折数越多、折角越小、板间距离越小，则过水量越少，但阻力越大。实际工程中，挡水板折数一般为 4~6 折，折角为 90°~120°。

高速喷水室的后挡水板常采用波形挡水板，波形挡水板的特点是阻力小，挡水效果好。低速喷水室常用折形前挡水板，一般为 2~3 折，折角为 90°~150°。其作

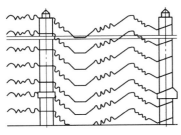

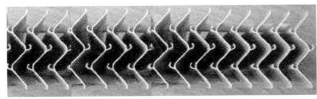

图 5-30 挡水板

用是阻挡喷水室中飞溅出来的水滴，并使空气均匀地进入喷水室。高速喷水室的前挡水板常用导流板代替。

3. 喷嘴及喷嘴排管

喷嘴的作用是把水喷成细小水滴，增大空气与水之间的接触面积，增强热湿交换作用。在空调系统中，常用喷嘴的形式有离心式喷嘴和双螺旋离心式喷嘴等。

喷水室常用的离心式喷嘴如图5-31所示。离心式喷嘴主要由喷嘴本体和喷嘴顶盖两部分组成，材料一般采用不锈钢、黄铜、尼龙和塑料等，其规格一般有DN15、DN20两种。

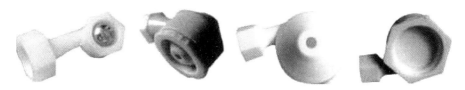

图 5-31 喷水室常用的离心式喷嘴

具有一定压力的水经小管由切线方向进入喷嘴内的水室，在水室中产生旋转运动，最后由小盖中心的小孔喷出来，被分散成细小水滴，喷嘴喷出水量多少、水滴大小、水苗长短以及水苗扩散角的大小，与喷嘴的构造、孔径、水量大小有关。双螺旋离心式喷嘴以及各种性能良好的新型喷嘴的共同特点是喷水压力小、雾化程度好。新型喷嘴的构造和工作原理与离心喷嘴基本相同，仅在结构上做了某些改进。

喷嘴排管与供水干管的连接一般采用上分式、下分式、中分式和环式，如图5-32所示。喷水室断面较大时，可采用中分式或环式，排管最低处应设泄水阀。排管与喷嘴的设置密度应根据喷嘴形式确定。喷嘴在排管上一般布置成梅花形，如果喷嘴数比较多，也可以布置成密排形式。

4. 喷水室外壳

喷水室外壳一般用1.5~2 mm厚的钢板制作，也可以用砖砌或混凝土制作，应注意防水和保温措施。为了便于检修，喷水室外壳设保温检修门，内装防水灯。

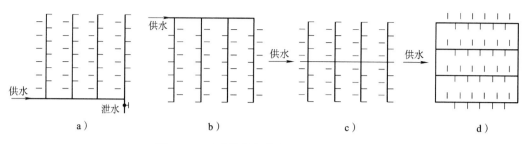

图 5-32　喷嘴排管与供水干管的连接方式
a）下分式　b）上分式　c）中分式　d）环式

5. 水池及附属装置

（1）水池

喷水室水池大小一般按能容纳 2～3 min 的喷水量确定。水池的长和宽可根据喷水室尺寸确定。在修建水池时，应考虑管道的预埋和防水问题。

（2）溢水管

水池通过溢水器与溢水管相连，以排出水池中维持一定水位后多余的水。溢水器的喇叭口上有水封罩，可将喷水室内外空气隔绝，防止喷水室内产生异味。

（3）补水管

用循环水对空气进行绝热加湿时，水池中的水量将逐渐减少，泄漏等原因也可能引起水位降低。为了保持水池水面高度一定，且略低于溢水口，需设补水管并经浮球阀自动补水。

（4）泄水管

为了检修、清洗和防冻等目的，水池的底部需设泄水管，以便在需要泄水时，将池内的水全部泄至排水道。

（5）滤水器

当使用循环水时，必须对水进行过滤，以防杂质堵塞喷嘴孔口。滤水器通常做成圆筒形，有时把滤水器网制成隔板状插入水池中。滤水网常采用铜丝网。

6. 空气处理室的安装要求

（1）金属空气处理室壁板及各段的组装位置应正确，表面平整，连接严密、牢固。

（2）喷水段的本体及其检查门不得漏水，喷水管和喷嘴的排列、规格应符合设计文件的要求。

　想一想

喷水室能够对空气的温度和湿度进行精确控制吗？你有什么更好的控制方法？

二、表面式换热器

空调系统中广泛使用表面式换热器处理空气。表面式换热器如图 5-33 所示，具有构造简单、占地少、水质要求不高、水系统阻力小等优点，已成为常用的空气处理设备。表面式换热器包括空气加热器和表面式冷却器（简称表冷器）两类，前者用热水或蒸汽作热媒，后者以冷水或制冷剂作冷媒，分为水冷式和直接蒸发式两类。

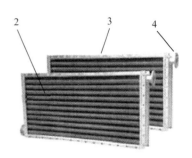

图 5-33　表面式换热器

1—肋片　2—带肋片的换热管　3—外壳　4—管子接口

1. 表面式换热器的基本构造

表面式换热器的换热管一般采用铜管或铝管制成，为了增大传热效果，通常在光滑的铜管或铝管外表面上加工出各种肋片，肋片的形式主要有褶皱绕片、光滑绕片、轧片、冲缝肋片、串片、二次翻边片和波纹肋片等。同时，可采用内螺纹管强化换热器的内侧换热，使换热器的换热效率进一步提高。图 5-34 所示为常用的表面式换热器换热管肋片。

褶皱绕片是将铜带或钢带用绕片机紧紧地缠绕在管子上制成的；光滑绕片是用延展性好的铝带绕在铜管或钢管上制成的；用轧片机在光滑的铜管或铝管外表面上轧出肋片便成了轧片；冲缝肋片是在普通肋片上用机械设备冲许多条缝制成的；将事先冲好管

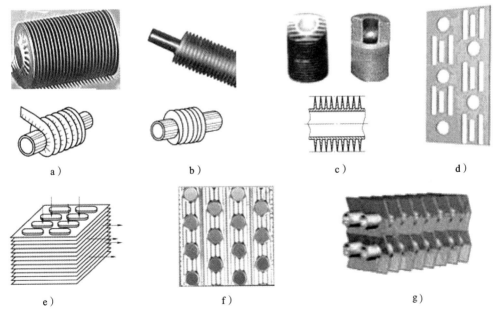

图 5-34　常用的表面式换热器换热管肋片

a）褶皱绕片　b）光滑绕片　c）轧片　d）冲缝肋片　e）串片　f）二次翻边片　g）波纹肋片

孔的肋片与管束串在一起，经过胀管之后可制成串片；二次翻边片是在管孔处翻两次边制成的；波纹肋片是指外形呈波纹形的肋片。

2. 喷水式表冷器

由于表冷器只能冷却干燥空气，无法对空气进行加湿，不容易达到更严格的湿度控制要求，所以在需要时还应另设加湿设备。图 5-35 所示的喷水式表冷器能弥补普通表冷器的不足，兼有表冷器和喷水室的优点。该设备的具体结构是在普通表冷器前设置喷嘴，用于向表冷器外表面喷循环水。

测定数据表明，在表冷器上喷水可以提高热交换能力，其原因：一方面是由于喷水水苗及沿冷却器表面向下流的水膜增加了热交换面积；另一方面是喷水对水膜也有扰动作用，降低其热阻。但是，喷水式表冷器热交换能力的增加程度与表冷器排数多少有关。排数少时，传热系数增加较多；排数多时，由于喷水作用达不到后面几排，所以传热系数增加较少。

尽管喷水式表冷器既能加湿空气，又能净化空气，同时传热系数也有不同程度的提高，但是由于增加了喷水系统及其能耗，空气阻力也将变大，所以其推广应用受到了影响。

3. 直接蒸发式表冷器

在空调系统中，为了减少冷冻机房的面积，把制冷系统的蒸发器放在空调箱中直接冷却空气，这就是直接蒸发式表冷器，如图 5-36 所示。

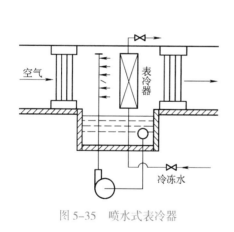

图 5-35　喷水式表冷器　　　　　图 5-36　直接蒸发式表冷器

　　　　　　　　　　　　　　　　　1—蒸发管　2—肋片

　　　　　　　　　　　　　　　　　3—进液　4—毛细管

4. 表面式换热器的安装与配管

（1）表面式换热器的安装方式

根据风管实际位置不同，表面式换热器可以采用垂直安装、水平安装和倾斜安装等方式，如图 5-37 所示。

（2）空气加热器的配管

用空气加热器加热空气，当被处理的空气量较大时，可以采用并联组合安装；当被处理的空气要求温升较大时，宜采用串联组合安装；当空气量较大、温升要求较高时，可以采用并、串联组合安装。空气加热器与热媒管路的连接方式如图 5-38 所示。

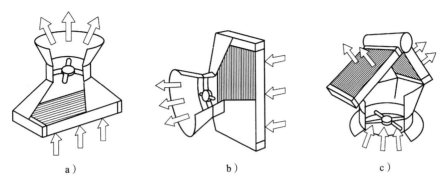

图 5-37　表面式换热器的安装方式

a）水平安装　b）垂直安装　c）倾斜安装

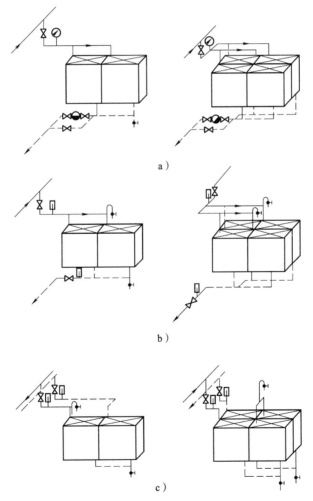

图 5-38　空气加热器与热媒管路的连接方式

a）蒸汽管路与加热器并联　b）热水管路与加热器并联　c）热水管路与加热器串联

热媒为蒸汽时，加热器的蒸汽管入口处应安装压力表和调节阀，凝结水管上应安装疏水器。疏水器前后必须安装截止阀，疏水器后要安装检查管。热媒为热水时，加热器的进、出水管路上应安装调节阀和温度计。加热器管路的最高点应安装排气阀，最低点应设置泄水阀和排污阀。

（3）表冷器的配管

表冷器垂直安装时应注意使其肋片垂直，确保凝结水滴及时落下，保证表冷器良好的工作状态。表冷器的下方应安装滴水盘和泄水管，用以汇集凝结水并及时排放。使用两个表冷器时，两个表冷器之间应装设中间滴水盘和泄水管。泄水管应有水封，以防吸入空气。表冷器滴水盘的安装如图5-39所示。

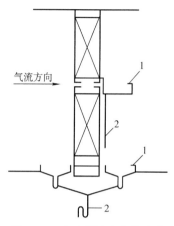

气流方向

图5-39　表冷器滴水盘的安装
1—滴水盘　2—排水管

表冷器可以串联安装，也可以并联安装。通常的做法是：相对于空气来说并联的表冷器，其冷媒管路也应并联；相对于空气来说串联的表冷器，其冷媒管路也应串联。为了使冷媒与空气之间有较大温差，最好让空气与冷媒之间按逆交叉型流动，即进水管路与空气出口应位于同一侧。

表冷器水系统最高点应设排气阀，最低点应设泄水和排污装置，冷水管路上应安装温度计、调节阀。

如果表面式换热器冷热两用，则热媒以65℃以下的热水为宜，以免因管内壁积水垢过多而影响换热器的效果。

5. 表面式换热器的安装要求

（1）表面式换热器的散热面应保持清洁、完好。当用于冷却空气时，下部应设有排水装置，冷凝水的引流管或槽应畅通，冷凝水不外溢。

（2）表面式换热器与围护结构间的缝隙，以及表面式换热器之间的缝隙，应封堵严密。

（3）表面式换热器与系统供、回水管的连接应正确，且严密不漏。

 想一想

讨论表面式换热器的安装要点。

三、电加热器

电加热器是让电流通过电阻丝发热来加热空气的设备，具有加热均匀、供热量稳定、效率高、结构紧凑、反应灵敏和便于实行自动控制等优点，在空调机组和小型空调系统中应用较广。恒温精度要求高的大型空调系统中，也经常在送风支管上使用电加热器控制局部加热。常用的电加热器主要有裸线式、管状式和百叶窗式。

1. 裸线式电加热器

裸线式电加热器由裸露在空气中的电阻丝构成，如图5-40所示。这种电加热器的外壳是由中间填充绝缘材料的双层钢板组成，钢板上装有固定电阻丝的瓷绝缘子，电阻丝的排数根据设计文件要求确定。在定型产品中，常把裸线式电加热器做成抽屉式，使检修更为方便。

裸线式电加热器热惯性小、加热迅速、结构简单，但容易漏电、安全性差（电阻丝短路时会导致触电）。所以，使用时必须有可靠的接地装置，应与风机联锁运行，以免造成事故。

2. 管状式电加热器

管状式电加热器由管状电热元件组成，这种电热元件是将电阻埋装在特制的金属套管中，中间填充导热性好的电绝缘材料制成的，如图 5-41 所示。管状电热元件还可以加工成带螺旋翅片等其他形态，使其具有尺寸小、加热快的优点。管状式电加热器和裸线式电加热器相比，具有加热均匀、供热量稳定、安全性好等优点，缺点是热惯性大、构造较复杂。

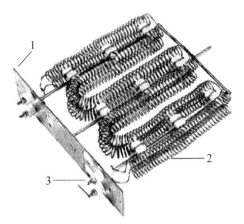

图 5-40　裸线式电加热器

1—框架　2—电阻丝　3—接线端子

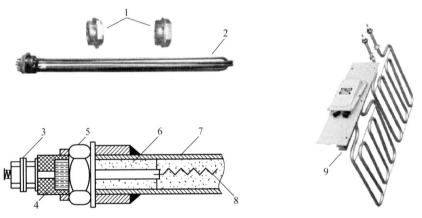

图 5-41　管状式电加热器及管状电热元件

1—锁母　2—管状电热元件　3—接线端子　4—瓷绝缘子　5—紧固装置

6—绝缘材料　7—金属套管　8—电热丝　9—管状式电加热器

管状式电加热器可根据实际情况加工成风道、风口形状等，使安装和维修更加方便。图 5-42 所示为管状式电加热器在空调风道中的安装形式。

3. 百叶窗式电加热器

百叶窗式电加热器采用导热系数高的 X 形铝合金百叶窗散热管制造，如图 5-43 所示。

由于散热管与散热片是整体结构，加之散热片是均匀加工，可使换热介质通过百叶窗。因此，换热介质流动合理、顺畅，充分利用了传导、辐射和对流三种传

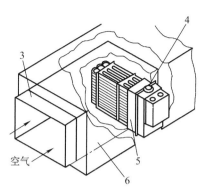

图 5-42　管状式电加热器在空调风道中的安装形式

1—管状式电加热器　2—管状电热元件　3—风道　4—带有超温保护的接线盒　5—安装框　6—保温层

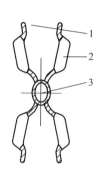

图 5-43　百叶窗式电加热器

1—叶片　2—百叶窗　3—电热器

热方式，尤其是空气作为换热介质的自然流动，实现了高效快速换热，显著提高了散热效率，其散热效率比直管散热管高出许多。

这种用 X 形铝合金百叶窗散热管制作的电加热器，热力流线合理流畅，热效率接近 100%，具有升温速度快、静音运行、接触性能良好、热传导辐射面积大、耐热振和机械振动、热膨胀性好、抗腐蚀、强度高、质量轻、体积小等特点。

百叶窗式电加热器是空气电加热元件的更新换代产品，可用于电热暖通领域的发热元件，如对流式电暖器、电热风幕、空调和工业加热装置等。

4. 电加热器的安装要求

（1）电加热器与钢构架间的绝热层必须为不燃材料，接线柱外露的应加设安全防护罩。

（2）电加热器的金属外壳接地必须良好。

（3）连接电加热器的风管法兰垫片应采用耐热不燃材料。

 想一想

在保证安全的条件下，你能自己组装一台电加热器吗？

四、加湿器

空调系统中，加湿器是对空气进行加湿处理的设备。空气可以在空气处理室或送风管道内集中加湿，也可在空调房间内部补充加湿。空气加湿的方法，除前面讲过的利用喷水室加湿外，还可以采用直接喷水蒸气加湿、直接喷水雾气加湿、水表面自然蒸发加湿和电热加湿等。

1. 加湿器的类型

（1）根据对空气的处理方式分类

1）集中式加湿器：它是在集中式空气处理室中对被调节的空气进行加湿的设备。

2）局部式加湿器：它是在空调房内进行加湿处理的设备，也称为补充式加湿器。

（2）根据加湿的介质状态分类

1）水加湿器：它是在被调节的空气中直接喷水或让空气通过水表面，促使水蒸发进行加湿的设备。

2）蒸汽加湿器：它是对被调节的空气喷入蒸汽的加湿设备。蒸汽可来自锅炉、电极式或电热式水蒸气发生器。

3）雾化加湿器：它是将常温水雾化后喷入空气的加湿设备。水的雾化可通过超声波雾化器或回转式雾化器等实现。

2. 蒸汽加湿器

蒸汽加湿器将水蒸气直接与空气混合而增加空气的湿度。在空调工程中，它可在空气处理室里集中加湿，也可在空调房内局部加湿，使用较多的有蒸汽喷管和干式蒸汽加湿器。

（1）蒸汽喷管

普通蒸汽喷管由蒸汽管组成，管长一般小于 1 m。其上有若干个直径为 2～3 mm 的小孔，孔间距一般大于 50 mm。蒸汽喷管工作时，在蒸汽压力作用下，蒸汽由小孔喷出，与被调节的空气混合以达到加湿的目的。但蒸汽喷管喷的水蒸气中往往夹带着凝结水滴，影响加湿效果，且工作时噪声大，因而其使用受到一定的限制。普通蒸汽喷管一般适用于加湿量大或送风温度较低的场合，可广泛用于纺织、烟草、涂装、电子、医药等行业中空气处理机组的加湿。

蒸汽喷管可以自制，也可以选用定型产品。蒸汽喷管可以安装在空调机组或风道内，安装时应注意吸收距离（蒸汽喷管与下游物体之间的最短距离），当吸收距离较短时，一般采用干式蒸汽加湿器。蒸汽喷管在空调机组或风道内的安装如图 5-44 所示。

（2）干式蒸汽加湿器

在空调工程中应用广泛的干式蒸汽加湿器由带保温外套的喷管组件、带气动或电动调节阀的蒸汽分离干燥室和消声装置等部件组成，其基本结构如图 5-45 所示。

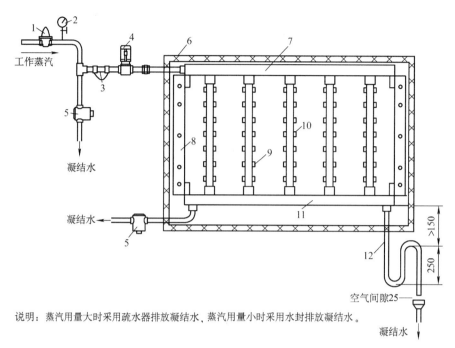

说明：蒸汽用量大时采用疏水器排放凝结水，蒸汽用量小时采用水封排放凝结水。

图 5-44 蒸汽喷管在空调机组或风道内的安装

1—减压阀 2—压力表 3—过滤器 4—电动阀 5—疏水器 6—空调箱 7—蒸汽分配干管
8—安装法兰 9—蒸汽喷口 10—蒸汽分配支管 11—集水干管 12—水封（不小于 DN25）

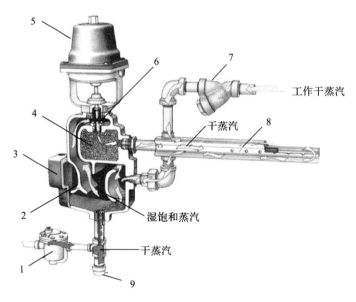

图 5-45 干式蒸汽加湿器的基本结构

1—疏水器 2—折流板 3—分离室 4—干燥室 5—电动或气动执行器
6—阀孔 7—过滤器 8—喷管 9—管帽

干式蒸汽加湿器的工作过程：工作蒸汽由蒸汽引导管进入喷管外套，对喷管内的蒸汽起加热、保温、防止凝结的作用。外管蒸汽经导流管进入分离室，撞击折流板后使汽、水分离，凝结水进入分离室底部排水口经过疏水器排出。分离出冷凝水的干蒸汽由分离室顶部流经调节阀阀孔而减压，进入干燥室。蒸汽在干燥室内经急剧拐弯折流后，第二次分离出蒸汽中残留的冷凝水滴。干燥室包在分离室内，在干燥室内第二次分离下的冷凝水滴就会吸收分离室内的高温蒸汽热量而汽化。最后，经干燥处理的蒸汽进入加湿器喷管，由带消音滤网的小孔喷出，达到加湿空气的目的。

干式蒸汽加湿器按其结构特征和组合情况不同，可分为整体式、组装式和散装式。整体式加湿器通常将兼有分离、干燥功能的喷管组件连同电动或气动调节阀装配成为一台整体设备。散装式加湿器则是将喷管组件作为一个独立器件，电动或气动调节阀作为另一个独立器件，现场组装而成。

干式蒸汽加湿器克服了蒸汽喷管加湿的缺点，具有加湿迅速、均匀、稳定，不带水滴，不带菌，易控制，易调节，安装灵活方便等优点，广泛应用在空调工程中。

如图5-46所示，干式蒸汽加湿器有手动调节型、电动调节型和比例调节型三种，可以根据空调房间要求的湿度波动范围进行选择。其中，比例调节型干式蒸汽加湿器控制精度最高，电动调节型次之，手动调节型控制精度最低。

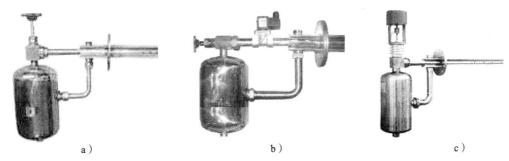

a）　　　　　　　　　b）　　　　　　　　　c）

图5-46 干式蒸汽加湿器的类型

a）手动调节型　b）电动调节型　c）比例调节型

根据实际情况，干式蒸汽加湿器可以安装在空调机组或风道内。将干式蒸汽加湿器和特制的风管相结合，是改造工程和因空调机组或新风机组中没有加湿空间时采用的一种安装方式。它可以安装于送风管道的任何位置，满足对整个空调或局部空间的加湿要求。

干式蒸汽加湿器的安装应设置独立支架，并固定牢固。安装时蒸汽喷管不能朝下，接管尺寸应正确，并无渗漏。一台干式蒸汽加湿器可以连接一个蒸汽喷管，也可以连接多个蒸汽喷管，如图5-47所示。

3. 电加湿器

电加湿器是将电能转换为热能对水加热，并使水汽化而送入空气中的加湿设备，有电热式加湿器和电极式加湿器等类型。

（1）电热式加湿器

电热式加湿器是利用在水槽中的管状电热元件通电加热而产生水蒸气的加湿设备，其加湿量的大小取决于电热元件发热量的大小。

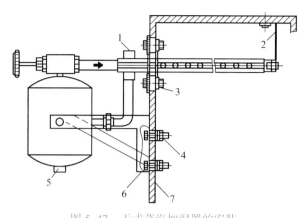

图 5-47　干式蒸汽加湿器的安装

1—工作蒸汽进口　2—支撑吊杆　3—安装法兰盘　4—固定螺栓
5—凝结水出口　6—固定支架　7—空调机组面板

电热式加湿器内部有一个加热水箱，电加热管浸没在水中，电热管通电后产生热量，从而使水变成水蒸气。不锈钢电热管表面经过特殊阻垢工艺处理，使电热管的使用寿命得到延长。水箱内配有特制电磁阀，定时控制排水，可以去除沉淀在水箱底部的矿物质及杂质，漂浮在水面上的矿物杂质依靠水表面除污（泡沫）器去除。并有自动供水、定时排水、溢水及缺水防干烧保护装置。

电热式加湿器为定型产品，如图 5-48 所示，外壳上有相应的管子接口，管子采用耐高温、高压的橡胶软管，管路连接简单、方便。

电热式加湿器的箱体分开式和闭式两种。开式电热式加湿器采用与大气相通的箱体，蒸汽压力与大气压力相等。开式电热式加湿器结构简单，制造方便，但空调室内空气温度波动幅度较大，不易控制，容量小，因而常与小型恒温恒湿空调器配套使用。闭式电热式加湿器采用密闭容器，并使容器内蒸汽压力低于大气压力，加热汽化时间短，空调室内的空气温度波动幅度小，常用于无蒸汽源并要求恒温恒湿的小型空调系统。

图 5-48　电热式加湿器

（2）电极式加湿器

电极式加湿器是利用电极通电后，加热水而产生水蒸气的加湿设备。它主要由带接线柱的壳体、电极和控制电器等组成，工作过程如图 5-49 所示。

电极式加湿器工作过程：由镀铬铜棒或不锈钢棒作电极，电极可以是三根（三相电连接）或两根（单相电连接），电极安装在由不易锈蚀的金属或耐裂陶瓷做成的水容器内，并与电源连接，金属容器接地。通电后，电流从水中通过。在这里水是电阻，因而能被加热蒸发成蒸汽。

容器内的水位越高，导电面积越大，通过的电流越强，因而发热量也越大，产生的蒸汽量就越多。因此，产生的蒸汽量多少可以用水位高低来调节。

电极式加湿器具有加湿量容易控制、结构紧凑、安装占地小、安全性好等优点，广泛地应用于缺乏蒸汽源而又有一定温、湿度要求的场所，如用于小型恒温恒湿空调室、小型空调系统和高温冷库等场所的加湿。电极式加湿器的缺点是能耗较大，电极表面容易结垢和腐蚀，对水质要求高。电极式加湿器如图 5-50 所示。

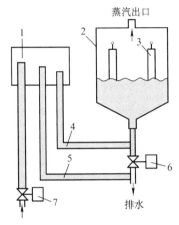

图 5-49　电极式加湿器工作过程

1—进水盒　2—加湿桶　3—电极　4—进水管　5—溢水管
6—排水电磁阀　7—进水电磁阀

图 5-50　电极式加湿器

（3）电加湿器的安装与维护

1）设备安装位置以人员容易操作与方便设备维护保养为原则，设备可采用吊装、挂装、座装等方式安装。图 5-51 所示为电极式加湿器的安装。

2）加湿器必须垂直安装，以便良好运行。

3）蒸汽分配管与加湿器连接时，应尽可能地使蒸汽出口软管和凝结回水软管长度最短。

4）软管应避免有下垂和结头情况产生，还应有 5°～10° 的坡度。

5）加湿器外壳必须良好接地，与空调配套使用时，电路要有联动控制功能，避免误加湿。

6）加湿器宜安装在温度为 5～40 ℃、相对湿度低于 80% 的环境中。

7）如果使用自来水连续加湿，建议定期清洗水箱电热管或电极表面的水垢。

8）清洗时不能使用酸性或化学洗涤剂。

9）加湿器长时间不用时，应按下排水按钮把水箱里面的水排放干净。

4. 喷雾加湿器

喷雾加湿器是将水转化成雾状后直接喷向空气的加湿装置，有超声波加湿器、离心式加

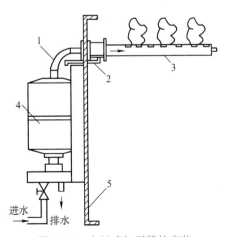

图 5-51　电极式加湿器的安装

1—蒸汽软管　2—冷凝水管　3—蒸汽喷管
4—电极罐　5—空调箱壁

湿器等类型。

（1）超声波加湿器

其主要部件是超声波发生器。工作时，超声波发生器利用高频电力从水中向水面发射具有一定强度的、波长相当于红外线波长的超声波，在这种超声波作用下，水表面将产生直径为几微米的微细粒子，这些粒子吸收空气中的热量并蒸发成水蒸气进入空气中，使空气得到加湿。超声波加湿器的主要优点是产生的水滴颗粒细、运行安全可靠，缺点是容易在墙壁或设备表面留下白点。超声波加湿器图5-52所示，使用时宜对水进行软化处理，目前这种产品应用广泛。

（2）离心式加湿器

离心式加湿器是一种靠离心力作用将水雾化的加湿装置，如图5-53所示。这种加湿器有一个圆筒形外壳。封闭电驱动一个圆盘和水泵管高速旋转。水泵管从储水器中吸水并送至旋转的圈盘上面形成水膜。水由于离心作用被甩向破碎梳，并形成细小水滴。干燥空气从圆盘下部进入，吸收雾化了的水滴从而被加湿。这种加湿器可与通风机组配合，成为一套大型的空气加湿设备。

近年来，我国已开发出利用大型轴流风机喷雾的加湿装置。根据研究，与使用循环水加湿的喷水室相比，这种加湿装置有明显的节能效果。

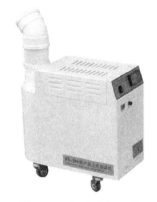

图 5-52 超声波加湿器

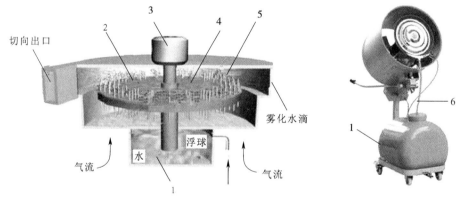

图 5-53 离心式加湿器

1—储水器 2—旋转水盘 3—驱动圆盘和泵管的电动机
4—水膜 5—固定式破碎梳 6—进水软管

 想一想

空气加湿还有什么方法？

五、除湿机

除湿机是除去空气中水分、降低空气湿度的设备。在空调系统中，除可用喷水室和表冷器对空气进行除湿处理外，还可以采用下面一些设备除湿。

1. 加热通风式降湿装置

加热通风式降湿装置由通风机、加热器等组成。加热通风式降湿装置常将加热、通风、换气和降湿等空气处理工艺相结合，将加热后相对湿度较小的室外空气或已进行降湿调节的空气送入室内，同时利用排风机将室内的高湿空气排出。

加热通风式降湿装置结构简单、节省能源、投资少、运行费用低，但通风量大，工作时易受自然条件限制，室内降湿可靠性差。

2. 冷冻除湿机

冷冻除湿机由制冷系统、通风系统及电气控制系统组成。制冷系统采用单级蒸汽压缩式制冷机组，主要有制冷压缩机、冷凝器、节流阀、蒸发器等部件。通风系统有风机和空气过滤器等部件。

冷冻除湿机的种类很多，但基本结构如图 5-54 所示。

冷冻除湿机工作时，制冷剂在制冷系统中经制冷压缩机、冷凝器、毛细管（节流阀）、蒸发器完成制冷循环，使蒸发器表面温度低于空气露点温度。需降湿的空气经过滤后进入冷冻除湿机，空气经过蒸发器时，向制冷剂放热后降温至露点以下，并析出凝结水，这时空气被降温、降湿。离开蒸发器的空气流进冷凝器，吸收制冷剂放出的冷凝热而升温，最后，经风机送至所需空间。

空气经过冷冻除湿机的热力过程是：经过蒸发器后，温度下降，含湿量下降，相对湿度增大；经过冷凝器后，含湿量不变，温度升高，相对湿度下降。所以，经过冷冻除湿后的空气总效应是含湿量下降，析出水分，加热升温后相对湿度降低。

冷冻除湿机性能在常温下较稳定，运行可靠，能连续除湿，不需要热源和水源，使用方便，常用于空气温度为 15~35 ℃、相对湿度小于 90%、既需除湿又需加热的场合，对空气温度、湿度高的地区效果较好。冷冻除湿机的缺点是初次投资较高，耗用有色金属较多，运行费用较高，低温下运行性能较差。当空气温度低于 15 ℃时，其性能逐渐降低，空气露点低于 4 ℃时，有可能产生湿行程。

普通冷冻除湿机采用单一的风冷式冷凝器，出风温度较高，接近冷凝温度，不能根据实际情况调节，使其在应用上受到一定的限制，尤其对于有不同空气温度、湿度要求的场合，更难以适应。

另外，还有固体吸湿剂除湿机和液体除湿机，以及利用多种除湿原理工作的综合式除湿机等。

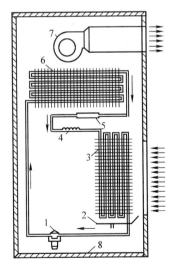

图 5-54　冷冻除湿机的基本结构
1—制冷压缩机　2—集水盘　3—蒸发器
4—毛细管　5—干燥过滤器
6—冷凝器　7—风机　8—机壳

想一想

冷冻除湿机与家用电冰箱有什么异同点？

六、空气过滤器

空气过滤器的作用是采用过滤的方法，把含尘量小的空气经洁净处理后送入室内。

1. 空气过滤器的类型

空气过滤器一般按过滤效率的高低分为初效（又称粗效）、中效和高效（亚高效、高效和超高效）。

（1）初效空气过滤器

初效空气过滤器的滤料多采用玻璃纤维、人造纤维、金属丝网及粗孔聚氨酯泡沫塑料等，也有用铁屑及瓷环作为滤料的。金属丝网、铁屑及瓷环等类的滤料可以浸油后使用，以便提高过滤效率并防止金属表面锈蚀。初效空气过滤器种类较多，根据使用的滤料不同，可分为聚氨酯泡沫塑料过滤器、无纺布过滤器、金属网格浸油过滤器、自动浸油过滤器等。

初效空气过滤器大多做成 500 mm × 500 mm × 50 mm 的扁块形状，便于与方形风道配套安装。为了减少过滤器所占空间，安装时采用人字排列或倾斜排列。

初效空气过滤器适用于一般的空调系统，可以有效过滤粒径较大的灰尘（>5 μm）。在空气净化系统中，初效空气过滤器一般作为更高级过滤器的预滤，起到一定的保护作用。图 5-55 所示为常见的两种初效空气过滤器。

a）　　　　　　　　　　　　　　　　　b）

图 5-55　常见的两种初效空气过滤器

a）金属网格浸油过滤器　b）无纺布过滤器

（2）中效空气过滤器

中效空气过滤器的主要滤料是玻璃纤维（比初效空气过滤器用玻璃纤维直径小）、棉短绒纤维滤纸、人造纤维（涤纶、丙纶、腈纶等）合成的无纺布及中细孔聚乙烯泡沫塑料等。常用中效空气过滤器有泡沫塑料过滤器和玻璃纤维过滤器，一般均制成抽屉式或袋式。由于滤料层的孔隙、厚度和滤速不同，中效空气过滤器具有很宽的效率范围。

中效空气过滤器用泡沫塑料和无纺布作为滤料时，可以洗净后反复使用，玻璃纤维过滤器则需要更换。中效空气过滤器一般能有效过滤大于 1 μm 的粒子，大多数情况下用于高效空气过滤器的前级保护，少数情况下用于清洁度要求较高的空调系统。图 5-56 所示为常见的两种中效空气过滤器。

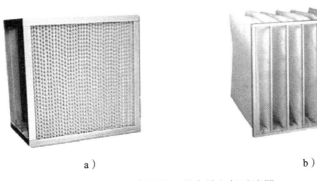

图 5-56　常见的两种中效空气过滤器

a）抽屉式过滤器　b）袋式过滤器

（3）高效空气过滤器

高效空气过滤器（包括亚高效、高效和超高效空气过滤器）是超净净化空调系统中三级（粗、中、高效）过滤最后设置的过滤器，它的滤料采用超细玻璃纤维和超细石棉纤维。纤维直径一般小于 1 μm，滤料做成纸状。这些滤纸的孔隙非常小，滤速又很低（每秒若干厘米），这就增强了小尘粒的筛滤作用和扩散效应，所以具有很高的过滤效率。

高效空气过滤器一般用于有超净要求的空调系统。图 5-57 所示为几种常见的高效空气过滤器。

图 5-57　几种常见的高效空气过滤器

（4）其他空气过滤器

1）静电集尘器。空调系统净化还可采用静电集尘器。静电集尘器的特点是可有效捕集不同粒径的悬浮粒子。

空调系统净化常用的静电集尘器属于二段式过滤器，第一段为电离段，第二段为集尘段，其原理如图 5-58 所示。

在电离段，由电源输出的高压电使正电极表面电场强度增强，以致在空间内产生电晕，形成数量相等的正离子和负离子，正离子被接地负极所吸引，负离子被放电正极所吸引。由于放电正极与接地负极之间形成电位梯度很大的不均匀电场，负离子易被放电正极所中和，因此，当气溶胶粒子通过电离段时，多数附有正离子，使微粒带正电，少数带负电。

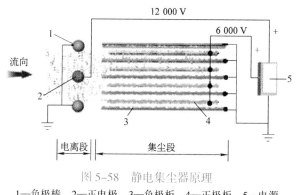

图 5-58　静电集尘器原理

1—负极棒　2—正电极　3—负极板　4—正极板　5—电源

在集尘段，由平行金属板相间构成正、负极板，正极板上加有高压电，产生一个均匀平行电场。带正电粒子随空气流入该平行电场后则被正极板排斥，被负极板吸引，并最终被捕集。带负电的粒子与此相反，被正极板所捕集。

静电除尘器的除尘效率主要取决于电场强度、气溶胶流速、尘粒大小及集尘板的几何尺寸等。积在集尘板上的灰尘应定期清洗。小型静电除尘器的集尘段可整体清洗，清洗后应烘干再用。

2）活性炭吸附器。活性炭主要由硬质植物和果核等材料烧制而成，是一种多孔含碳物质，属于高效吸附材料。发达的空隙结构使它具有很大的表面积，很容易与空气中的有害气体充分接触。活性炭孔周围强大的吸附力场会立即将有害气体分子吸入孔内，所以活性炭具有极强的吸附能力。

活性炭成颗粒状，可以装在不同形状的多孔或网状容器内形成吸附器。用高效吸附的活性炭纤维与其他滤网复合而成的空气过滤器，能有效控制空气中的臭气及有机污染，解决一般空调场所中空气的过滤问题。

3）湿式过滤器。湿式过滤器采用玻璃丝作滤料，上面用喷嘴喷水淋浇，能除去空气中粒径在 $1\ \mu m$ 以上的尘粒，还可除去溶于水的有害气体。因为它能和空气的热、湿处理相结合，尤其在环境污染较严重的地方，宜用它来处理新风。

2. 空气过滤器的性能

空气过滤器的性能可用过滤效率和性能指标进行描述。

（1）空气过滤器的过滤效率

空气过滤器的过滤效率是指空气过滤器能够捕集的尘粒浓度与进入过滤器的尘粒浓度（原始浓度）之比的百分数。空气过滤器的性能见表 5-7。

（2）空气过滤器的性能指标

各种空气过滤器在不同条件下的工作性能是不同的，通常表明空气过滤器工作性能的指标有以下几方面。

表 5-7　　　　　　　　　　　　　　空气过滤器的性能

过滤器类型	有效捕集粒径（μm）	适应的含尘浓度	过滤效率（%）			压力损失（Pa）	容尘量（g/m³）	备注
			质量法	比色法	DOP 法			
初效过滤器	>5	中~大	70~90	15~40	5~10	30~200	500~2 000	流速以 m/s 计
中效过滤器	>1	中	90~96	50~80	15~50	80~250	300~800	流速以 dm/s 计
亚高效过滤器	<1	小	>99	80~95	50~90	150~350	70~250	流速以 cm/s 计
高效过滤器	0.5	小	不适用	不适用	95~99.99	250~490	50~70	—
超高效过滤器	≥0.1	小	不适用	不适用	≥99.999	150~350	30~50	过滤器迎面风速不大于 1 m/s
静电集尘器	<1	小	>99	80~95	60~95	80~100	60~75	—

注：1. 适应的含尘浓度指质量浓度："大"指 0.4~0.7 mg/m³，"中"指 0.1~0.6 mg/m³，"小"指 0.3 mg/m³ 以下。

　　2. DOP 法：计数法测量的尘源可以是大气尘，也可以是 DOP（邻苯二甲酸二辛酯）雾。采用 DOP 粒子计数测量离子浓度和过滤器效率的方法称为 DOP 法。

1）过滤效率：在额定风速下，过滤器前后空气含尘浓度差与过滤器含尘浓度之比的百分数。

2）过滤器的穿透率：过滤后空气含尘浓度与过滤前空气含尘浓度之比的百分数。

3）过滤器的阻力：空气经过过滤器时产生的流动阻力。

4）容尘量：一定风速下过滤器黏尘量的最大值，通常用集尘量作为规定值（一般达初阻力的 2~3 倍）时的指标。

5）过滤器的面速和滤速：过滤器的面速和滤速可以反映过滤器通过风量的能力。面速是指过滤器迎风断面通过的气流速度。滤速是指滤料面积上气流通过的速度。在特定的过滤器结构条件下，同时反映过滤器面速和滤速的是过滤器的额定风量。

3. 空气过滤器效率的测定方法

空气过滤器的效率一般采用测定和计算相结合的方法获得。各种过滤器过滤效率的测定方法是不同的。

（1）质量法

质量法采用称重的方法测量过滤器的质量浓度效率，适用于初效过滤器的效率测定。

（2）比色法

其测定过程是：在过滤器前、后采样以后，将各自被污染的滤纸放在光源上进行照射，根据透光和反射光的多少，用光电管比色计测出透光度，换算成过滤器的前、后粉尘的质量浓度，再计算出过滤效率。该法可用大气尘粒作尘源，适用于中效过滤器的效率测定。

（3）钠焰法

其测定过程是：将氯化钠水溶液喷雾、干燥形成直径约为 0.4 μm 的氯化钠气溶胶作为试验尘，然后在被测过滤器的前、后进行含尘空气采样，并引到钠火焰光度计内，测出与含尘浓度相关的光电流值，从而算出过滤器的透过率。该法适用于中、高效过滤器的效率测定，在我国广泛应用。

（4）油雾法

其测定过程是：将透平油喷雾雾化形成的平均直径为 0.28 ~ 0.34 μm 的多分散小雾滴作为试验尘，在被测过滤器前、后进行含尘空气采样，并引到油雾浊度计内，测出与试验尘浓度相应的散射光强值，从而算出过滤器的效率。该法适用于亚高效和高效过滤器的效率测定。

（5）粒子计数法

该方法直接用光电粒子计数器对通过过滤器的含尘气流进行自动检测，记录尘粒的数量与大小，以此计算过滤效率。目前，以激光为光源的粒子计数器已在洁净空间检测、局部净化设备检测及过滤器效率测定中广泛应用。

4. 空气过滤器的安装要求

（1）空气过滤器安装应平整牢固，方向正确。过滤器与框架、框架与围护结构之间应严密，无穿透缝。

（2）框架式或初效、中效袋式空气过滤器的安装：过滤器四周与框架应均匀压紧，无可见缝隙，并应便于拆卸和更换滤料。

（3）卷绕式过滤器的安装：框架应平整，展开的滤料应松紧适度，上下筒体应平行。

（4）过滤吸收器的安装方向必须正确，并应设独立支架，与室外的连接管段不得泄漏。

（5）静电空气过滤器金属外壳接地必须良好。

（6）高效过滤器安装前，洁净室及净化空调系统应进行全面清扫，系统应连续试车 12 h 以上，并进行外观检查和仪器检漏，目测不得有变形、脱落、断裂等破损现象，仪器抽检检漏应符合产品质量文件的规定。合格后立即安装，安装方向必须正确，安装后的高效过滤器四周及接口应严密不漏。

 想一想

怎样安装空气过滤器？

思考练习题

1. 喷水室怎样处理空气？它有什么特点？
2. 简述喷水室的组成部件及其作用。
3. 简述空气加热器、表冷器的配管要求。
4. 表面式换热器的安装要求是什么？
5. 电加热器有哪几种类型？电加热器的安装要求是什么？
6. 空气加湿可以采用哪些方法？
7. 简述干式蒸汽加湿器的组成、分类及工作过程。
8. 电加湿器有哪几种类型？
9. 简述电加湿器的安装与维护要点。
10. 空气除湿可以采用哪些方法？
11. 空气过滤器的作用是什么？它有哪些类型？
12. 什么是空气过滤器的过滤效率？它有哪些性能指标？
13. 测定空气过滤器效率的方法有哪几种？
14. 空气过滤器的安装要求是什么？

第四节　空调风口和防火排烟部件安装

为了更好地满足空调房间的要求，更合理地利用气流或更节省能源，空调系统中的气流组织应能保证空调房间内具有较均匀和较稳定的温度、湿度，同时还要满足区域温差和一定的洁净度要求，所以气流组织在空调系统中很重要。

所谓气流组织，就是在空调房间内合理地布置送风口和回风口，使经过净化和热湿处理的空气进入室内后，在扩散与混合的过程中，均匀地消除室内余热和余湿，从而使工作区形成比较均匀而稳定的温度、湿度、气流速度和洁净度，满足生产工艺和人体舒适度的要求。

影响气流组织的因素很多，如送风口和回风口的位置、形式、大小，送入室内气流的流态和运动参数（主要指送风温差、送风速度等），房间的形式和大小，室内工艺设备的布置等。

影响气流组织的因素往往是相互联系、相互制约的，其关系比较复杂，再加上实际工程中具体条件的多样性，因此在气流组织的设计上，仅靠理论计算是不够的，还必须依靠现场调试，才能达到预期的效果。

一、送风方式

空调房间的气流组织按送风和回风形式、布置位置及气流方向不同，一般可分为以下四种送风方式。

1. 侧面送风

侧面送风是空调工程中最常用的一种气流组织形式。侧面送风口布置在房间的侧墙上部，空气横向流出，形成贴附射流。工程上常见的侧面送风方式有单侧送风和双侧送风，如图 5-59 所示。

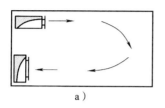
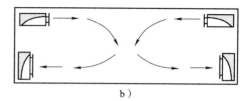

a）　　　　　　　　　　　　　　　b）

图 5-59　侧面送风

a）单侧送风　b）双侧送风

单侧送风用于一般层高的小面积空调房间，它有上送下回、上送下回走廊回风和上送上回等形式。双侧送风用于长形（如狭长形）、面积较大的空调房间。侧面送风方式还有双侧内送下回、双侧外送上回等形式。

侧送风口宜贴顶布置形成贴附射流，工作区为回流，回风口宜设在送风口的同侧。送风口出口风速一般为 2～5 m/s，送风口位置高时取较大值。

冬季向房间送热风时，应将百叶送风口外层的横向叶片调成俯角，以便克服气流上浮的影响。由于侧送风在射流到达区之前，已与房间空气进行了比较充分的混合，速度场和温度场都趋于均匀和稳定，因此能保证工作区气流速度和温度的均匀性。此外，侧送侧回的射程比较长，射流来得及充分衰减，故可加大送风温差。

2. 孔板送风

孔板送风是在空调房间设置孔板的送风方式，如图 5-60 所示。孔板送风方式多用于对室内温度、湿度、洁净度和气流分布的均匀性有较高要求的空调系统中，如恒温恒湿房间、洁净室以及环境气候室等。

孔板送风主要有全面孔板送风和局部孔板送风两种形式。

（1）全面孔板送风

采用全面孔板送风时，在整个空调房间顶棚上均匀地穿孔，根据孔口速度和送风温差不同，可以在孔板下方形成直流和不稳定流两种流型。

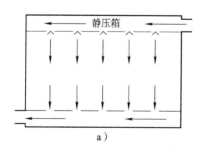
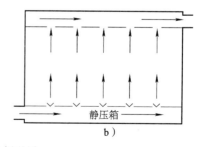

a）　　　　　　　　　　　　　　　b）

图 5-60　孔板送风

a）上送下回　b）下送上回

直流流型如果在地板下回风，所形成的气流流型更为理想，适用于有较高净化要求的空调工程。不稳定流流型由于送风气流与室内气流充分混合，工作区内区域温差很小，适用于高精度和要求气流速度较低的空调工程。

（2）局部孔板送风

采用局部孔板送风时，不是在整个顶棚上全面地布置穿孔板，而是在顶棚的部分面积上呈方形、圆形或矩形间隔布置穿孔板。

局部孔板的下方一般为不稳定流，两旁则形成回旋气流，这种流型适用于工艺布置分布在部分区域或局部热源的空调房间，以及仅在局部地区要求较高空调精度和较小气流速度的空调工程。

孔板送风应设置吊顶或技术夹层，静压箱的高度一般不小于 0.3 m，孔口风速一般为 2~5 m/s，在某些层高较低或净空较小的建筑中获得广泛的应用。

3. 散流器送风

在送风口处设置散流器的送风方式称为散流器送风。散流器送风有散流器平送下部回风、散流器下送下部回风、送回两用散流器上送上回等形式。

（1）散流器平送下部回风

采用散流器平送下部回风方式时，空气经散流器呈辐射状射出，形成沿顶棚的贴附射流。由于其作用范围大、扩散快，因而能与室内空气充分混合（但射程较侧送为短），工作区处于回流区，温度场和速度场都很均匀。该送风方式可用于一般空调或有一定精度要求的恒温空调。

（2）散流器下送下部回风

采用散流器下送下部回风时，为了不使灰尘随气流扬起而污染工作区，要求在工作区保持下送直流流型。下送时送风射流以扩散角 20°~30° 射出，在离风口一段距离后汇合，汇合后速度进一步均匀化。该送风方式通常可通过在顶棚上密集布置线性散流器实现，它适用于有较高净化要求的空调工程。

（3）送回两用散流器上送上回

采用送回两用散流器上送上回方式时，上部设有小静压箱，分别与送风道和回风道连接。送风射流沿顶棚形成贴附射流，工作区为回流，回风则由散流器上的中心管排出。

散流器送风一般均需设置吊顶或技术夹层，与侧面送风相比，投资较高，顶棚上风道布置较复杂。散流器平送应对称布置，其轴线与侧墙距离以不小于 1 m 为宜，散流器出口风速为 2~5 m/s。

4. 喷口送风

采用喷口送风时，将送、回风口布置在同侧，上送下回，空气以较高的速度、较大的风量集中由少数几个喷口喷出，射流行至一定路程后折回，使工作区处于回流之中。

喷口送风的速度高、射程长，沿途带动大量室内空气，射流流量增至送风量的 3~5 倍，使室内空气充分混合，保证了大面积工作区中新鲜空气的供给，并使温度场和速度场达到均匀。同时，由于工作区为回流，因而能满足一般舒适度的要求。该方式的送风口数量少、系统简单、投资较少，适用于空间较大的建筑物（如会堂、剧场、体育馆等）以及高大厂房的一般空调工程。

综上所述，空调房间的气流组织方式有很多种，在实际使用中，应根据人体的舒适度要求、生产工艺过程对空气环境的要求、工艺特点和建筑条件，选择合适的气流组织方式。

另外，虽然回风口对气流流型和区域温差影响较小，但对局部地区有影响，通常回风口宜邻近局部热源，不宜设在射流区和人员经常停留的地点。侧面送风时，回风口宜设在送风口的同侧。采用散流器和孔板下送时，回风口宜设在下部。室温允许波动范围 ≥ 5 ℃且室内参数相同或相似的多房间空调系统可采用走廊回风。各房间与走廊的隔壁或门的下部应开设百叶式风口，走廊通向室外的门应设套门或门斗，且应保持严密。

 想一想

1. 分体式房间空调器室内机组怎样安装较为合理？
2. 除上文所述外，空调系统还可采用哪些送风方式？

二、送风口和回风口

1. 送风口

送风口的形式及其紊流系数的大小对射流的扩散及流型的形成有直接影响。送风口的形式有多种，通常根据房间的特点、对流型的要求和房间内部装修等因素加以选择。

（1）侧送风口

在房间内横向送风的风口称为侧送风口。工程上用得最多的是百叶风口。百叶风口的形式较多，有单层和双层、固定和活动、手动可调和电动可调等形式。除了百叶风口外，还有格栅送风口（分为叶片固定和叶片可调两种）和条缝送风口，这两种风口可与建筑装饰很好地配合。

铝合金电动可调百叶风口如图 5-61 所示，其叶片及边框单层与双层通用，风口叶片角度可在 0～90° 范围内任意调节。将叶片调节成不同角度，可以得到不同的送风距离和不同的扩散角度。

这类可调百叶风口也可作回风口，作为回风口时，经常与过滤器配套使用。此风口后面也可安装多叶对口调节阀，用以控制风量。

（2）散流器

散流器是装在天花板上的一种由上向下送风的风口，表面呈辐射状流动。散流器按外形不同，分为圆形和矩形等形式；按气流扩散方向不同，分为单向（一面送风）和多向（两面、三面和四面送风）等形式；按气流流型不同，分为垂直下送和平送贴附等形式。此外，还有送回两用散流器及可以实现自动温度控制的自动温控散流器等。

矩形散流器一般都配备有多叶风量调节阀，圆形散流器则配有双开板式或单开板式风量调节阀。常见的散流器如图 5-62 所示。

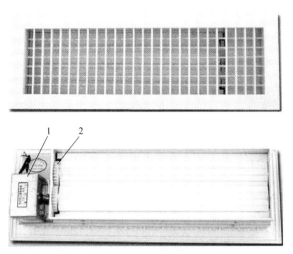

图 5-61　铝合金电动可调百叶风口

1—传动机构　2—传动齿轮

（3）孔板送风口

孔板送风口利用顶棚上面的空间作为送风静压箱（或另外安装静压箱），空气在箱内静压作用下，通过在金属板上开设的大量小孔（孔径一般为 6~8 mm），大面积地向室内送风。

根据在顶棚上的布置形式不同，孔板可分为全面孔板和局部孔板。前者是指在空调房间整个顶棚上（除布置照明灯具的面积外）均匀布置的送风孔板；后者是指在顶棚的中间或两侧，布置成带形、矩形和方形，以及按不同的格式交叉排列的孔板。

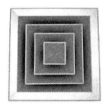

图 5-62　常见的散流器

a）圆形散流器　b）矩形散流器

（4）喷射式送风口

大型体育馆、礼堂、剧院和通用大厅等建筑常采用喷射式送风口，一般为圆形，有固定式和旋转式两种。圆形固定直喷式送风口有较小的收缩角度，并且无叶片遮挡，喷口的噪声低、紊流系数小、射程长。旋转喷射式送风口既能调方向又能调风口，使用灵活，如图 5-63 所示。

图 5-63　旋转喷射式送风口

（5）旋流送风口

旋流送风口一般由壳体和旋流叶片组成，如图 5-64 所示。旋流送风口正面出风口装有可调式叶片和散流圈，后带圆形接管，叶片的调整可以通过人工、气动或电动装置完成。旋流送风口送风风量范围大，既可与天花板平齐固定，也可悬空吊挂，送风方向、角度连续可调。

图 5-64　旋流送风口

旋流送风口可用作大风量、大温差、远距离、大面积送风，具有旋转射流、风口诱导比大、风速衰减快等特点，大面积使用可减少风口数量，既可用于 3 m 内的低空送风，也可用于 10 m 高的大面积空间送风。

另外，还有一种地面旋流送风口（散流器），如图 5-65 所示。这种旋流送风口由出口格栅、集尘箱和旋流叶片组成。空调送风经旋流叶片切向进入集尘箱，形成旋转气流由格栅送出。它的特点是送风气流与室内空气混合好，衰减速度快，而且格栅和集尘箱可以随时取出清扫。地面旋流送风口适用于机房的地面送风。

图 5-65　地面旋流送风口

2. 回风口

回风口与送风口相互配合，构成空调房间的气流组织，使房间内的气流状态满足要求。由于回风口附近气流速度衰减很快，对室内气流组织的影响很小，因而构造简单，类型也不多。最简单的是矩形网式回风口，以及活动算板式回风口，此外还有格栅式回风口、百叶风口、条缝风口等，均可当回风口用。回风口如图 5-66 所示。

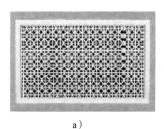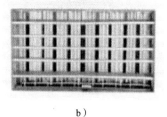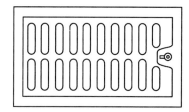

　　a）　　　　　　　　　　b）　　　　　　　　　　c）

图 5-66　回风口

a）矩形网式回风口　b）格栅式回风口　c）活动算板式回风口

3. 风口的安装要求

（1）风口与风管的连接应严密牢固，与装饰面紧贴；表面平整、不变形，调节灵活可靠。条形风口安装时，接缝处应衔接自然，无明显缝隙。同一房间内相同风口的安装高度应一致，排列应整齐。

明装无吊顶的风口，安装位置和标高偏差应不大于 10 mm。风口水平安装，水平度的偏差应不大于 3/1 000；风口垂直安装，垂直度的偏差应不大于 2/1 000。

（2）净化空调系统风口安装还应符合下列规定：风口安装前应清扫干净，其边框与建筑顶棚或墙面间的接缝处应加设密封垫料或密封胶，不应漏风；带高效过滤器的送风口，应采用可分别调节高度的吊杆。

 想一想

1. 除上文所述外，空调送风口还可以制成其他什么形式？
2. 风口的安装工序是怎样的？

三、防火（烟）调节阀

空调系统的防火、防烟系统一般按各区单独设置，把火灾控制在一定的范围内。通常在系统中设置防火（烟）调节阀，阻止火势蔓延扩大，减少火灾危害。防火（烟）调节阀如图 5-67 所示。

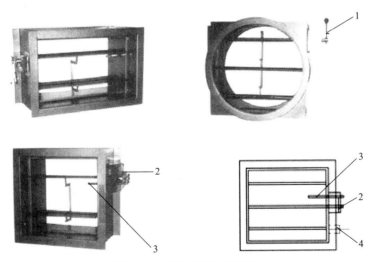

图 5-67　防火（烟）调节阀
1—复位手柄　2—风量调节装置　3—温度熔断器　4—检查口

1. 防火调节阀

防火调节阀的工作原理是凭借易熔合金的温度控制，利用重力作用和弹簧机构的作用关闭阀门。防火调节阀平时处于开启状态，当火灾发生时，火焰入侵风道，高温使阀门上的易熔合金熔解，或使记忆合金产生形变，阀门自动关闭。防火调节阀用于风道与防火分区贯穿的场合。

防火调节阀外形有圆形、方形和矩形三种，便于与风道形状配合安装。控制方式有手动和电动两种，其中，电动防火调节阀可以根据测量数据向控制中心输出阀门关闭信号。

2. 防烟调节阀

防烟调节阀基本结构和外形与防火调节阀相似，如图 5-67 所示。防烟调节阀是与烟感器联锁的阀门，通过探测火灾初期发生烟气的烟感器来关闭阀门，以防止其他防火区的烟气进入本区。这种阀门由电动机或电磁驱动，实现自动关闭。

3. 防火、防烟调节阀

防火、防烟调节阀是把防火、防烟和风量调节三者结合为一体的阀门，它既与烟感器通过电信号联动，又受温度熔断器控制，也可通过手动使阀门瞬时关闭，更换温度熔断器后可自动复位。

4. 安装要求

防火调节阀、防烟调节阀和防火、防烟调节阀安装工序及要求基本相同，这里简要介绍防火调节阀安装的基本要求。

（1）防火调节阀外壳应能防止失火时变形失灵，其厚度应不小于 2 mm。

（2）转动部件在任何时候都能转动灵活，应选择黄铜、青铜、不锈钢与镀锌铁件等耐腐蚀材料制作，以防止防火调节阀遇火失灵。

（3）易熔件应为正规产品，其熔点温度应符合设计文件要求，允许偏差为 ±2 ℃，易熔件应设置在防火阀板迎风面上。安装前应试验阀板关闭是否灵活和严密，易熔件应在安装工作完成后再装，以免损坏。

（4）防火调节阀有水平安装与垂直安装两种安装方式，并有左式和右式之分，安装前应注意选择，不能装反。

（5）防火分区隔墙两侧的防火调节阀距墙表面应不大于 200 mm，且穿过防火墙的风管厚度应不小于 1.6 mm。

（6）在防火墙处安装的防火调节阀，除要求单独设置双吊杆外，安装后还应在墙洞和防火调节阀之间用水泥砂浆封堵，以隔绝两墙之间可能的串火，如图 5-68 所示。

（7）防火调节阀安装要独立设立吊杆、支撑与支座，吊杆应为双吊杆，且吊杆、支撑与支座要牢固。

（8）防火调节阀吊装时，在楼板上安装的防火阀吊杆调节螺纹质量要好，且保证有足够的调节长度。

（9）防火调节阀在钢支座上安装时，型钢支座上下平面应平整平行，膨胀螺栓生根要牢固，确保防火调节阀在支座上受力良好。

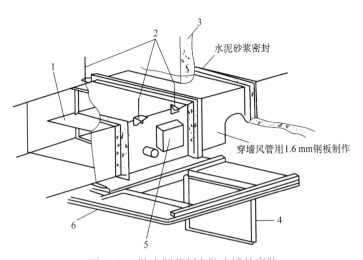

图 5-68　防火调节阀在防火墙处安装

1—叶片　2—吊杆　3—防火墙　4—检查门　5—防火调节阀　6—天花板

 想一想

防火调节阀或防烟调节阀是怎样防火或防烟的？

四、消声器

噪声是指对人类的生活或者生产活动产生不良影响的声音。分贝是声强级单位，记为 dB，用于表示声音的大小。空调工程中主要的噪声源是通风机、制冷机、机械通风冷却塔等。为了使空调房间满足降低噪声的有关规定，就要对空调系统进行消声和减振。

消声器是由吸声材料按不同的消声原理设计成的构件，根据消声原理不同可分为阻性消声器、抗性消声器、共振型消声器和复合型消声器等。

1. 阻性消声器

阻性消声器是利用吸声材料的吸声作用，使沿通道传播的噪声不断被吸收而衰减的消声装置，又称为吸收式消声器。

吸声材料大多是疏松或多孔性的，如玻璃棉、泡沫塑料、矿渣棉、毛毡、石棉绒、吸声砖、加气混凝土、木丝板、甘蔗渣等。其主要特点是具有贯穿材料的许多细孔，即所谓的开孔结构，而大多数绝热材料则要求有封闭的空隙，故两者是不同的。

吸声材料能够把入射在其上的声能部分地吸收掉。声能之所以被吸收，是由于吸声材料的多孔性和松散性。当噪声进入孔隙后，孔隙中的空气和材料产生微小的振动，由于摩擦和黏滞阻力，相当一部分声能化为热能而被吸收掉。

把吸声材料固定在管道内壁，或按一定方式排列在管道或壳体内，就构成了阻性消声器。它是以吸声材料和吸声作用来达到消声目的的。阻性消声器对中、高频噪声的消声效果显著，但对低频噪声的消声效果较差。为了提高消声效果，可以改变吸声材料的厚度、容量和结构形式。

阻性消声器有以下几种类型。

（1）管式消声器

这是一种最简单的消声器，它仅在管壁内周贴上一层吸声材料，又称"管衬"，如图 5-69 所示。管式消声器制作方便、阻力小，但只适用于较小的风道，直径一般不大于 400 mm。对于大断面的风道，管式消声器的消声效果较差。此外，管式消声器仅对中、高频噪声有一定消声效果，对低频噪声的消声效果较差。

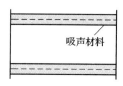

吸声材料

图 5-69　管式消声器

（2）片式消声器和格式消声器

管式消声器对低频噪声的消声效果不好，对大断面风道的消声效果也较差。因此，如果风道断面较大，可将断面划分成几个格子，由此得到的消声装置称为片式消声器或格式消声器，如图 5-70 所示。片式消声器的片间距一般为 100 ~ 200 mm，其片材厚度根据噪声声源的频率特性，取 100 mm 左右为宜，因为太薄的吸声材料对低频噪声几乎不起作用。格式消声器的每个通道为 200 mm × 200 mm 左右。

内衬吸声材料

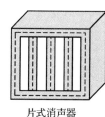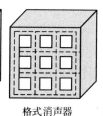

片式消声器　　　格式消声器

图 5-70　片式消声器和格式消声器

片式消声器应用广泛，构造简单，对中、高频噪声吸声性能较好，阻力也不大。格式消声器具有同样的特点，但因要保证有效断面不小于风道截面，故体积较大。

（3）折板式消声器

将片式消声器的吸声片改制成曲折形，就成为折板式消声器，如图 5-71 所示。折板式消声器加大了声波的入射角，并增加了声波在消声器内的反射次数。折板式消声器由于增加了声波与吸声材料接触的机会，从而提高了中、高频噪声的消声量，但阻力比片式消声器大。

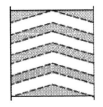

图 5-71 折板式消声器

（4）声流式消声器

声流式消声器是由折板式消声器改进后得到的，如图 5-72 所示。这种消声器把吸声片横截面制成正弦波状或近似正弦波状。当声波通过时，增加反射次数，故能改善消声性能。与折板式消声器比较，声流式消声器能使气流通畅流过，减少阻力，缺点是加工复杂、造价高。

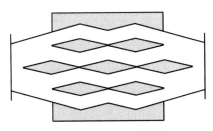

图 5-72 声流式消声器

（5）迷宫式消声器

迷宫式消声器也称室式消声器。在空调系统的风机出口、管道分支处或排气口设置容积较大的箱（室），在它里面加衬吸声材料或吸声障板，并错开气流的进出口位置，就构成了迷宫式消声器，其消声性能与室的尺寸、通道截面、吸声材料及其面积等因素有关。迷宫式消声器可以分为单宫式或多宫式（迷宫式），如图 5-73 所示。这种消声器除具有阻性作用外，通过小室断面的扩大与缩小，还具有抗性作用，因此消声频率范围较宽。迷宫式消声器的缺点是空间体积大、阻力损失大，故只适用于流速很低的风道，在体育馆、剧场等地下回风道中常被采用。

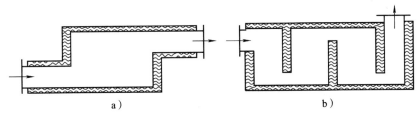

a) b)

图 5-73 迷宫式消声器

a) 单宫式　b) 多宫式

2. 抗性消声器（膨胀型消声器）

这种消声器由管和小室相连而成，如图 5-74 所示，利用管道内截面的突变，使沿管道传播的声波向声源方向反射回去而起到消声作用。为保证一定的消声效果，抗性消声器的膨胀比（大断面与小断面面积之比）应大于 5。抗性消声器具有良好的低频或低中频消声性能，无须内衬多孔性吸声材料，故适用于高温、高湿或腐蚀性场合。但由于其消声频程较窄、空气阻力大、占用空间多，所以在空调工程中，抗性消声器的应用常受到机房面积和空间的限制。

3. 共振型消声器

共振型消声器如图 5-75 所示。它通过管道开孔与共振腔连接，穿孔板小孔处的空气和空腔内的空气构成了一个共振吸声结构。当外界噪声频率与此共振吸声结构的固有频率相同时，引起小孔孔颈处空气强烈共振，空气柱与孔壁之间发生剧烈摩擦而消耗掉声能。这种消声器具有较强的频率选择性，即有效的频率范围很窄，一般用于消除低频噪声。

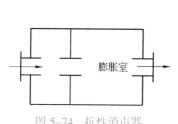

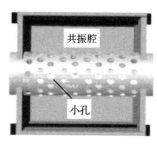

图 5-74　抗性消声器　　　　图 5-75　共振型消声器

4. 复合型消声器

阻性消声器的低频消声性能较差，抗性消声器的高频消声性能较差，共振型消声器的有效消声频率范围较窄，复合型消声器是将阻性、抗性或共振型消声器的消声原理组合设计后得到的消声器。因此，复合型消声器具有较宽的消声范围，又称为宽频带复合型消声器，在空调系统的噪声控制中得到了广泛的应用。复合型消声器有阻抗复合式消声器、阻抗共振复合式消声器和微穿孔板消声器等。

阻抗复合式消声器一般由用吸声材料制成的阻性吸声片和若干个抗性膨胀室组成，如图 5-76 所示。这种消声器对低频噪声的消声性能好，试验证明，1.2 m 长的阻抗复合式消声器的低频消声量可达 10 ~ 20 dB。

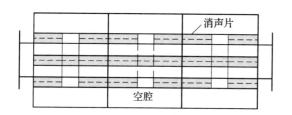

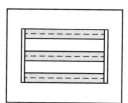

图 5-76　阻抗复合式消声器

微穿孔板消声器如图 5-77 所示，它的微穿孔板板厚和孔径均小于 1 mm，微孔有较大的声阻，吸声性能好，并且由于消声器边壁设置共振腔，微孔与共振腔组成一个共振系统，因此消声频程宽且空气阻力小。又因该消声器不使用吸声材料，因此不起尘，一般适用于有特殊要求的场合，如高温、高速管道及净化空调系统。

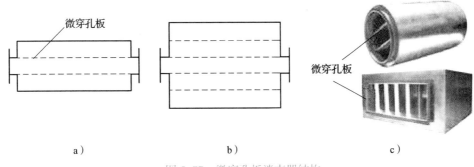

a) b) c)

图 5-77 微穿孔板消声器结构

a）单层 b）双层 c）实物

5. 其他类型消声器

除了上述几种消声器外，还可利用风管构件作为消声器。它具有节约空间的优点，常用的有消声弯头和消声静压箱。

（1）消声弯头

消声弯头在风管弯头直接进行消声处理，如图 5-78 所示。它一般有两种做法：一种是弯头内贴吸声材料，要求弯头内缘做成圆弧，外缘粘贴吸声材料的长度应不小于弯头宽度的 4 倍；另一种是改良的消声弯头，外缘采用穿孔板、吸声材料和空腔。

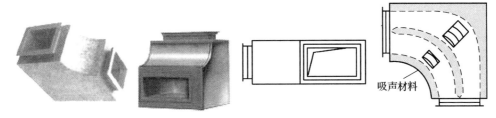

图 5-78 消声弯头

（2）消声静压箱

在风机出口处或在空气分布器前设置内壁粘贴吸声材料的消声静压箱，既可以稳定气流，又可以降低噪声。

6. 消声器的制作安装

消声器有定型产品，也可以根据实际需要现场加工制作。

（1）消声器的制作要求

1）所选用的材料应符合设计文件的规定，如防火、防腐、防潮和卫生性能等。

2）外壳牢固严密，漏风量应符合有关规定。

3）充填的消声材料应按规定的密度均匀铺设，并应有防止下沉的措施。消声材料的覆面层不得破损，搭接应顺气流，且应拉紧，界面无毛边。

4）隔板与壁板接合处应紧贴、严密，穿孔板应平整、无毛刺，其孔径和穿孔率应符合设计文件要求。

（2）消声器的安装要求

1）消声器安装前应保持干净，无油污和浮尘。

2）消声器安装的位置、方向应正确，与风管的连接应严密，不得损坏或受潮。两组同类型消声器不宜直接串联。

3）现场安装的组合式消声器，消声组件的排列、方向和位置应符合设计文件要求。单个消声器组件的固定应牢固。

4）消声器、消声弯管均应设独立支、吊架。

想一想

在日常生活中，你见过的消声材料和消声设备有哪些？

思考练习题

1. 什么是空调系统的气流组织？
2. 空调系统有哪几种送风方式？
3. 空调送风口有哪几种类型？
4. 简述防火调节阀和防烟调节阀的安装工序。
5. 抗性消声器和共振型消声器是怎样工作的？

第五节 冷水机组管道配置

在建筑集中式空调系统中，冷水机组应用很普遍。常用的冷水机组有活塞式冷水机组、离心式冷水机组、螺杆式冷水机组和溴化锂吸收式冷水机组，如图5-79所示。保证冷水机组正常运行对空调系统尤为重要。

一、冷水机组的特点

1. 基建费用低

冷水机组的各种部件和设备（如蒸发器、冷凝器等）紧凑地组成一个整体，性能稳定，自动化程度高，无须较大检修空间，因此可大大缩小机房的占地面积。

冷水机组采用了良好的减振措施，基础简单，可以将机房靠近用冷地点，也可在各楼层放置。在高层建筑空调系统里采用冷水机组，可大大降低循环水泵的扬程，节省安装与运行费用。

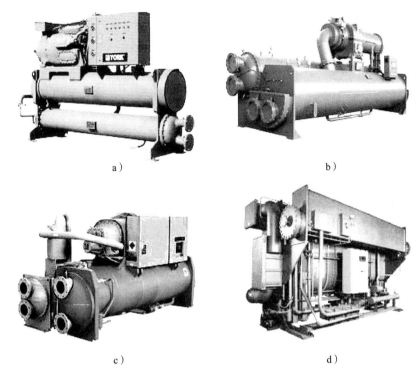

图 5-79 常用冷水机组
a）活塞式冷水机组 b）离心式冷水机组
c）螺杆式冷水机组 d）溴化锂吸收式冷水机组

2. 安装调试方便、维修费用低

冷水机组是整体一次安装，接水接电即成，其自动化程度高，操作简单，调节灵活，易损件少，因此安装调试方便、维修费用低。

3. 使用范围广、运行费用低

由于技术成熟，冷水机组可以满足不同用户的需要，而且能适应较高的压力和温度范围。冷凝温度的提高使制冷压缩机可以在高环境温度和高水温区域运行。

冷水机组具有较高的传热效率与运转稳定性，单位制冷量或制热量电耗相对较低，在偏离设计工况运行时，这一特点更为显著。

4. 使用寿命长、性能可靠

冷水机组大多采用各种优质材料，制造工艺先进，辅以高精度的性能试验装置测试检验和完善的安全控制功能，使用寿命长、性能可靠。

目前，冷水机组广泛应用于办公楼、宾馆、酒店、商场、影剧院、体育馆、工厂等领域的制冷、采暖、热水等系统。

 想一想

利用所学知识，讨论冷水机组的基本工作流程。

二、冷水机组的管道配置

1. 冷水机组管道基本配置

对于冷水机组来讲，其制冷系统管道在出厂前已经连接完毕且与其他部件组成一个整体。应用冷水机组时，只要将冷冻水、冷却水管道按需要连接即可。冷水机组管道基本配置如图5-80所示。

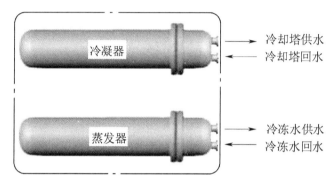

图5-80　冷水机组管道基本配置

2. 冷却塔

冷却塔是冷水机组冷凝器的散热设备，冷凝器与冷却塔的换热方式主要有空气换热和水换热，相应的称为风冷式冷却塔和水冷式冷却塔。水冷式冷却塔换热量大，在冷水机组中采用较多。

冷却塔一般采用玻璃钢材料制造，其外形有圆形和方形两种。

（1）冷却塔的工作过程

圆形冷却塔外形和结构如图5-81所示。

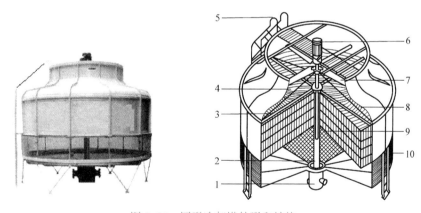

图5-81　圆形冷却塔外形和结构

1—进水管总成　2—进水管　3—布水管　4—布水器　5—扶梯
6—电动机　7—风机　8—滤水填料　9—消声器　10—进风网

来自冷凝器的水通过水泵以一定的压力经过管道进入冷却塔，通过布水管上的小孔将水均匀地播洒在布水器的滤水填料上面；干燥（低焓值）的空气经过冷却塔上部风机的作用后，自冷却塔底部的进风网进入冷却塔内；水流经填料表面时形成水膜和空气进行热交换，高湿度、高焓值的热风从顶部抽出，冷却水滴入底盆内，经出水管流入冷却塔集水盘或水池。

一般情况下，进入冷却塔内的空气是干燥、低湿球温度的空气，水和空气之间明显存在着水分子的浓度差和动能压力差。当风机运行时，在塔内静压的作用下，水不断地向空气中蒸发，成为水蒸气，剩余水的平均动能便会降低，从而使循环水的温度下降。

蒸发降温与空气的温度低于或高于水温无关，只要水能不断地向空气中蒸发，水温就会降低。但是，水向空气中的蒸发不会无休止地进行下去。当与水接触的空气不饱和时，水不断地向空气中蒸发；当水气接触面上的空气达到饱和时，水就会停止蒸发，处于一种动平衡状态。蒸发出去的水分子数量等于从空气中返回到水中的水分子数量，水温保持不变。由此可以看出，与水接触的空气越干燥，蒸发就越容易进行，水温就越容易降低。

（2）冷却塔的安装要点和技术要求

1）按厂家提供的基础图进行基础校验，基础预埋应水平、坚固。

2）基础校验处理完好后，在基础上完成冷却塔支撑框架的安装，支撑框架的上端应水平。

3）按照厂家的安装程序和说明安装冷却塔体。

4）最后安装风机、电动机，并仔细调校，直至达到运行要求。

（3）冷却塔安装的质量标准

1）冷却塔的型号、规格、技术参数必须符合设计文件要求。安装含有易燃材料的冷却塔时，必须严格执行施工防火安全有关规定。

2）基础标高应符合设计文件的规定，允许误差为 ±20 mm。冷却塔地脚螺栓与预埋件的连接或固定应牢固，各连接部件应采用热镀锌或不锈钢螺栓，其紧固力应一致、均匀。

3）冷却塔安装应水平，单台冷却塔安装水平度和垂直度允许偏差均为 2/1 000。同一冷却水系统的多台冷却塔安装时，各台冷却塔的水面高度应一致，高度差应不大于 30 mm。

4）冷却塔的出水口及喷嘴的方向和位置应正确，积水盘严密且无渗漏，分水器布水均匀。带转动布水器的冷却塔，其转动部分应灵活，喷水出口按设计文件或产品要求，方向应一致。

5）冷却塔风机叶片端部与塔体四周的径向间隙应均匀。如果叶片角度可调整，其角度应一致。

（4）冷却塔的启动、运行

1）所用螺栓应紧固，塔内不许有杂物。

2）电源与电动机电压应一致。

3）风扇及淋水系统转动应灵活。

4）开启补水阀将水池及水管完全注满，水位一般低于水池溢水管口 25 mm。

5）启动时，先开水泵后开风机，并检查风向及风量，及时调整直至达到要求。停止时，先停风机后停水泵。

6）保持水塔内清洁，定期做水质处理。

3. 冷却水系统

当中央空调系统的冷源为离心式冷水机组、活塞式冷水机组、螺杆式冷水机组、溴化锂吸收式冷水机组时，都必须设置冷却水系统，其任务是为冷水机组中的冷凝器提供冷却水，将高温高压的制冷剂气体凝结成低温高压的液体，以保证制冷系统正常运行。此外，闭式环路水源热泵机组系统也必须设置冷却水系统，其任务是保证系统内的水温不超过 35 ℃，维持系统正常运行。

（1）冷却水系统管路流程

冷却水系统管路流程如图 5-82 所示。

系统工作前先往系统中充水，水从冷却塔集水盘（或水池）底下的出水管自流到冷却水泵，在冷却水泵运转产生的压力作用下，水流克服冷凝器的阻力后被提升到冷却塔内散热降温。

被冷却的水落到集水盘后又自流到水泵加压，如此不断地循环流动。被冷却的水不断地在冷凝器中冷却制冷剂气体（或水源热泵系统中的循环水），保证制冷系统（或热泵机组系统）正常运行。

为了保证冷却水系统正常安全运行，在冷却水循环泵前一般设有除污器和电子水处理仪，杀菌、防藻及防止大气中尘埃等杂物堵塞管道，延长冷凝器和管道的使用寿命。

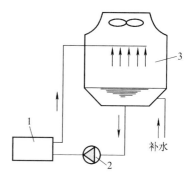

图 5-82　冷却水系统管路流程
1—冷凝器　2—冷却水泵　3—冷却塔

冷却水系统虽然也是一个循环水系统，但是由于水流从喷嘴喷出后与空气接触，即接触了大气，水流在这里断开，而不是连续的，因此是开式循环水系统。冷却水系统的工作原理与机械循环热水采暖系统和中央空调冷、热水系统的闭式循环水系统完全不同，而是与给、排水的开式系统类似，水泵的压出管段类似于给、排水中的给水系统，水泵的吸入管段类似于排水系统。正是由于冷却水系统是开式的循环水系统，因此，其系统组成的设备间相对位置、高差等因素都会对正常运行产生影响。由于实际情况十分复杂，必须掌握冷却水系统工作流程和安装主要要求以及注意事项。

（2）冷却水系统管路布置原则

1）水泵在任何时候都必须充满水。集水盘到水泵的管道必须是自流的，即水平管必须坡向水泵，流速放低，管径加大，防止水泵空化。

2）冷却塔的循环水泵应设在冷凝器的前面（即将冷却水压入冷却塔中），而且水泵吸入部分的水平管道不宜太长，水平管应坡向水泵吸入方向。

3）冷却塔的出水管必须靠重力返回水泵，不得弯上弯下。距水泵吸入口处最好能有 5 倍管径长度的直管段，以免影响水泵效率。

4）几台冷却塔并联时，应按同一水位决定各塔的基础高度，即小冷却塔的基础高度要比大冷却塔高，以保证大、小冷却塔的集水盘水位高度一致。

5）几台并联工作的冷却塔的水量分配会不平衡，极易造成溢流，所以管路布置时要重视各冷却塔之间的管道阻力平衡，特别是冷却塔至水泵的吸入管段部分。同时，冷却塔的集水盘之间一定要用与进水干管相同管径的均压管（平衡管）连接。此外，为使冷却塔中水位一致，出水总干管应采用比进水干管大两号的集合管。并联工作冷却塔的管路连接如图 5-83 所示。

（3）冷却水系统安装运行注意事项

1）水泵吸入口的除污器要经常清洗，特别是试运行期间，否则会造成空化，导致水泵不能正常运转。

2）冷却水泵的吸入扬程有限，一般只有 3~4 m 水柱，因此冷却塔集水盘至水泵的管道不能上翻过高，如图 5-84 所示，否则水泵启动和运行都会经常产生问题。应将冷却塔的出水管改为自流至水泵，使泵的叶轮浸没在水中，而且接至泵的水平管要坡向水泵。

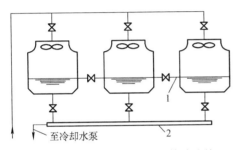

图 5-83　并联工作冷却塔的管路连接
1—平衡管　2—集合管

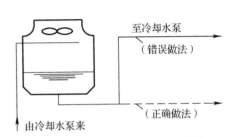

图 5-84　冷却水泵吸入管的正确做法

3）当冷却塔位置比冷凝器低时，为防止泵停止时冷凝器的水被排空，应在冷凝器出口管的顶部设防真空阀或通气管，以防虹吸落水。另外，泵的压出侧应安装止回阀，以防落水。通气管的高度 H 应大于 $A—B—C$ 管道的阻力，如图 5-85 所示。

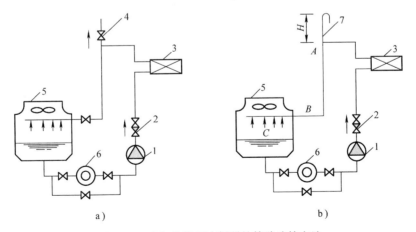

图 5-85　冷却塔低于冷凝器的管路连接方法
a）用防真空阀时　b）用通气管时
1—冷却水泵　2—止回阀　3—冷凝器　4—防真空阀（止回阀）
5—冷却塔　6—除污器　7—通气管

4）当冷却塔的位置高于冷凝器但与水泵设在同一高度时，要注意使泵的吸入口处保持正压，即冷却塔的最低水位线距水泵吸入口中心线的垂直高度差必须大于水泵吸入段的阻力。换句话说，就是当水泵与冷却塔基本放在一个高度时，水泵应尽量靠近冷却塔安装，如图 5-86 所示。

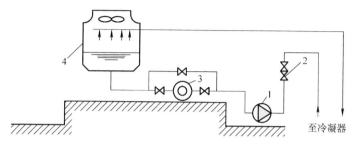

图 5-86　水泵应尽量靠近冷却塔安装（冷凝器低于冷却塔时）

1—水泵　2—止回阀　3—除污器　4—冷却塔

（4）其他冷却水系统

为节约用水，冷却水系统通常采用上述的循环用水系统，只需少量补给水。有些地区可以根据实际情况，采用其他的冷却水系统。

1）一次用水冷却法。在水源充足、水温适宜的地区，可考虑采用直流供水系统，即一次用水系统。这种系统比较简单，除取水泵站以外，无须其他构筑物，用完以后直接排放到排水管道。

2）综合循环水方法。采用该方法时，冷凝器冷却水、压缩机气缸套冷却水及融霜用水可综合循环使用，这种方法水量较省。

3）排污法用水。以温度较低的深井水作为补给水，与部分温度较高的冷却水回水混合，作为冷凝器冷却水，习惯上称为排污法用水。从排污管排放的水量等于补给深井水水量，循环泵的流量等于计算的冷却水量。

4. 冷冻水系统

冷冻水系统通常设置有分水器和集水器，分水器供应各区域的冷冻水，集水器汇合各区域的冷冻水回水。分水器和集水器之间安装有止回阀，其作用是缓冲冷冻水循环泵突然停止时管路系统的水冲力。止回阀的方向是由集水器到分水器，禁止装反。当空调系统使用热水时，应在系统中设置膨胀水箱，储存水温变化产生的水体积的增量。

5. 凝结水的排放

风机盘管表面产生凝结水是正常的，是夏季对空气进行热湿处理时必然产生的，通常采取集中排放的方式排出。只有当吊顶内的空间不能满足凝结水管坡度要求时，才将凝结水管改为排至就近卫生间的接法。

凝结水的集中排放是指风机盘管产生的凝结水首先滴入风机盘管下的凝结水盘内，然后由盘内排水口排至与排水口相接的凝结水管内，再由凝结水管排至排水管道或雨水管道。集中排放应注意以下几点。

（1）凝结水排出管应当就近设立管排水，尽可能多地设置垂直凝结水排水立管，这样可缩短水平排水管的长度，降低因排水管坡度不够而产生集水、滴水的危险。水平排水管的一般坡度不得小于 1/100，坡向顺水流方向越走越低，以利于凝结水靠重力自流。从每个风机盘管上引出的排水管的管径以 20 mm 为宜，而排水立管和总管的尺寸还应大些。

（2）风机盘管与冷热水管接管上的手动与电动水阀应安装在集水盘内，如果风机盘管的集水盘不够长，则应做附加集水盘，这个集水盘可与风机盘管的集水盘连通，也可以要求生产厂家将原集水盘加长，以保证阀门等接头的凝结水能沿集水盘排出，而且要防止集水盘下产生二次凝结水。

（3）凝结水排水总管与给、排水的排水立管不能直接相连，应在给、排水的排水立管上接带有存水弯和 Y 形漏斗的短管，再把凝结水排水总管引至 Y 形漏斗处，如图 5-87 所示，以便凝结水能够顺畅地排至给、排水的排水立管。

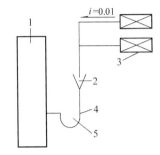

图 5-87　凝结水管与排水管的连接
1—给、排水的排水立管　2—漏斗　3—风机盘管
4—凝结水排水立管　5—存水弯

凝结水排水立管也可排至雨水管，但与雨水管的接口应有一定的角度，而且接口处应严密不漏。凝结水还可以接一立管排至室外明沟，但这样做浪费管材。

 想一想

　　1. 家用柜式空调和冷水机组空调系统冷凝器冷却的方式相同吗？为什么？

　　2. 凝结水管可以直接排入卫生间的排水管道吗？为什么？正确的做法是怎样的？

三、空调水系统管道与设备安装的质量要求

空调水系统管道与设备安装除应符合一般管道与设备安装的要求和规定外，还有其施工质量与验收标准。空调工程水系统的设备与附属设备、管道、管配件及阀门的型号、规格、材质及连接形式应符合设计文件规定。

1. 管道安装

（1）管道安装应符合下列规定

1）管道在安装前必须经监理人员验收及认可。

2）焊接钢管、镀锌钢管不得采用热煨弯。

3）管道与设备的连接应在设备安装完毕后进行，与水泵、制冷机组的接管必须为柔性接口。柔性短管不得强行对口连接，与其连接的管道应设置独立支架。

4）冷热水及冷却水系统应在系统冲洗、排污合格（目测排出口的水色和透明度与入水口对比相近，无可见杂物）后，再循环试运行 2 h 以上，且水质正常后才能与制

冷机组、空调设备相贯通。

5）固定在建筑结构上的管道支、吊架不得影响结构的安全。管道穿越墙体或楼板处应设钢制套管，管道接口不得置于套管内，钢制套管应与墙体饰面或楼板底部平齐，上部应高出楼层地面 20~50 mm，并不得将套管作为管道支撑。

6）保温管道与套管四周间隙应使用不燃绝热材料填塞紧密。

（2）镀锌钢管应采用螺纹连接。当管径大于 100 mm 时，可采用卡箍式、法兰或焊接连接，但应对焊缝及热影响区的表面进行防腐处理。

（3）当空调水系统的管道采用建筑用硬聚氯乙烯（PVC-U）、聚丙烯（PP-R）、聚丁烯（PB）与交联聚乙烯（PEX）等有机材料时，其连接方法应符合设计文件和产品技术要求的规定。

（4）金属管道的焊接应符合下列规定

1）管道焊接材料的品种、规格、性能应符合设计文件要求。管道对接焊口的组对和坡口形式等符合有关规定；对口的平直度为 1/100，全长不大于 10 mm。管道的固定焊口应远离设备，且不宜与设备接口中心线重合。管道对接焊缝与支、吊架的距离应大于 50 mm。

2）管道焊缝表面应清理干净，并进行外观质量检查。焊缝外观质量不得低于现行国家标准《现场设备、工业管道焊接工程施工规范》（GB 50236—2011）的规定。

（5）螺纹连接的管道，螺纹应清洁、规整，断丝或缺丝不大于螺纹全扣数的 10%；连接牢固；接口处根部外露螺纹为 2~3 扣，无外露填料；镀锌管道的镀锌层应注意保护，对局部破损处应做防腐处理。

（6）法兰连接的管道，法兰面应与管道中心线垂直并同心。法兰对接应平行，其偏差应不大于法兰外径的 1.5/1 000，且不得大于 2 mm。连接螺栓长度应一致，螺母在同侧并均匀拧紧。螺栓紧固后应不低于螺母平面。法兰的衬垫规格、品种与厚度应符合设计文件的要求。

（7）钢制管道的安装应符合下列规定

1）管道和管件在安装前，应将其内、外壁的污物和锈蚀清除干净。当管道安装间断时，应及时封闭敞开的管口。

2）管道弯制弯管的弯曲半径，热弯应不小于管道外径的 3.5 倍，冷弯应不小于管道外径的 4 倍，焊接弯管应不小于管道外径的 1.5 倍，冲压弯管应不小于管道外径的 1 倍。弯管的最大外径与最小外径的差不大于管道外径的 8%，管壁减薄率应不大于 15%。

3）冷凝水排水管坡度应符合设计文件的规定，设计文件无规定时，其坡度宜大于或等于 8%。软管连接的长度不宜大于 150 mm。

4）冷热水管道与支、吊架之间应有绝热衬垫（承压强度能满足管道重量的不燃、难燃硬质绝热材料或经防腐处理的木衬垫），其厚度应不小于绝热层厚度，宽度应大于支、吊架支撑面的宽度。衬垫表面应平整，接合面的空隙应填实。

5）管道安装的坐标、标高和纵、横向的弯曲度应符合表 5-8 的规定。吊顶内暗装管道的位置应正确，无明显偏差。

表 5-8 管道安装的坐标、标高和纵、横向的弯曲度

项目			允许偏差（mm）	检查方法
坐标	架空及地沟	室外	25	按系统检查管道的起点、终点、分支点和变向点及各点之间的直管用经纬仪、水准仪、液体连通器、水平仪、拉线和尺量检查
		室内	15	
	埋地		60	
标高	架空及地沟	室外	± 20	
		室内	± 15	
	埋地		± 25	
水平管道平直度	公称直径不大于 100 mm		2L‰，最大 40	用直尺、拉线和尺量检查
	公称直径大于 100 mm		3L‰，最大 60	
立管垂直度			5L‰，最大 25	用直尺、线锤、拉线和尺量检查
成排管段间距			15	用直尺、尺量检查
成排管段或成排阀门在同一平面上			3	用直尺、拉线和尺量检查

注：L 为管道的有效长度（mm）。

（8）钢塑复合管道的安装：当系统工作压力不大于 1.0 MPa 时，可采用涂（衬）塑焊接钢管螺纹连接，与管道配件的连接深度和扭矩应符合表 5-9 的规定；当系统工作压力为 1.0 ~ 2.5 MPa 时，可采用涂（衬）塑无缝钢管法兰连接或沟槽式连接，管道配件均为无缝钢管涂（衬）塑管件。

表 5-9 钢塑复合管螺纹连接深度及扭矩

公称直径（mm）		15	20	25	32	40	50	65	80	100
螺纹连接	深度（mm）	11	13	15	17	18	20	23	27	33
	牙数	6.0	6.5	7.0	7.5	8.0	9.0	10.0	11.5	13.5
扭矩（N·m）		40	60	100	120	150	200	250	300	400

沟槽式连接的管道，其沟槽与橡胶密封圈和卡箍套必须为配套合格产品，沟槽深度及支、吊架的间距应符合表 5-10 的规定。

（9）风机盘管机组及其他空调设备与管道的连接，宜采用弹性接管或软接管（金属或非金属软管），其耐压值应不小于 1.5 倍的工作压力。软管的连接应牢固，不应有强扭和瘪管。

表 5–10　　　　　　　　沟槽式连接管道的沟槽深度及支、吊架的间距

公称直径 （mm）	沟槽深度 （mm）	允许偏差 （mm）	支、吊架的 间距（m）	端面垂直度允许 偏差（mm）
65 ~ 100	2.20	0 ~ +0.3	3.5	1.0
125 ~ 150	2.20	0 ~ +0.3	4.2	1.5
200	2.50	0 ~ +0.3	4.2	1.5
225 ~ 250	2.50	0 ~ +0.3	5.0	1.5
300	3.0	0 ~ +0.5	5.0	

注：1. 连接管端面应平整光滑，无毛刺；沟槽过深者应视为废品，不得使用。

2. 支、吊架不得支撑在连接头上，水平管的任意两个连接头之间必须有支、吊架。

2. 阀门和补偿器安装

（1）阀门的安装应符合下列规定

1）阀门的安装位置、高度、进出口方向必须符合设计文件要求，连接应牢固、紧密。

2）安装在保温管道上的各类手动阀门、手柄均不得向下。

3）阀门安装前必须进行外观检查，阀门的铭牌应符合现行国家标准《工业阀门　标志》（GB/T 12220—2015）的规定。对于工作压力大于 1.0 MPa，及在主干管上起到切断作用的阀门，应进行强度和严密性试验，合格后方准使用。其他阀门可不单独进行试验，待系统试压时检验。

强度试验时，试验压力为公称压力的 1.5 倍，持续时间不少于 5 min，阀门的壳体、填料应无渗漏。

严密性试验时，试验压力为公称压力的 1.1 倍；试验压力在试验持续的时间内应保持不变，时间应符合表 5–11 的规定，以阀瓣密封面无渗漏为合格。

表 5–11　　　　　　　　阀门试验压力持续时间

公称直径（mm）	最短试验持续时间（s）	
	严密性试验	
	金属密封	非金属密封
≤ 50	15	15
65 ~ 200	30	15
250 ~ 450	60	30
≥ 500	120	60

检查数量：水压试验应每批（同牌号、同规格、同型号）数量中抽查 20%，且不得少于 1 个。对于安装在主干管上起切断作用的闭路阀门，应全数检查。

检查方法：按设计图核对，观察检查，旁站或查阅试验记录。

（2）补偿器的补偿量和安装位置必须符合设计文件及产品技术文件的要求，并应根据设计计算的补偿量进行预拉伸或预压缩。

设有补偿器（膨胀节）的管道应设置固定支架，其结构形式和固定位置应符合设计文件要求，并应在补偿器预拉伸（或预压缩）前固定；导向支架的设置应符合所安装产品技术文件的要求。

检查数量：抽查20%，且不得少于1个。

检查方法：观察检查，旁站或查阅补偿器预拉伸或预压缩记录。

（3）阀门、集气罐、自动排气装置、除污器（水过滤器）等管道部件的安装应符合设计文件要求，并应符合下列规定。

1）阀门安装的位置、进出口方向应正确，并便于操作；连接应牢固、紧密，启闭灵活；成排阀门的排列应整齐、美观，在同一平面上的允许偏差为3 mm。

2）电动、气动等自控阀门在安装前应进行单体调试，包括开启、关闭等动作试验。

3）冷冻水和冷却水的除污器（水过滤器）应安装在进机组前的管道上，方向正确且便于清污；与管道连接牢固、严密，其安装位置应便于滤网的拆装和清洗。过滤器滤网的材质、规格和包扎方法应符合设计文件要求。

4）闭式系统管路应在系统最高处及所有可能积聚空气的高点设置排气阀，在管路最低点应设置排水管及排水阀。

3. 管道支架安装

（1）金属管道支、吊架的形式、位置、间距、标高应符合设计文件或有关技术标准的要求。设计文件无规定时，应符合下列规定。

1）支、吊架的安装应平整、牢固，与管道接触紧密。管道与设备连接处应设独立支、吊架。

2）冷（热）媒水、冷却水系统管道机房内总、干管的支、吊架，应采用承重防晃管架，与设备连接的管道管架宜有减振措施。当水平支管的管架采用单杆吊架时，应在管道起始点、阀门、三通、弯头及长度每隔15 m处设置承重防晃支、吊架。

3）无热位移的管道吊架，其吊杆应垂直安装；有热位移的管道支架，其吊杆应向热膨胀（或冷收缩）的反方向偏移安装，偏移量按计算确定。

4）滑动支架的滑动面应清洁、平整，其安装位置应从支撑面中心向位移反方向偏移1/2位移值或符合设计文件规定。

5）竖井内的立管，每隔2~3层应设导向支架。在建筑结构负重允许的情况下，水平安装管道支、吊架的最大间距应符合表5-12的规定。

6）管道支、吊架的焊接应由持证焊工施焊，并不得有漏焊、欠焊或焊接裂纹等缺陷。支架与管道焊接时，管道侧的咬边量应小于0.1倍管壁厚。

（2）采用建筑用硬聚氯乙烯（PVC-U）、聚丙烯（PP-R）与交联聚乙烯（PE-X）等管道时，管道与金属支、吊架之间应有隔绝措施，不可直接接触。管道为热水管道时，还应增加其接触面积。支、吊架的间距应符合设计文件和产品技术要求的规定。

表 5–12   水平安装管道支、吊架的最大间距

公称直径（mm）		15	20	25	32	40	50	70	80	100	125	150	200	250	300
最大间距（m）	L_1	1.5	2.0	2.5	2.5	3.0	3.5	4.0	5.0	5.0	5.5	6.5	7.5	8.5	9.5
	L_2	2.5	3.0	3.5	4.0	4.5	5.0	6.0	6.5	6.5	7.5	7.5	9.0	9.5	10.5
		公称直径大于 300 mm 的管道可参考 300 mm 管道													

注：1. 适用于工作压力不大于 2.0 MPa、不保温或保温材料密度不大于 200 kg/m³ 的管道系统。

2. L_1 用于保温管道，L_2 用于不保温管道。

4. 水泵及附属设备安装

（1）水泵的规格、型号、技术参数应符合设计文件要求和产品性能指标。水泵正常连续试运行的时间应不少于 2 h。

（2）水箱、集水缸、分水缸、储冷罐的满水试验或水压试验必须符合设计文件要求。储冷罐内壁防腐涂层的材质、涂抹质量、厚度必须符合设计文件或产品技术文件要求，储冷罐与底座必须进行绝热处理。

（3）水泵及附属设备的安装应符合下列规定：

1）水泵的平面位置和标高允许偏差为 ±10 mm，安装的地脚螺栓应垂直、拧紧，且与设备底座接触紧密。

2）垫铁组放置位置正确、平稳，接触紧密，每组不超过 3 块。

3）整体安装的泵，纵向水平偏差应不大于 0.1/1 000，横向水平偏差应不大于 0.20/1 000；解体安装的泵，纵、横向安装水平偏差均应不大于 0.05/1 000。水泵与电动机采用联轴器连接时，联轴器两轴芯的允许偏差：轴向倾斜应不大于 0.2/1 000，径向位移应不大于 0.05 mm。小型整体安装的管道水泵不应有明显偏斜。

4）减振器与水泵及水泵基础连接牢固、平稳，接触紧密。

（4）安装水箱、集水器、分水器、储冷罐等设备时，支架或底座的尺寸、位置符合设计文件要求。设备与支架或底座接触紧密，安装平正、牢固。平面位置允许偏差为 15 mm，标高允许偏差为 ±5 mm，垂直度允许偏差为 1/1 000。

5. 水压试验

管道系统安装完毕、外观检查合格后，应按设计文件要求进行水压试验。设计文件无要求时，应符合下列规定。

（1）冷（热）水、冷却水系统的试验压力。当工作压力不大于 1.0 MPa 时，为 1.5 倍工作压力，但最低不小于 0.6 MPa；当工作压力大于 1.0 MPa 时，为工作压力加 0.5 MPa。

（2）大型或高层建筑垂直位差较大的冷（热）媒水、冷却水管道系统宜采用分区、分层试压和系统试压相结合的方法，一般建筑可采用系统试压方法。

1）分区、分层试压：对相对独立的局部区域的管道进行试压。在试验压力下稳压 10 min，压力不得下降，再将系统压力降至工作压力，在 60 min 内压力不得下降，且

外观检查无渗漏为合格。

2）系统试压：在各分区管道与系统主、干管全部连通后，对整个系统的管道进行系统试压。试验压力以最低点的压力为准，但最低点的压力不得超过管道与组成件的承受压力。压力试验升至试验压力后，稳压 10 min，压力下降不得大于 0.02 MPa，再将系统压力降至工作压力，外观检查无渗漏为合格。

（3）各类耐压塑料管的强度试验压力为 1.5 倍设计工作压力，严密性试验工作压力为 1.15 倍设计工作压力。

（4）凝结水系统采用充水试验，应以不渗漏为合格。

1）检查数量：系统全数检查。

2）检查方法：旁站或查阅试验记录。

 想一想

1. 一般规模的空调水系统冷冻水管、冷却水管的管径都比较大，在施工中怎样保证安全？

2. 冷水机组、冷冻水泵、冷却水泵、补水泵等设备在与管道接口时应注意哪些技术问题？

3. 冷凝水管一般都采用什么材质的管子？为什么？

 **思考练习题**

1. 冷水机组有什么特点？

2. 用方框图表示冷水机组的冷冻水和冷却水管路流程。

3. 冷却塔常用什么材料制作？怎样冷却空气？

4. 冷却塔安装的质量标准是什么？怎样正确启动冷却塔？简述冷却塔的安装要点。

5. 冷却水系统管路的布置原则是什么？

6. 冷却水系统安装运行的注意事项是什么？

7. 凝结水集中排放应注意哪些事项？

8. 简述空调水系统管道与设备安装的质量和验收标准。

9. 怎样保证空调水系统管道与设备安装的质量？